人工智能技术丛书

智能运维实践

苏娜 孙琳 王鸽 著

清华大学出版社
北京

内容简介

智能运维的核心目标包括故障预测、自动化修复、效能优化，最终推动运维从"经验驱动"向"数据驱动"转型，降低非计划停机损失并提升系统可靠性。本书从智能运维基本理论入手，详细讲解智能运维方法和应用案例，帮助读者掌握智能运维的核心技术本书配套示例源码、PPT课件与教学大纲。

本书共分 12 章，内容包括智能运维概述、智能运维框架、搭建 Ubuntu 运维和开发环境、Python 编程基础、数据采集与存储、数据预处理、机器学习、深度学习、自然语言处理、日志异常检测、面向微服务的根因定位、网络流量异常检测。

本书理论与实践相结合，从基础概念出发，逐步深入技术细节，适合智能运维初学者、智能运维应用开发人员、系统与网络运维人员阅读。本书也适合作为高等院校或高职高专院校智能运维课程的教材。

本书封面贴有清华大学出版社防伪标签，无标签者不得销售。
版权所有，侵权必究。举报：010-62782989，beiqinquan@tup.tsinghua.edu.cn。

图书在版编目（CIP）数据

智能运维实践 / 苏娜, 孙琳, 王鸽著. -- 北京：清华大学出版社, 2025.6. -- (人工智能技术丛书).
ISBN 978-7-302-69438-0

Ⅰ. TP18

中国国家版本馆 CIP 数据核字第 20258TV270 号

责任编辑：夏毓彦
封面设计：王 翔
责任校对：冯秀娟
责任印制：杨 艳

出版发行：清华大学出版社
     网　　址：https://www.tup.com.cn, https://www.wqxuetang.com
     地　　址：北京清华大学学研大厦 A 座　　　　邮　　编：100084
     社 总 机：010-83470000　　　　　　　　　　邮　　购：010-62786544
     投稿与读者服务：010-62776969, c-service@tup.tsinghua.edu.cn
     质 量 反 馈：010-62772015, zhiliang@tup.tsinghua.edu.cn
印 装 者：河北盛世彩捷印刷有限公司
经　　销：全国新华书店
开　　本：185mm×235mm　　　　印　张：21.25　　　　字　数：510 千字
版　　次：2025 年 7 月第 1 版　　　　　　　　　　　　 印　次：2025 年 7 月第 1 次印刷
定　　价：99.00 元

产品编号：104598-01

前　　言

本书背景

近年来，随着云计算、大数据和人工智能技术的广泛应用，传统运维模式在应对复杂 IT 系统时逐渐显现出局限性。智能运维（AIOps）作为运维领域的新兴方向，尝试通过引入机器学习、自动化分析等技术来提升运维效率，但其理论体系和技术实践仍在不断演进中。

我们编写本书的初衷是为读者提供一个相对系统的智能运维学习参考。书中内容基于现有的 AIOps 技术实践整理而成，虽然力求全面，但受限于编者的水平和智能运维领域的发展速度，难免存在不足之处。我们期待通过本书抛砖引玉，与广大读者共同探讨智能运维的未来发展方向。

本书目的

本书旨在为读者构建智能运维领域的系统性学习路径，通过理论与实践相结合的方式，帮助不同背景的读者掌握 AIOps 的核心技术。本书注重知识体系的完整性和实践指导性，力求使学术研究者获得理论支撑，同时让工程实践者掌握落地方法，推动智能运维技术在实际工作场景中的应用与创新。

本书内容概述

本书系统介绍智能运维（AIOps）的核心技术与实践应用，内容涵盖智能运维的基本概念、技术框架、开发环境搭建等基础知识，并深入讲解数据采集与存储、数据预处理、机器学习、深度学习等关键技术。书中特别设计了日志异常检测、微服务根因定位、网络流量异常检测等典型运维场景的实战案例，通过 Python 代码帮助读者掌握智能运维的实践方法。

本书特点

（1）理论与实践相结合：不仅讲解算法原理，还提供完整的代码实现和案例分析。

（2）案例驱动：围绕真实运维场景（如日志分析、故障定位等）展开，增强实用性，方便读者在类似的场景中直接借鉴。

（3）内容安排循序渐进：从基础环境搭建到高阶算法应用，适合不同水平的读者学习。

（4）开源工具支持：采用 Python、scikit-learn、PyTorch 等主流技术栈，确保可复现性。

本书配套资源

本书配套实例源码、PPT 课件与教学大纲，读者使用自己的微信扫描右侧的二维码即可获取。如果在阅读过程中发现问题或有任何建议，请下载资源中提供的相关电子邮箱或微信进行联系。

本书适合的读者

本书采用循序渐进的方式组织内容，从基础概念到算法原理再到工程实践，既适合作为高校智能运维课程的教材，也可供运维工程师和开发人员参考使用。书中提供的 Ubuntu 环境配置指南、Python 编程示例和智能运维示例代码，能够有效降低学习门槛，使读者快速上手并应用于实际工作场景。

作者与鸣谢

本书作者苏娜、孙琳和王鸽均为高校计算机专业教师，主要从事智能运维、大数据分析与挖掘等方面的研究和教学工作。

本书的编写得到了众多专家、同行以及开源社区的大力支持，在此表示衷心的感谢。特别感谢裴厚清、徐力、刘文羽三位同学在实验验证和资料整理方面对本书作出的贡献。

同时，本书的顺利出版离不开清华大学出版社各位编辑老师的专业指导和辛勤付出，在此谨致谢忱。

我们诚挚欢迎广大读者提出宝贵意见和建议，以便在未来的版本中持续优化和改进。

作　者

2025 年 3 月

目　　录

第 1 章　智能运维概述 ·· 1

  1.1　引言 ··· 1

    1.1.1　智能运维的兴起 ··· 1

    1.1.2　智能运维的发展历程 ··· 2

    1.1.3　智能运维的技术基础 ··· 3

    1.1.4　智能运维的目标 ··· 4

  1.2　智能运维的应用 ·· 4

    1.2.1　智能运维的应用领域 ··· 4

    1.2.2　智能运维要解决的问题 ·· 5

  1.3　智能运维的相关标准 ·· 6

    1.3.1　运维相关的现有标准 ··· 7

    1.3.2　人工智能的现有标准 ··· 9

    1.3.3　智能运维的现有标准 ··· 10

第 2 章　智能运维框架 ··· 12

  2.1　整体框架 ·· 12

  2.2　组织治理 ·· 13

  2.3　场景实现 ·· 14

  2.4　能力域 ·· 15

第 3 章 搭建 Ubuntu 运维和开发环境 ······ 20

3.1 Ubuntu 安装准备 ······ 20

3.2 安装 Oracle VM VirtualBox ······ 22

3.3 安装 Ubuntu 服务器系统 ······ 26

    3.3.1 创建虚拟机 ······ 26

    3.3.2 安装 Ubuntu Server 系统 ······ 32

3.4 搭建 VS Code 远程开发环境 ······ 40

第 4 章 Python 编程基础 ······ 44

4.1 Python 快速入门 ······ 44

    4.1.1 Python 简介 ······ 44

    4.1.2 数据类型 ······ 47

    4.1.3 运算符 ······ 50

    4.1.4 函数 ······ 52

    4.1.5 程序控制结构 ······ 53

    4.1.6 类和对象 ······ 54

4.2 NumPy 快速入门 ······ 55

    4.2.1 数组创建与初始化 ······ 55

    4.2.2 数组的核心属性、操作与计算 ······ 56

    4.2.3 数学运算与统计 ······ 60

4.3 Pandas 快速入门 ······ 61

    4.3.1 Pandas 系列 ······ 61

    4.3.2 Pandas 数据帧 ······ 65

    4.3.3 Pandas 示例 ······ 69

第 5 章 数据采集与存储 ······ 84

5.1 数据采集 ······ 84

    5.1.1 数据采集方法 ······ 85

5.1.2　数据采集工具 86
　　　5.1.3　数据采集的关键考虑因素 88
　5.2　数据存储 88
　　　5.2.1　数据存储类型 89
　　　5.2.2　数据存储架构 90
　　　5.2.3　数据备份与恢复 90
　　　5.2.4　数据安全 91
　　　5.2.5　数据管理与优化 91
　　　5.2.6　数据访问与检索 92

第6章　数据预处理 94

　6.1　数据清洗 95
　　　6.1.1　处理缺失值 95
　　　6.1.2　去除重复记录 106
　6.2　数据集成 112
　6.3　数据转换 113
　6.4　数据离散化 119
　　　6.4.1　等距离散化 120
　　　6.4.2　等频离散化 120
　　　6.4.3　基于聚类的离散化 121
　　　6.4.4　基于决策树的离散化 122
　6.5　特征选择 123
　　　6.5.1　特征选择方法 123
　　　6.5.2　特征选择示例 124

第7章　机器学习 129

　7.1　回归方法 129
　　　7.1.1　常见的回归方法 130
　　　7.1.2　回归模型的评估与优化 131

7.2 分类方法 ··· 140
7.1.3 回归模型的示例 ··· 132
7.2.1 分类的一般流程 ··· 140
7.2.2 评估指标 ··· 141
7.3 决策树 ··· 143
7.3.1 基本概念 ··· 143
7.3.2 构建步骤 ··· 145
7.3.3 决策树示例 ··· 147
7.3.4 决策树的特点 ··· 152
7.4 其他分类算法 ··· 152
7.4.1 随机森林 ··· 152
7.4.2 支持向量机 ··· 153
7.4.3 贝叶斯分类器 ··· 156
7.4.4 分类算法小结与示例 ··· 158
7.5 聚类分析 ··· 165
7.5.1 划分聚类方法 ··· 165
7.5.2 基于密度的聚类方法及示例 ··· 169
7.5.3 层次聚类方法 ··· 173
7.5.4 基于网格的聚类方法 ··· 173
7.6 关联分析 ··· 174
7.6.1 关联分析相关概念 ··· 174
7.6.2 FP-Growth 算法 ··· 175
7.6.3 关联分析示例 ··· 176
7.7 时间序列分析 ··· 181
7.7.1 时间序列的基本概念 ··· 181
7.7.2 时间序列的平稳性 ··· 181
7.7.3 时间序列的建模方法 ··· 182
7.7.4 时间序列的预测 ··· 183
7.7.5 时间序列分析示例 ··· 184

目　　录 | VII

7.8　异常点检测 ··· 192

  7.8.1　异常点检测概述 ·· 192

  7.8.2　异常点检测方法 ·· 193

  7.8.3　异常点检测示例 ·· 193

第 8 章　深度学习 ·· 199

8.1　深度学习基础 ·· 199

8.2　卷积神经网络 ·· 202

  8.2.1　CNN 的基本原理 ·· 202

  8.2.2　CNN 应用示例 ·· 204

8.3　循环神经网络及其特殊架构 ·· 217

  8.3.1　循环神经网络 ··· 217

  8.3.2　长短期记忆网络 ··· 219

  8.3.3　门控循环神经网络 ··· 221

8.4　注意力机制 ·· 222

8.5　Transformer 模型 ··· 226

第 9 章　自然语言处理 ··· 229

9.1　自然语言处理概述 ·· 229

9.2　文本表示方法 ·· 230

  9.2.1　独热编码 ··· 231

  9.2.2　TF-IDF 方法 ·· 231

  9.2.3　Word2Vec 模型 ··· 232

  9.2.4　GloVe 预训练模型 ··· 233

  9.2.5　BERT 预训练模型 ··· 234

9.3　大语言模型及示例 ·· 236

第 10 章　日志异常检测 ·· 244

10.1　数据预处理 ·· 245
10.1.1　常用数据集介绍 ······································ 245
10.1.2　日志数据处理 ·· 246

10.2　HDFS 日志异常检测 ·· 247
10.2.1　日志解析与模板匹配 ·································· 248
10.2.2　事件序列构建 ·· 252
10.2.3　滑动窗口处理 ·· 257
10.2.4　特征工程与标签关联 ·································· 259
10.2.5　模型训练与评估 ······································ 262

10.3　日志异常检测经典模型及示例 ·································· 264
10.3.1　DeepLog 模型及示例 ·································· 265
10.3.2　LogAnomaly 模型及示例 ······························ 274
10.3.3　LogRobust 模型及示例 ································ 278

第 11 章　面向微服务的根因定位 ······································ 281

11.1　引言 ·· 281
11.2　数据集 ·· 282
11.2.1　数据采集 ·· 282
11.2.2　公开数据集 ·· 284
11.3　根因定位方法 ·· 286
11.4　根因定位的关键技术 ·· 288
11.4.1　异常检测 ·· 288
11.4.2　PageRank 算法及示例 ·································· 289
11.4.3　随机游走算法 ·· 296
11.4.4　深度优先搜索 ·· 297
11.4.5　皮尔逊相关系数 ······································ 298
11.4.6　根因定位关键技术总结 ································ 298

第 12 章　网络流量异常检测 ·· 300

　12.1　引言 ··· 300

　12.2　网络流量分类与数据集 ·· 301

　　　12.2.1　网络异常流量分类 ·· 301

　　　12.2.2　公开数据集 ··· 302

　12.3　数据预处理 ··· 308

　12.4　网络流量异常检测方法 ·· 313

　12.5　网络流量异常检测示例 ·· 315

　　　12.5.1　基于 SVM 的网络流量异常检测 ·· 315

　　　12.5.2　基于 DNN 的网络流量异常检测 ·· 322

第 1 章

智能运维概述

智能运维（Artificial Intelligence for IT Operations，AIOps）作为一种新兴的运维模式，它通过机器学习、深度学习等人工智能技术对 IT 系统进行自动化监控、故障诊断和性能优化。它能够实时分析海量多模态运维数据，自动识别异常、定位故障根因并提供解决方案，相比传统基于规则和脚本的运维方式具有更强的自适应能力和泛化性。AIOps 不仅能显著提升运维效率，降低人力成本，还能通过预测性维护有效预防系统故障，现已成为保障微服务等复杂分布式系统稳定运行的关键技术。本章将介绍智能运维的兴起、发展历程、技术基础，以及智能运维的应用和现有标准。

1.1 引言

1.1.1 智能运维的兴起

在数字化时代的浪潮下，随着信息技术的迅猛发展，企业的 IT 基础设施和应用系统变得愈加庞大和复杂。在传统模式下，运维工作主要依赖人工操作和经验积累，面对系统的复杂性和快速变化，运维人员需要投入大量时间和精力来进行故障排查、性能调优和系统维护。这种方式不仅效率低下，而且容易受到人为因素的影响，难以保障系统的稳定性和高可用性。以下是传统运维面临的一些主要挑战：

（1）系统复杂性。现代企业的IT环境包括多种系统、应用、服务和设备，这些系统往往具有复杂的依赖关系。传统运维方法在应对这种复杂性时显得力不从心，故障排查和系统维护变得烦琐且耗时。

（2）数据爆炸。数据量的急剧增加使得传统的监控和管理工具难以有效处理。大量的日志、性能数据和事件信息使得人工筛查和分析变得不可行。

（3）运维效率低。传统运维依赖人工操作和经验积累，运维人员需要进行繁重的手工配置和故障处理。这种模式不仅效率低，而且容易出错，难以应对快速变化的业务需求。

（4）故障响应滞后。传统运维模式通常在故障发生后才进行响应，导致系统的恢复时间较长。预防性维护和故障预测能力不足，可能会导致系统的长期不稳定运行。

（5）人工干预多。传统运维大量依赖人工干预，容易受到人为错误的影响。运维人员需要处理大量的告警和问题，这不仅耗费时间，而且可能影响其他重要任务的执行。

因此，智能运维应运而生，旨在通过自动化和智能化手段，提升运维工作的效率和效果。智能运维借助机器学习、深度学习、自然语言处理和大数据分析等先进的技术手段，致力于提升运维管理的智能化水平。这些技术提供了更强大的数据处理能力和智能分析算法，使得运维管理能够从被动响应转变为主动预测和自动修复。智能运维不仅能够提供实时监控、智能分析和自动化修复，满足企业对高效运维的需求，还能显著降低运维成本和复杂性，实现对IT资源的优化管理。

根据我国"十四五"规划和2035年远景目标纲要，支持具备条件的大型企业建立一体化数字平台，推动全流程数据的无缝贯通，形成基于数据的智能决策能力，以提升企业整体运营效率。在规划中明确提到智能运维作为关键技术的重要性，这表明智能运维正成为行业发展的必然趋势。

1.1.2 智能运维的发展历程

智能运维的发展可以追溯到信息技术发展的早期阶段。最初，运维工作主要依赖手工操作和定期检查，技术水平和自动化程度相对较低。随着计算机技术的发展，运维工具和技术逐渐引入了自动化脚本和监控系统，但依然主要依赖人工干预和管理。

进入 21 世纪，随着大数据、云计算、人工智能等技术的迅猛发展，运维领域开始出现新的变革。智能运维的概念逐渐得到重视，并在实际应用中取得了显著成效。具体的发展历程可以分为以下几个阶段：

（1）基础监控阶段。这一阶段的运维工作主要依赖基础的监控系统和告警机制。监控系统通过收集系统的性能数据、日志信息等，及时发现异常并触发告警。然而，这一阶段的监控系统仍然存在一定的局限性，例如告警信息冗余过多、误报率高，导致运维人员需要花费大量时间进行筛选和处理。

（2）自动化运维阶段。随着自动化技术的发展，运维工作开始引入自动化工具和脚本。自动化运维可以实现对常见故障的自动修复和处理，提高了运维效率。然而，这一阶段的自动化程度仍然有限，对于复杂问题的处理仍然需要依赖人工干预。

（3）智能化运维阶段。进入智能化运维阶段，运维工作开始引入机器学习、深度学习等人工智能技术，通过对大量数据的分析和建模，预测和预防潜在问题，实现更加智能和自动化的运维管理。这一阶段的智能运维系统不仅能够实时监控系统状态，还可以通过智能算法进行问题预测和自动修复，大幅提升了系统的可靠性和运维效率。

1.1.3 智能运维的技术基础

智能运维的实现依赖多种先进技术的支持，主要包括以下几个方面：

（1）大数据分析。智能运维系统通过对大量运维数据的收集和分析，识别系统的性能瓶颈和潜在风险。大数据分析技术能够从海量数据中提取有价值的信息，帮助运维人员做出更加准确的决策。

（2）人工智能。人工智能技术在智能运维中扮演着重要角色。通过机器学习和深度学习算法，智能运维系统能够自动识别和预测系统故障，优化资源配置，并进行智能化的故障处理。

（3）自动化工具。自动化工具的应用使得运维工作能够实现自动化执行，减少人工干预。自动化工具包括自动化运维平台、配置管理工具、自动化测试工具等，能够有效提高运维效率和准确性。

（4）自然语言处理。自然语言处理技术使得智能运维系统能够理解和处理运维人员的自然语言输入，提供智能化的故障诊断和处理建议，提高运维工作的便捷性。

1.1.4 智能运维的目标

智能运维将传统运维与先进的技术结合起来，通过智能化手段提升运维管理的自动化、精准度和效率。其主要目标包括以下几个方面：

（1）自动化与智能化。通过引入自动化工具和智能算法，减少人工干预，实现运维任务的自动化执行，提升工作效率和准确性。

（2）数据驱动决策。利用大数据分析和人工智能技术，从海量运维数据中提取有价值的信息，支持精准的决策和优化建议。

（3）实时监控与预警。通过实时监控系统状态和性能指标，及时发现潜在问题和异常，提前预警并进行自动化处理，确保系统的高可用性和稳定性。

（4）故障预测与预防。通过机器学习算法分析历史数据，预测潜在故障和风险，采取预防措施，减少故障发生频率和系统停机时间。

1.2 智能运维的应用

1.2.1 智能运维的应用领域

智能运维在多个行业和领域中展现出了广泛的应用潜力，主要包括以下几个方面。

（1）数据中心运维：在数据中心，智能运维系统可以实时监控服务器、网络设备和存储设备的状态，自动检测和修复故障，优化资源利用率，降低运维成本。

（2）云计算平台：在云计算环境中，智能运维可以实现对虚拟机、容器和应用程序的智能化管理，提高系统的可靠性和性能。通过智能调度和自动扩展，云计算平台能够应对动态的负载变化。

（3）金融行业：在金融行业，智能运维系统可以通过实时监控和数据分析，预防和应对系统故障，保障金融交易的稳定性和安全性。此外，智能运维还可以帮助金融机构进行风险管理和合规检查。

（4）电信行业：在电信行业，智能运维可以实现对网络设备和通信系统的智能化管理，提高网络的可靠性和服务质量。通过智能化的故障诊断和修复，减少服务中断时间。

（5）制造业：在制造业中，智能运维系统可以通过对生产设备和生产线的实时监控，预测设备故障，优化生产流程，提高生产效率和产品质量。

随着技术的不断发展和应用的深入，智能运维将继续发挥重要作用，更加智能化、自动化，能够更好地应对复杂的 IT 环境和业务需求。通过持续创新和技术迭代，智能运维有望为企业提供更加高效、可靠的运维解决方案，助力企业在数字化时代的成功转型。

1.2.2 智能运维要解决的问题

智能运维是现代企业为应对复杂IT环境和提升运维效率而采用的先进运维模式。它通过自动化、人工智能、大数据分析等技术手段，旨在解决传统运维模式中的一系列问题。以下是智能运维需要解决的主要问题及其对应的解决策略。

1. 系统复杂性管理

现代 IT 环境通常包括多种系统、应用、服务和设备，这些系统之间具有复杂的依赖关系。传统运维方法在面对这种复杂性时，往往显得力不从心。系统的复杂性使得故障排查、性能优化和维护管理变得异常困难。

智能运维通过集成和分析多源数据，能够自动识别系统间的复杂依赖关系和潜在的故障点。此外，采用自动化监控和告警系统，实时跟踪系统状态，及时发现和处理潜在问题，从而简化复杂环境的管理。

2. 大数据处理和分析

IT 系统生成的数据量巨大，包括日志、性能指标、告警信息等。传统的运维方法难以有效处理和分析这些海量数据。数据的冗余和噪声往往导致信息过载，使得有用信息难以提取和利用。

智能运维采用大数据处理和分析技术，对海量数据进行有效管理。通过数据清洗、集成和存储，利用机器学习和数据挖掘技术分析历史数据，发现数据中的模式和趋势，从而实现精准的故障预测、性能优化和资源调度。

3. 运维效率和自动化

传统运维往往依赖人工操作和经验积累，导致运维效率低下。重复性任务和故障处理过程烦琐，人工干预多，容易出错且耗时。

自动化工具可以执行日常运维任务,如系统配置、更新、故障处理等,减少人工操作和干预。自动化脚本和运维平台能够进行批量操作和任务调度,提高工作效率。智能运维系统能够实现自动化的故障修复,通过智能算法快速处理和解决常见问题,降低运维人员的工作负担。

4. 故障预测与预防

传统运维模式通常在故障发生后才进行响应,导致系统恢复时间较长。预防性维护和故障预测能力不足,难以避免系统长期不稳定。

智能运维对系统数据进行深入分析,识别潜在的故障模式和风险。通过建立预测模型能够提前预警,采取预防性措施,以避免故障的发生,从而实现更加主动的运维管理。

5. 运维决策支持

传统运维决策往往依赖人工经验和直觉,缺乏科学的数据支持。这种决策方式可能导致决策不准确,影响系统性能和业务连续性。

智能运维通过数据驱动的决策支持系统,可以为运维团队提供科学的决策依据。通过整合和分析各类数据,生成可操作的见解和建议。

6. 资源优化和管理

IT资源的管理和优化是传统运维中的一个重要问题。资源配置不当可能导致资源浪费或不足,影响系统性能和业务运营。

智能运维通过实时数据分析,动态调整资源,根据负载变化自动扩展或缩减计算资源,优化资源利用率。它还可以通过预测分析,提前规划资源需求,避免资源短缺或过度配置的问题。

1.3 智能运维的相关标准

标准化是通过达成对某项技术的共识,制定和实施技术标准的过程。这一过程有助于保障服务或产品质量,建立统一认知,提高技术的通用性和互操作性,并减少不必要的多样性。目前,已有研究尝试通过标准化来解决人工智能领域的统一术语和技术规格问题,以及技术在特定应用场景中的适配难题。因此,制定智能运维标准是一种有效的解决方案,可以帮助从业人员了解智能运维的基本知识,掌握实践要点,识别和改进现有的不足,从而提升智能运维的实际效果。标准化为不同背景下的智能运维实践提供了必要条件,对提高整个行业的智能运维能力至关重要。

1.3.1 运维相关的现有标准

在国内,信息技术相关的国家标准和行业标准的制定工作由信息技术服务标准体系(IT Service Standard,ITSS)主导。在运维领域,ITSS 4.0+框架中的国家标准 GB/T 28827.1《信息技术服务 运行维护 第 1 部分:通用要求》仍然是市场的主要标准。该标准围绕人员、过程、技术和资源 4 个关键能力要素,提出了具体的要求和评价指标,建立了一个"策划-实施-检查-改进"的能力管理体系,指导主要运维企业构建运行维护服务能力。

在 GB/T 28827.1 通用要求的基础上,相关的国家标准 GB/T 28827.2~6 对具体的运行维护工作进行了详细规范,包括交付、应急响应、数据中心服务和应用系统服务等方面。此外,ITSS 的内部标准基于这些国家标准,提供了运维能力服务成熟度的评估标准。

国家标准 GB/T 33136 借鉴了 CMMI(Capability Maturity Model Integration,能力成熟度模型集成)和 COBIT(Control Objectives for Information and related Technology,信息系统和技术控制目标)等模型,提出了数据中心运维服务能力成熟度的标准,涵盖 33 个数据中心管理能力项的关键活动,并提供了 5 个等级的服务能力成熟度评级。国家标准 GB/T 38633 则针对大数据系统的运维和管理,提出了具体的要求,包括安装部署、监控告警和服务管理等多个方面的运维活动。

国际标准化组织发布的 ISO 20000 系列是公认的 IT 服务运维管理标准,共包括 7 个部分:

- ISO 20000-1 定义了 IT 服务运维管理系统的功能需求及相关要求。
- ISO 20000-2 对 ISO 20000-1 的要求进行了详细解释。
- ISO 20000-3 和 ISO 20000-5 提供了实现和使用 ISO 20000-1 系统的建议。
- ISO 20000-6 补充了认证和审计需求。
- ISO 20000-11 和 ISO 20000-12 将 ISO 20000-1 的要求与 ITIL(Information Technology Infrastructure Library,信息技术基础设施库)和 CMMI-SVC

（Capability Maturity Model Integration for Services，服务能力成熟度模型集成）中的实践对齐。
- ISO 20000-10 整理了标准系列的构成和术语定义。
- 此外，ISO 33054 列出了 IT 服务运维系统的 33 个使用场景的过程模型，并与 ISO 20000-1 中的功能点对接；ISO 33074 则依据 ISO 33004 建立了这些过程模型的评估标准。

类似地，欧洲电信标准化协会（European Telecommunications Standards Institute，ETSI）也推出了两个标准：
- ETSI GS NFV-MAN 001 针对网络功能虚拟化（Network Functions Virtualization，NFV）提出了详细的功能需求。
- ETSI TS 128 530 针对 5G 网络中的具体场景（如网元管理、基础设施管理和网络切片管理）提出了详细的功能需求。

在此基础上，ETSI 创建了新的标准系列 ETSI ZSM，旨在实现自动化网络运维：
- ETSI GS ZSM-001 定义了自动化网络运维的功能要求。
- ETSI GS ZSM-002 定义了自动化网络运维的参考架构。
- ETSI GS ZSM-007 提供了相关术语和定义的整理。

国际电信联盟（International Telecommunication Union，ITU）的运维标准主要集中在通信管理网（Telecommunication Management Network，TMN）上：
- ITU-T M.3010 定义了 TMN 的目标、功能模块和结构。
- ITU-T M.3400 在性能、故障、配置、审计和安全方面提出了具体要求。
- ITU-T M.3070 针对云架构系统的产品、服务和资源管理给出了功能要求。
- ITU-T M.3040 旨在实现自动化运维，提出了线上巡检和服务激活等场景的功能模块和自动化流程。
- ITU-T M.3041 进一步推出了 SOMM（Smart Operation, Management and Maintenance）框架，将 TMN 的自动化运维功能分为场景应用、管理服务、数据管理和基础设施管理 4 个层级。

上述运维标准主要针对传统的人工 IT 运维，提出了功能性和流程性要求，并对自动化运维能力也有所涉及。大多数能够实施智能运维的企业通常已满足这些标准的要求，甚至获得了相关认证。然而，对于无法满足这些标准的企业，其运维数据治理能力可能无法支持人工智能技术。这些企业应当遵循"传统运维→自动化运维→智能运维"的实施路径，首先致力于满足基本的 IT 运维标准，然后逐步建设智能运维能力。

1.3.2 人工智能的现有标准

ISO（International Organization for Standardization，国际标准化组织）于 2021 年发布了更新的人工智能概念和术语定义标准——ISO 22989，该标准将人工智能术语分为人工智能、机器学习、神经网络、可信性和自然语言处理 5 个部分进行定义。相较于旧版，ISO 22989 涵盖近年来主流的人工智能算法和模型，如卷积神经网络（Convolutional Neural Network，CNN）、长短期记忆网络（Long Short-Term Memory，LSTM）和迁移学习（Transfer Learning），并对强 AI 与弱 AI、符号与非符号方法、AI 系统生命周期及生态等常见概念进行了解释。

ISO 的人工智能系统标准 ISO 23053 将系统划分为 3 个部分：模型开发与使用、软件工具与技术以及输入数据，并在此基础上定义了机器学习流水线（ML Pipeline），描述了在人工智能系统中开发、部署和运行机器学习模型的过程。

ISO 还将大数据处理标准纳入人工智能标准体系，包括 ISO 20546（大数据概述和词汇）和 ISO 25047（大数据处理参考架构）。基于现有的大数据标准，ISO 还在制定 ISO 5259（统计分析和机器学习的数据质量）、ISO 24668（大数据分析过程管理框架）和 ISO 8183（数据生命周期框架），这些标准将作为人工智能数据处理系统的要求。

在人工智能算法的技术要求方面，ISO 的 WG5 工作组发布了 ISO 24372，该标准对现有的人工智能算法进行了分类。该标准描述了人工智能系统和计算方法的计算特征，将其分为知识驱动方法（如专家系统）和数据驱动方法（如监督学习、非监督学习和半监督学习）。该标准详细列出了具体计算方法（如知识图谱、决策树、生成对抗网络等）的技术要点、主要计算特征和应用场景。

在人工智能系统标准方面，中国电子工业标准化技术协会（China Electronics Standardization Association，CESA）提出了针对人工智能系统框架的团体标准，将人工智能系统分为 8 个部分，并为每个部分规定了基础功能要求，例如数据标注支持、算法统一注册和管理等。例如，CESA 1040 标准对机器学习的数据标注流程、标注方式和输出形式提出了要求；CESA 1034 标准对不同场景下小样本机器学习算法的训练数据类型和数据量进行了规定；CESA 1197、CESA 1198、CESA 1199 标准分别对图像合成、视频图像审核、字符识别算法提出了功能和性能要求；CESA 1035 标准规定了音视频和图像分析算法接口的格式；国标 GB/T 40691-2021 则规定了情感数据计算中的功能性要求，包括情感表示、识别、决策和表达。

1.3.3 智能运维的现有标准

国际电信联盟（ITU）为 5G 网络架构（IMT-2020）建立了 SG13 标准组，其中 Y.3170 系列标准专注于人工智能技术在未来网络运维中的应用。Y.3172 提出了机器学习的总体框架，类似于 ISO 23053 的机器学习流水线处理过程；Y.3174、Y.3176 和 Y.3179 对数据处理系统、应用市场和机器学习服务化提出了详细要求；Y.3170、Y.3175、Y.3177、Y.3178 和 Y.3180 则针对网络运维服务的特定场景提出了功能性和技术要求。Y.3173 根据业务需求、数据收集、分析、决策和机器行为映射，定义了从人工运维到完全无人运维的 5 个智能管理等级。此外，ITU 的通信维护标准 M.3080 提出了 AITOM（Artificial Intelligence enhanced Telecom Operation and Management，人工智能增强的电信运营与管理）框架，该框架是在原有 SOMM 框架的基础上，结合 Y.3172 的机器学习技术形成的总体技术架构。

类似地，ETSI 针对网络运维场景建立了智能网络工作组 GS ISG ENI，并提出了一系列智能运维标准。ETSI GS ENI 005 定义了整体运维系统框架，包括数据获取、知识管理和模型构建等模块的具体功能要求；ETSI GR ENI 001 列举了 20 多个网络智能运维场景，并对每个场景进行了用例分析，明确了参与角色和执行流程。此外，ETSI GS ZSM-001 标准也涵盖如何利用人工智能辅助运维，主要关注系统运维数据的收集和处理要求。

在国内，中国电子节能技术协会和 CAICT 也推出了相关团体标准。中国电子节能技术协会针对数据中心的智能运维场景提出了具体功能性要求；CAICT 发布的团体标准 T/CCSA 382.1-2022 定义了智能运维场景的成熟度等级及功能要求。

国家标准 GB/T 43208.1-2023《信息技术服务 智能运维 第 1 部分：通用要求》于 2023 年 9 月发布，2024 年 4 月实施。GB/T 43208.1-2023 确立了智能运维框架，规定了智能运维组织的组织治理、智能运维场景实现和能力域的通用要求，针对数据、算法、技术 3 个智能运维能力的关键要素从治理层面提出要求。

国家标准 GB/T 43208 由 4 个部分构成，包括通用要求、运维数据治理、运维算法治理和运维技术治理，各部分之间的关系如图 1-1 所示。

```
┌─────────────────────────────────────────────────────────────────┐
│ 智能运维能力要求  │  信息技术服务 智能运维 第1部分：通用要求    │
└─────────────────────────────────────────────────────────────────┘
                          ↑           ↑           ↑
┌─────────────────────────────────────────────────────────────────┐
│ 智能运维要素 │ 信息技术服务 智能运维 │ 信息技术服务 智能运维 │ 信息技术服务 智能运维 │
│              │ 第2部分：运维数据治理 │ 第3部分：运维算法治理 │ 第4部分：运维技术治理 │
└─────────────────────────────────────────────────────────────────┘
```

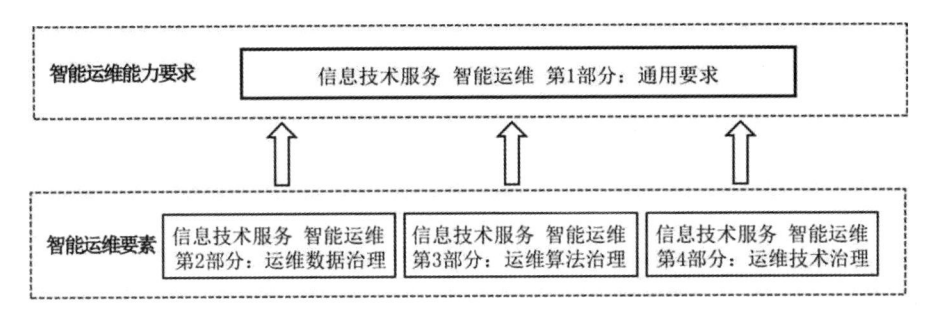

图 1-1　GB/T 43208 各部分之间的关系

第 1 部分：通用要求。目的是为智能运维组织提供智能运维框架，指导组织从组织治理、智能运维场景实现和能力域 3 个方面开展智能运维建设，持续提升智能运维水平，实现运维目标。

第 2 部分：运维数据治理。目的是为智能运维组织提供运维数据治理框架，指导组织对能力域中的数据要素进行治理，为智能运维建设提供高质量的运维数据，有效地支撑智能运维场景的实现。

第 3 部分：运维算法治理。目的是为智能运维组织提供运维算法治理框架，指导组织对能力域中的算法要素进行治理，为智能运维建设提供安全、可靠、有效的运维算法，挖掘运维数据的价值，赋能运维场景的实现。

第 4 部分：运维技术治理。目的是为智能运维组织提供运维技术治理框架，指导组织对能力域中的技术要素进行治理，为智能运维建设提供技术应用的原则、方法和要求，支撑智能运维场景的实现。

第 2 章

智能运维框架

本章主要介绍国家标准 GB/T 43208 提出的智能运维总体框架，该框架从组织、场景和能力 3 个维度列出了智能运维建设中的关键要点，旨在为企业的智能运维能力建设提供明确的指导。

2.1 整体框架

国家标准 GB/T 43208 提出了智能运维框架，由组织治理、场景实现、能力域 3 部分构成。组织治理涵盖组织策略、管理方针、组织架构、组织文化以及相关方需求和期望。场景实现包括场景分析、场景构建、场景交付和效果评估 4 个过程。能力域包括数据管理、分析决策、自动控制等能力域，每个能力域由若干能力项构成，而每个能力项又由 7 个要素组成，这些要素是人员、技术、过程、数据、算法、资源和知识。

场景实现是智能运维能力构建的核心，既是需求起点，也是效果体现。实现智能运维场景需要构建数据、算法和自动化能力，这些能力通过 4 个关键过程不断迭代提升。组织治理则驱动智能运维能力的持续构建，确保企业能不断提升和实现智能运维场景。

智能运维的智能特征包括：能感知、会描述、自学习、会诊断、可决策、自执行、自适应。智能运维框架如图 2-1 所示。

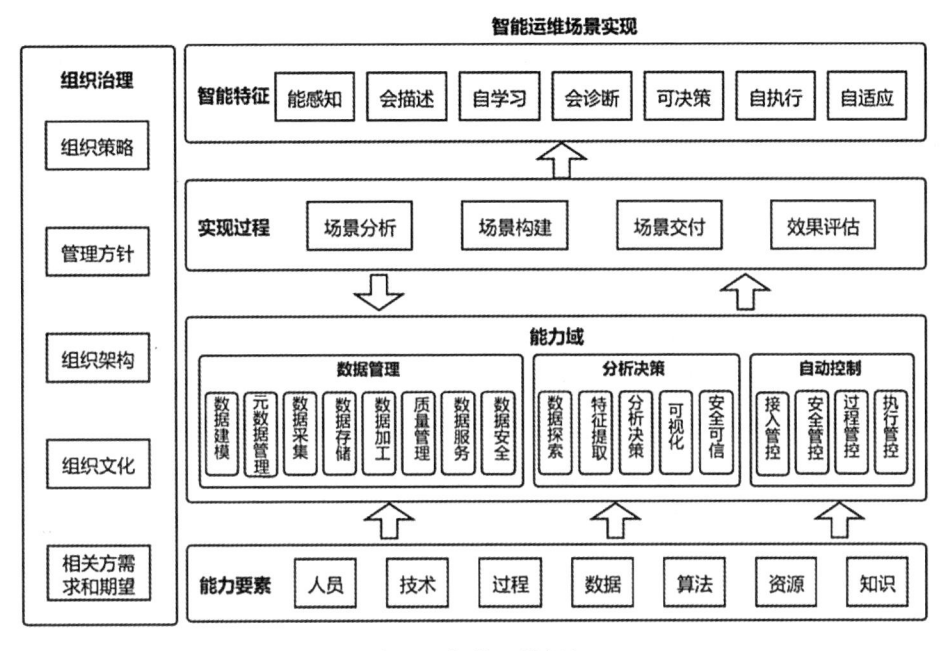

图 2-1　智能运维框架

2.2　组织治理

在智能运维建设过程中，各类场景和需求会不断涌现。如果仍然依赖各自为政的开发方式，而不对不同场景的数据和技术进行整合与共享，就会导致重复建设，并增加后续迭代的复杂性，最终导致前台系统繁杂而后台支撑不足。因此，企业在构建智能运维能力时，需要从组织层面进行统一规划和资源整合。

通过组织策略、管理方针、组织架构、组织文化及相关方需求和期望对其组织进行完善，以指导组织开展智能运维能力的建设和智能运维场景的实现。组织应建立提升智能运维能力的策略，在管理原则的指导下建立智能运维方针，建立符合智能运维管理要求的组织架构，符合智能运维持续发展的组织文化，明确智能运维不断变化的组织环境。

2.3 场景实现

由于运维场景的划分粒度不同,智能运维的场景数量非常庞大。例如,多个场景可以组合成混合场景,混合场景也可以拆分成多个单独场景分阶段实施。因此,应关注通用的智能运维场景实现,而非针对特定场景类型。

智能运维场景的实现是一个需要持续优化的过程,旨在围绕质量可靠、安全可控、效率提升和成本降低的运维目标,不断迭代调优来提升运维智能化水平。我们通过4个关键过程构建智能运维场景:

(1)场景分析:通过前期的调研和评估,确定场景构建的方案和计划。
(2)场景构建:根据既定方案和计划,进行场景相关能力的建设。
(3)场景交付:在场景构建完成后,实施交付及相关配套活动。
(4)效果评估:在场景交付后,检查是否达到了预期效果,并为下一阶段的迭代设定目标。

表 2-1 列出了部分常见的运维场景。

表2-1 常见的运维场景

场景名称	场景描述	关键指标	智能特征	目标
告警聚合	该场景通过算法或规则,将无效和重复等相同原因触发的告警合并为一个告警	告警聚合率=1－聚合后告警数/总告警数	会诊断	质量可靠:在事前、事中、事后的各方面,有效提高运维服务对象的运行稳定性和可靠性
异常发现	该场景通过实时收集运维对象的业务交易量、成功率、耗时、系统性能、日志等数据,利用机器学习训练历史数据运行模型,实时检测运行数据,实现快速发现运维对象的运行异常状态	异常发现准确率=有效告警数/总告警数; 异常发现漏报率=(应告警数－有效告警数)/应告警数	自适应、自学习、能感知、会诊断	
故障影响分析	该场景通过综合分析业务、应用系统间的依赖关系和配置数据,实现快速准确地推断某个故障的影响范围和程度	故障影响分析准确率=影响范围分析正确的故障数/故障总数	可决策、会描述	

(续表)

场景名称	场景描述	关键指标	智能特征	目标
故障根因定位	该场景通过排障决策树、对象关联图谱、故障传播影响分析等方式，实现对版本变更、业务参数调整、代码逻辑或基础设施故障带来的各种大规模、并发异常告警进行根因分析定位和根因故障推荐	故障根因定位准确率=准确推荐根因故障数/总推荐根因故障数；故障根因定位覆盖率=准确推荐根因故障数/总故障数	能感知、可决策、会诊断、自学习、自适应、会描述	质量可靠：在事前、事中、事后的各方面，有效提高运维服务对象的运行稳定性和可靠性
故障预测	该场景通过收集和处理运维对象历史运行数据和故障数据，建立不同技术领域的故障模型，提取故障特征，归纳故障演化规律，实现对运维对象运行趋势的动态预测	故障预测准确率=准确预测数/总预测数	自学习、会诊断	

2.4 能力域

国家标准 GB/T 43208 将智能运维的能力建设划分为 3 个主要方面：数据管理能力、分析决策能力和自动控制能力。在构建智能运维场景时，需全面评估和改进这些方面，以确保在实际应用中能够基于高质量的运维数据，利用算法进行合理判断，并根据需要自动化地执行运维操作。

1. 数据管理能力领域

数据管理能力领域涵盖对运维数据进行全面的生命周期管理和应用的各项能力，包括确保数据的高质量、全面覆盖、互联融合，并满足时效性需求。该领域包含以下 8 项能力：数据建模、元数据管理、数据采集、数据加工、数据存储、质量管理、数据服务和数据安全。

2. 分析决策能力领域

分析决策能力领域涉及使模型能够自主预测、判断和行动的能力。它通过筛选、整合和处理相关运维数据，结合规则和算法模型，为智能运维场景提供决策支持。该领域包括 5 项核心能力：数据探索、特征提炼、分析决策、可视化和安全可信。

3. 自动控制能力领域

自动化能力是显著提高运维效率的关键因素。它不仅能替代人工操作，通过与各种工具、平台和流程的有效配合来执行大量重复性的日常运维任务，还能推动运维操作的标准化，增强流程的可控性。结合数据和算法形成的决策能力，进一步推动运维向无人化的方向发展。自动控制能力领域旨在通过设备、软件和服务提升运维活动的自动化水平，实现目标预期的自动执行，从而提高运维效率并减少人工干预。该领域包括 4 项关键能力：接入管控、安全管控、过程管控和执行管控。

下面的示例 1 和示例 2 展示了如何在具体运维场景中对能力项进行详细解析。能力域是由一系列智能运维能力组合而成的。每个子能力域中的具体能力项围绕 7 个能力要素提出了一系列要求，运维人员可以根据这些标准作为参考，按步骤实施智能运维场景，或依据标准内容优化已有的智能运维场景。

示例 1：场景能力解析

（1）场景：智能日志异常诊断。

自动收集各类型的日志，自动提取各日志模板，建立所有日志模板运行基线，自动发现基线异常并进行告警，在提高故障发现率的同时，无须大量人工干预。

（2）目标：效率提升，成本降低。

（3）活动：分析。

（4）智能特征：自学习、会诊断。

（5）能力域：分析决策能力域。

（6）能力项：特征提炼。

（7）能力要素：包括人员、技术、过程、数据、算法、资源及知识。

① 人员

- 运维场景研发团队安排具备特征工程等相关背景知识和研发能力的成员制定日志模板提取方案，至少应包含日志解析、特征颗粒度定义和特征抽取方案。
- 运维场景研发团队协调日志产生方对日志模板识别结果进行评估。

② 技术

- 针对不同类型的日志数据，采用不同的特征提取方式。为了便于特征提取自由格式的非结构化日志需先进行规则解析,而 JSON 等结构化日志则可直接进行特征提取。
- 针对日志模板提取场景,利用 NLP(Natural Language Processing,自然语言处理)等技术将无结构化日志转化成结构化数据。

③ 过程
- 实时解析已收集的日志明细数据,根据解析后不同的日志类型自动选择不同算法,产生多个日志模板。
- 系统持续跟踪日志的变化情况,自动增加或删除日志模板,并按需协调日志产生者、该运维场景使用者等关联方对日志模板分析结果进行识别、判断和反馈,实现日志模板的生命周期管理。

④ 数据
- 快速获取各种日志模板的原始数据,如日志类别、模板关键词、模板生成速度、模板数量等。
- 记录已生成的各明细日志模板,包括模板特征、日志内参数的变量分布等。

⑤ 算法
- 针对日志类型的运维数据,使用日志模板提取 FT-Tree、DBScan、符号分隔、关键字匹配等算法进行结构化转换。
- 针对日志中参数的指标类型运维数据,使用小波分析等算法进行周期特征提取,使用 ARIMA、线性回归等算法进行趋势特征提取,包括统计特征、拟合特征和分类特征等。

⑥ 资源
- 根据日志的规模和分析日志的实时性要求,配置适当的 Flink、Spark 等大数据计算集群。

⑦ 知识
- 结合专家经验和自动提取的日志模板现状,对重要或者高频使用的日志建立日志标准规范,包括格式要求、变量分布取值范围要求等。
- 具备特征提炼中的规则,形成可对特征提炼有效性进行识别、判断、优化和补偿的方法。

示例2：场景能力解析

（1）场景：智能日志异常诊断。

自动收集各类型的日志，自动提取各日志模板，建立所有日志模板运行基线，自动发现基线异常并进行告警，在提高故障发现率的同时，无须大量人工干预。

（2）目标：效率提升，成本降低。

（3）智能特征：能感知、自学习、会诊断、可决策、自执行。

（4）活动：分析。

（5）能力域：分析决策能力域。

（6）能力项：分析决策。

（7）能力要素：包括人员、技术、过程、数据、算法、资源及知识。

① 人员

运维场景研发团队安排具备异常检测算法能力的成员承担日志模板异常检测模型的设计与研发、实现规则和应用等工作。

② 技术

- 采用大规模日志分类模型训练框架技术。
- 考虑采用日志多维定位和关联分析技术。

③ 过程

- 为每个日志模板建立运行动态基线（主要包括数量、关键变量分布范围等），并持续实时训练。
- 为每个单位时间段建立日志模板占比的动态基线，并持续实时训练。
- 实时检测单个日志模板和单位时间段内日志模板占比是否偏离动态基线。

④ 数据

- 形成动态基线数据。
- 建立异常检测指标，包括漏报率（异常被当作正常的个数/异常的个数）、误报率（正常被当作异常的个数/正常的个数）等。

⑤ 算法

- 通过统计模板出现的频次变化并使用时序异常检测进行检测。

- 通过长短期记忆（Long Short-Term Memory，LSTM）算法对模板出现的顺序规律进行检测。
- 通过词汇信息单词嵌入、语义单词嵌入等自然语言处理技术对模板的语义进行分析检测，实现对运维日志型数据的规律挖掘和异常发现。

⑥ 资源

- 根据日志的规模和分析日志的实时性要求，配置适当的 Flink、Spark 等大数据计算集群。

⑦ 知识

- 告警策略：总结归纳不同日志类型的有效告警策略，包括基线敏感度、异常频次告警规则、稀有日志告警策略等。
- 算法应用指南：为不同日志类型和场景标识有效的日志异常检测算法。
- 场景应用指南：总结归纳不同日志能力边界场景，以及不适用的场景。

第 3 章

搭建 Ubuntu 运维和开发环境

本章将帮助读者搭建运维环境，掌握远程调试和运行运维代码的方法，内容包括 Ubuntu 的下载、Ubuntu 的安装以及 Visual Studio Code 远程开发环境的搭建。

3.1 Ubuntu 安装准备

对于初学者来说，要想顺利安装 Ubuntu 并不是一件非常容易的事情。在正式安装之前，需要了解与安装 Ubuntu 有关的各种基础知识。本节将介绍如何下载 Ubuntu 的安装文件、Ubuntu 的基本硬件要求。

1. 下载 Ubuntu 安装文件

正如前面介绍的，Ubuntu 是一款完全免费的操作系统，用户很容易从 Ubuntu 的官方网站下载自己所需要的安装介质。Ubuntu 的下载网址为：

```
https://www.ubuntu.com/download
```

该网页介绍了如何获取 Ubuntu 的各个版本以及各种类型的安装介质，如图 3-1 所示。

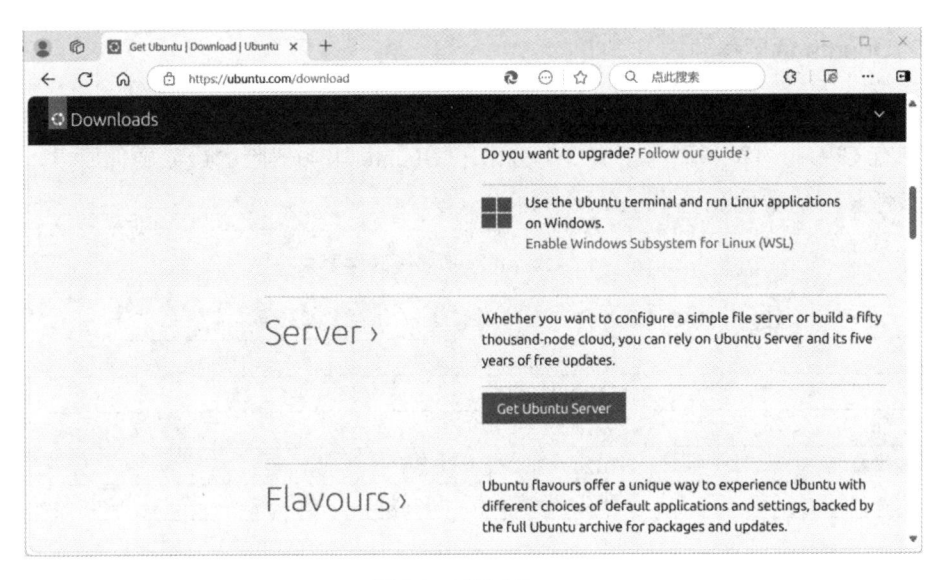

图 3-1　获取 Ubuntu

选择 Ubuntu Server 版本，单击 Get Ubuntu Server 按钮跳转到 Ubuntu Server 下载页面，如图 3-2 所示。单击图 3-2 所示的 Download 22.04.5 LTS 链接，将自动下载 Ubuntu Server 安装文件，文件名为 ubuntu-22.04.5-live-server-amd64.iso。

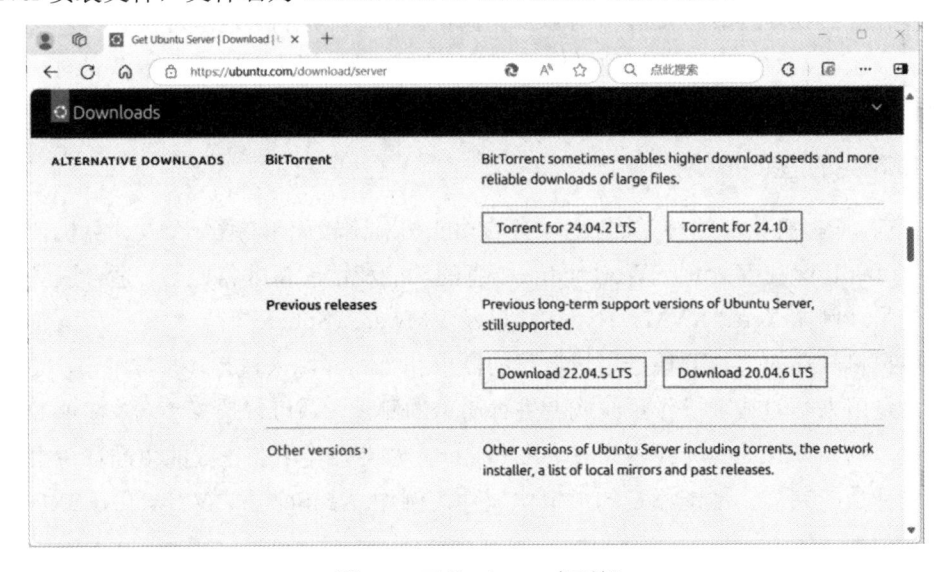

图 3-2　下载 Ubuntu 桌面版

2. Ubuntu 的硬件要求

不同版本的 Ubuntu 对于硬件的要求是不同的。通常情况下，用户需要重点关注的硬件有 CPU、内存和硬盘。表 3-1 列出了 Ubuntu 服务器版的最低硬件要求，读者可以参考其中的数值配置自己的硬件环境。

表 3-1　Ubuntu服务器版硬件要求

硬　　件	参考数据
CPU	1GHz 以上的 CPU
内存	512 MB 或者以上
硬盘空间	5 GB 以上
显卡分辨率	1024×768 或者以上
引导设备	DVD 光驱或者 USB 接口

3.2　安装 Oracle VM VirtualBox

随着计算机硬件的飞速发展，虚拟机软件也日益流行起来。通过虚拟机软件，用户可以在一台物理计算机上虚拟出多台计算机，称为虚拟机。这些虚拟机可以安装不同的操作系统，为用户进行各种操作系统的学习提供了极大的方便。本节将对常见的虚拟机软件进行简单介绍。

1. 常见的虚拟机软件

目前，虚拟机软件的种类比较多，有的功能相对比较简单，适合个人计算机使用，例如 VirtualBox 和 VMware Workstation；有的功能和性能都非常完善，适合服务器虚拟化使用，例如 Xen、KVM、Hyper-V 以及 VMware vSphere 等。

虚拟机软件的选择要根据用户自己的需求和实际环境来进行。通常来说，如果用户仅仅是用来学习某个操作系统或者进行简单的测试，则可以选择小巧、简单的虚拟机软件，例如 VirtualBox 或者 VMware Player。如果想要用在正式的生产环境中，则需要选择功能完善、性能稳定的虚拟化软件，例如 XenServer、VMware ESXi 或者 Hyper-V 等。

为了简便起见，本书选用 VirtualBox 虚拟机软件，大部分例子运行在 VirtualBox 的 Ubuntu 系统中。接下来，我们简单介绍 VirtualBox 的安装和配置方法。

2. 安装 Oracle VM VirtualBox

前面已经讲过，Oracle VM VirtualBox 能够在许多硬件平台和操作系统环境中安装运行。因此，读者可以根据自己的环境选择不同的安装包。用户可以通过 VirtualBox 的官方网站下载所需的安装包，网址为：

```
https://www.virtualbox.org/wiki/Downloads
```

其官方网站提供了 Windows、macOS、Linux 以及 Solaris 等常见操作系统的安装包，我们选用的版本为 7.0.10，如图 3-3 所示。

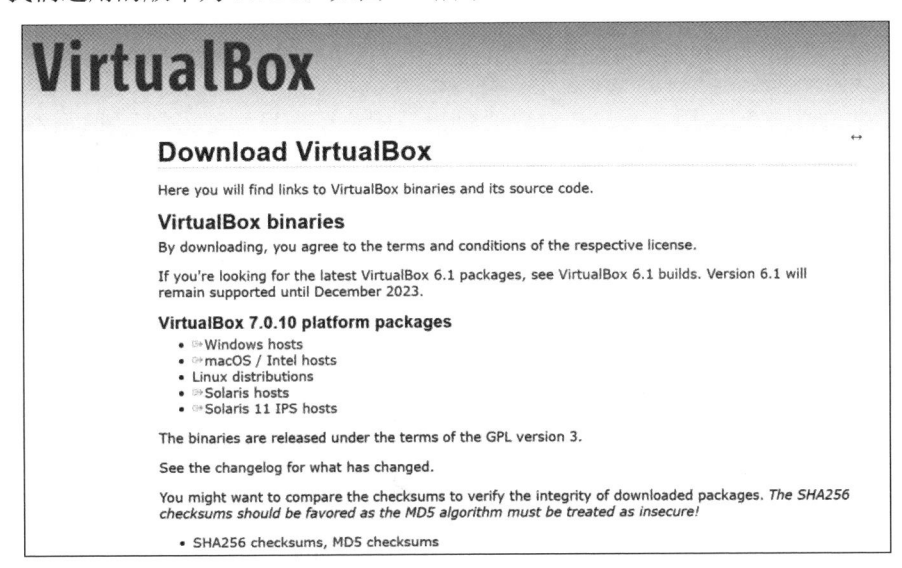

图 3-3　下载 VirtualBox

接下来，将在本地 Windows 系统上演示如何安装 VirtualBox。

（1）下载 VirtualBox。单击图 3-3 中的 Windows hosts 链接，下载 VirtualBox 安装包。

（2）双击下载后的安装包，开始安装，如图 3-4 所示。

（3）选择安装路径。单击"下一步"按钮，出现"自定安装"对话框，默认的安装路径为 C:\Program Files\Oracle\VirtualBox\，用户可以单击"浏览"按钮改变默认的路径，如图 3-5 所示。选择好安装路径之后，单击"下一步"按钮，进入下一步。

图 3-4　开始安装 VirtualBox　　　　　图 3-5　选择安装路径

（4）配置选项。用户可以选择是否创建开始菜单项目、是否创建桌面快捷方式等，如图 3-6 所示。

（5）网络连接重置确认。由于 VirtualBox 会安装一个虚拟网卡，因此会导致当前系统的网络连接暂时断开，如图 3-7 所示。如果用户在下载或上传文件，此时需要特别注意，继续安装操作会出现下载或上传中断的情况。单击"是"按钮，进入下一步。

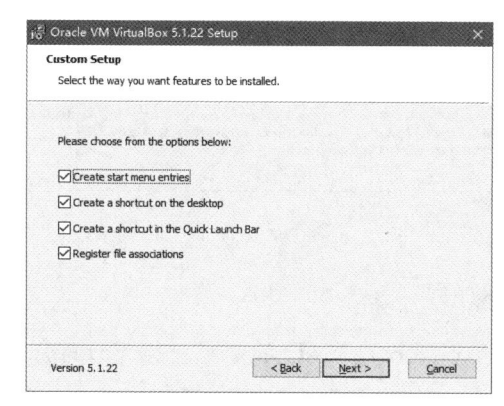

图 3-6　配置选项　　　　　图 3-7　网络连接重置警告

（6）开始安装。前面所有的安装选项都设置好之后，单击"安装"按钮，正式开始安装过程，如图 3-8 所示。

（7）安装过程。在此过程中，用户只要耐心等待 VirtualBox 安装完成即可，如图 3-9 所示。

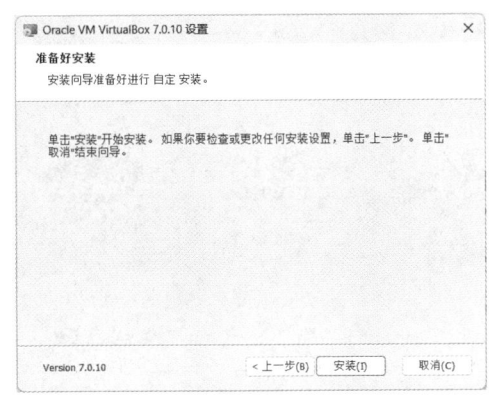

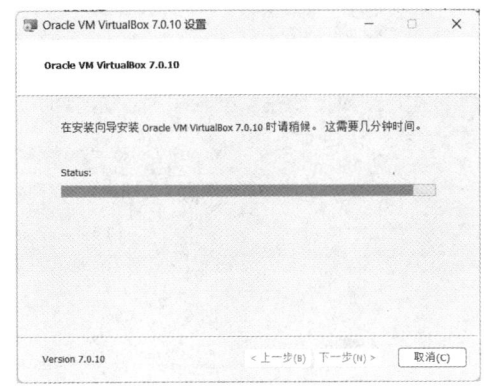

图 3-8　开始安装

图 3-9　安装过程

（8）安装完成。当所有的文件都安装完毕之后，会弹出安装完成确认对话框，如图 3-10 所示。如果用户选择"安装后运行 Oracle VM VirtualBox 7.0.10"复选框，则在单击"完成"按钮之后，会自动启动 VirtualBox。

图 3-10　安装完成

VirtualBox 的使用比较简单，基本不需要进行配置。该软件启动后的界面如图 3-11 所示，上方为菜单栏和工具栏，左侧为虚拟机列表，右侧为虚拟机的配置信息面板。接下来就可以安装 Ubuntu Server 了。

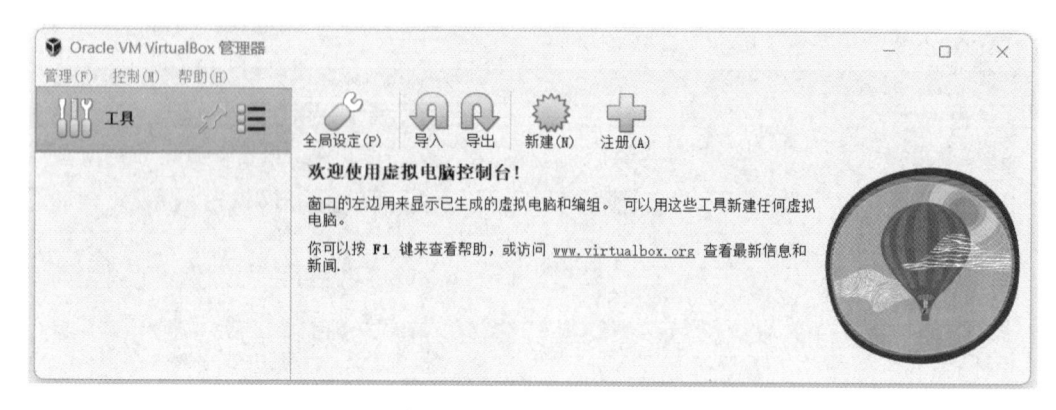

图 3-11　VirtualBox 主界面

3.3　安装 Ubuntu 服务器系统

本节将介绍通过完整的 ISO 镜像文件安装 Ubuntu Server，帮助读者建立运维软件运行和开发环境。

3.3.1　创建虚拟机

在本小节中，将以 64 位的 Ubuntu 22.04 Server 版为例，介绍其安装过程。为了便于演示，本例将在 VirtualBox 中进行。

（1）打开 VirtualBox，单击工具栏上的"新建"按钮，打开"新建虚拟电脑"对话框，如图 3-12 所示。在"名称"文本框中输入虚拟机的名称，本例命名为"master"。在"类型"下拉菜单中选择 Linux 选项，"版本"下拉菜单中选择 Ubuntu 22.04 LTS（Jammy Jellyfish）（64-bit）选项。单击"下一步"按钮，进入下一步。

（2）设置内存。为虚拟机指定内存大小，对于 64 位的 Ubuntu 来说，VirtualBox 建议内存为 2048 MB。当然，为了使系统运行更加顺畅，用户也可以根据物理机的内存情况进行调整。在本例中，设置虚拟机内存为 2048 MB，如图 3-13 所示。单击"下一步"按钮，继续安装。

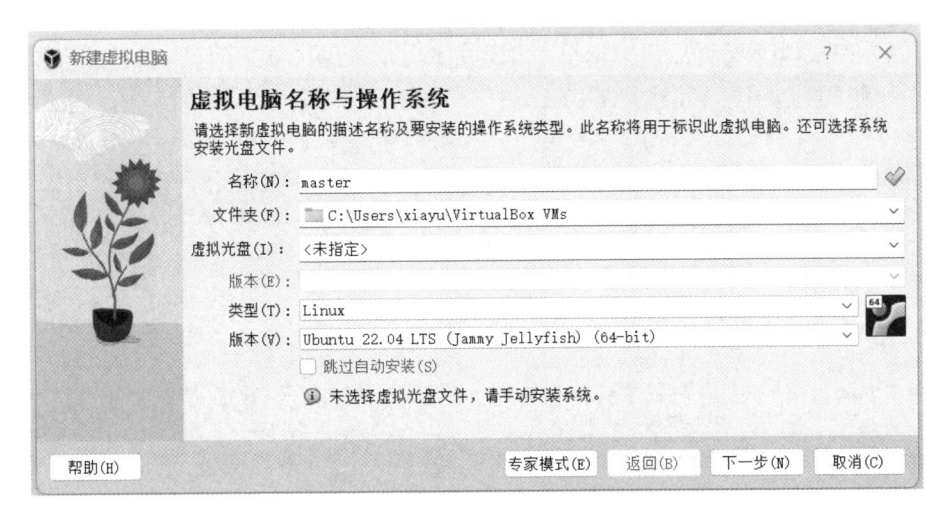

图 3-12　设置虚拟机名称和类型

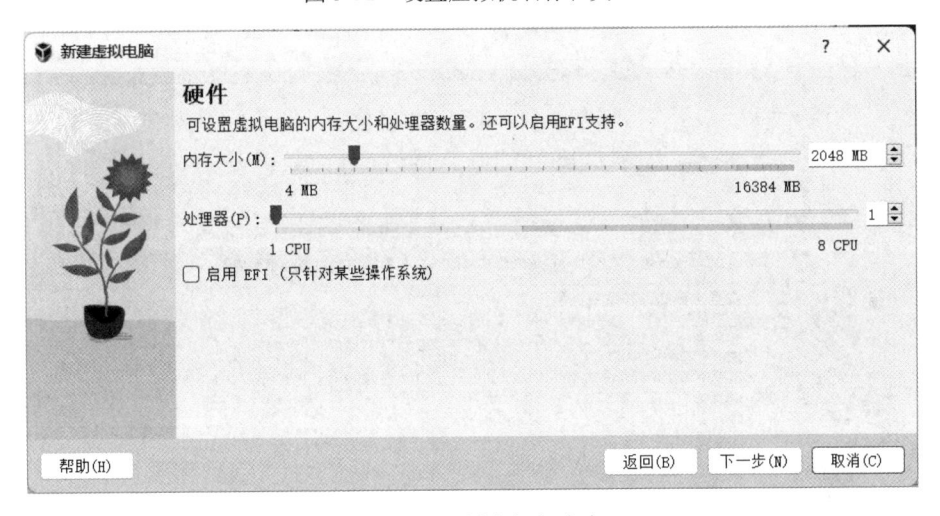

图 3-13　设置虚拟机内存

（3）设置虚拟硬盘。该对话框有 3 个选项，分别为"现在创建虚拟硬盘""使用已有的虚拟硬盘文件"和"不添加虚拟硬盘"。通常情况下，用户需要选择第 1 个选项，为虚拟机创建虚拟硬盘，VirtualBox 建议虚拟硬盘大于 25 GB。如果用户预先创建了虚拟硬盘，则可以选择第 2 个选项，然后在下拉菜单中选择已有的虚拟硬盘。在本例中，选择第 1 个选项，如图 3-14 所示。单击"下一步"按钮，进入下一步。

（4）完成以上设置后，虚拟机就创建完成了，如图 3-15 所示。新建的虚拟机会出现在左侧的列表中，如图 3-16 所示。

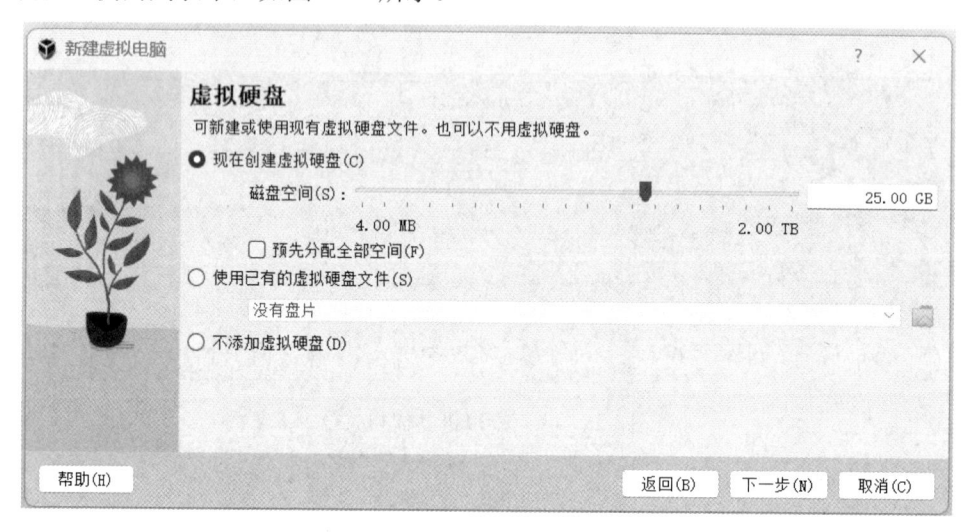

图 3-14　设置虚拟硬盘

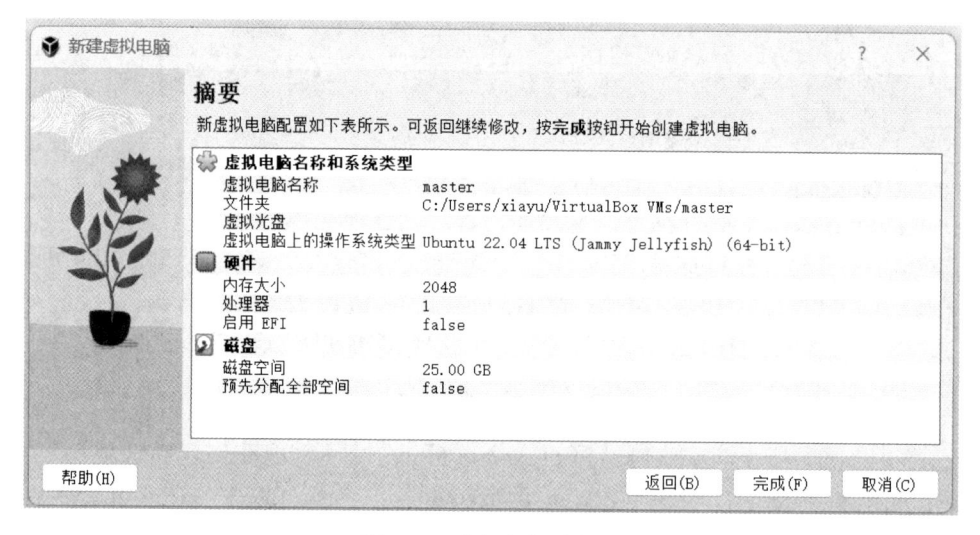

图 3-15　虚拟机创建完成

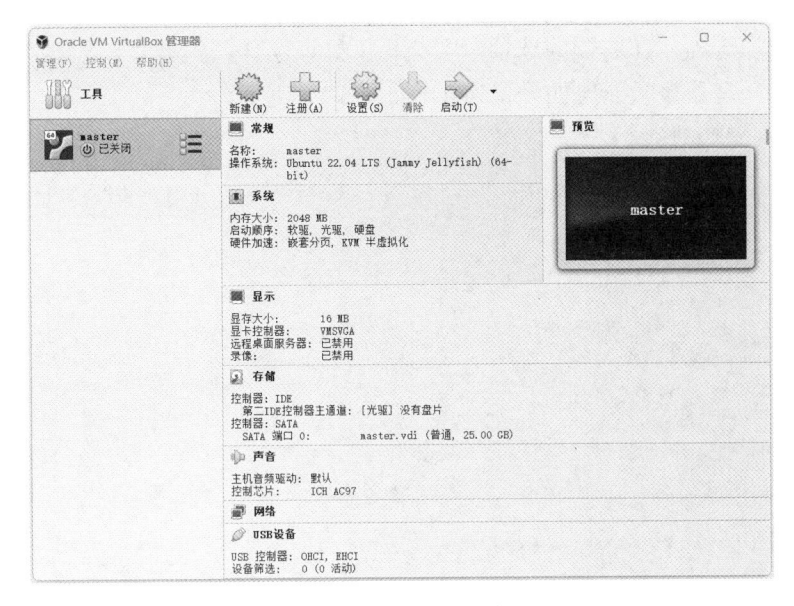

第 3 章　搭建 Ubuntu 运维和开发环境 | 29

图 3-16　虚拟机列表

默认情况下，VirtualBox 为虚拟机设置了 1 个 CPU，用户可以修改该配置选项。在列表中右击新创建的虚拟机，选择"设置"菜单项，打开虚拟机设置对话框，如图 3-17 所示。

图 3-17　设置常规页面

在该对话框中可以完成硬件配置的变更，例如变更处理器数量，在左侧的列表中选择"系统"选项，在右侧的选项卡中选择"处理器"，拖动"处理器"后的滑块，选择合适的处理器数量，比如设置为 2，如图 3-18 所示。

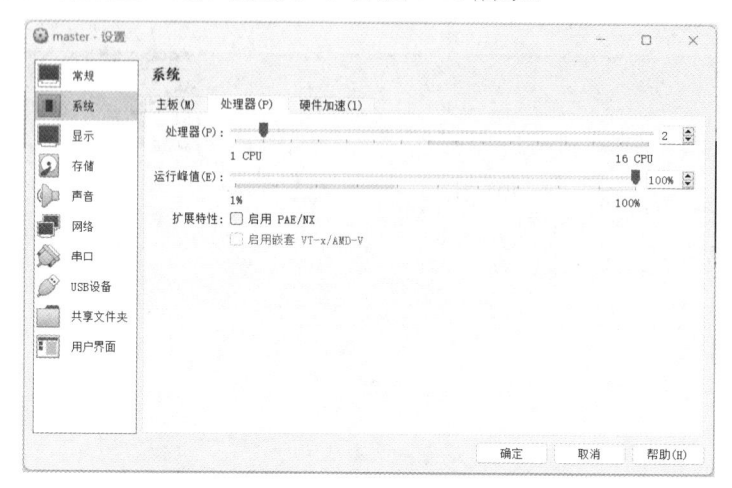

图 3-18　设置 CPU 数量

在如图 3-18 所示的对话框左侧单击"网络"，结果如图 3-19 所示。配置网卡 1 的连接方式，如果是网线连网，则选择"网络地址转换（NAT）"；如果是无线连网，则选择"桥接网卡"。再配置网卡 2，启用网络连接，连接方式选择"仅主机（Host-Only）网络"，名称选择如图 3-20 所示。单击"确定"按钮，关闭该对话框。

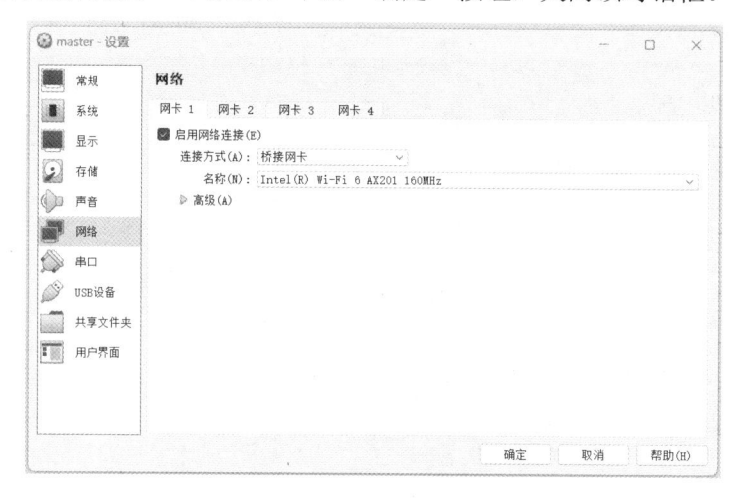

图 3-19　网卡 1 的连接方式

图 3-20　网卡 1 的连接方式

在左侧窗口上方的菜单中，单击"启动"按钮，启动该虚拟机。由于初次启动，VirtualBox 会要求用户选择虚拟光盘安装系统，如图 3-21 所示。用户可以在"光驱"下拉菜单中选择某个镜像文件，如果所需要的文件不在列表中，则可以浏览文件系统，选择需要的系统安装文件。这里，我们选择本章开始下载的安装文件 ubuntu-22.04.5-live-server-amd64.iso。选择完成之后，单击"挂载并尝试启动"按钮，开始引导系统。

图 3-21　选择启动盘

3.3.2 安装 Ubuntu Server 系统

当虚拟机开始引导之后，便正式开始 Ubuntu Server 的安装过程。注意：在没有图形界面的情况下，需要通过 Tab 键、方向键来选择，确认（Enter）键、空格键来确认。

（1）服务器的初始界面如图 3-22 所示，如果没有其他需要，直接按 Enter 键，进入下一步。

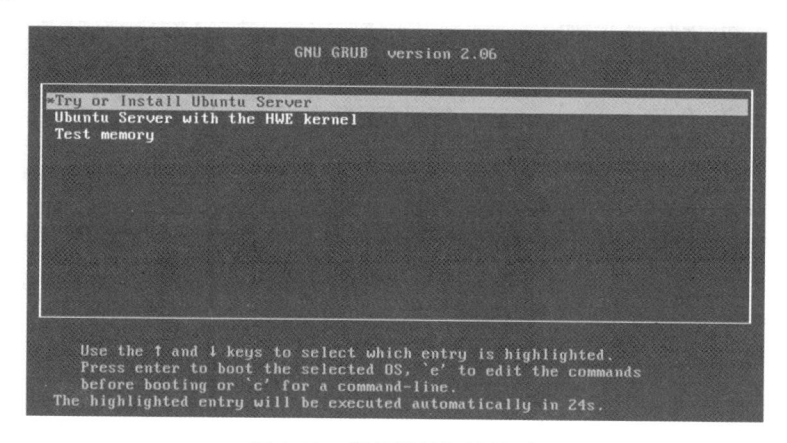

图 3-22 服务器的初始界面

（2）选择语言。如图 3-23 所示，通过上下箭头键选择语言，完成后按 Enter 键。

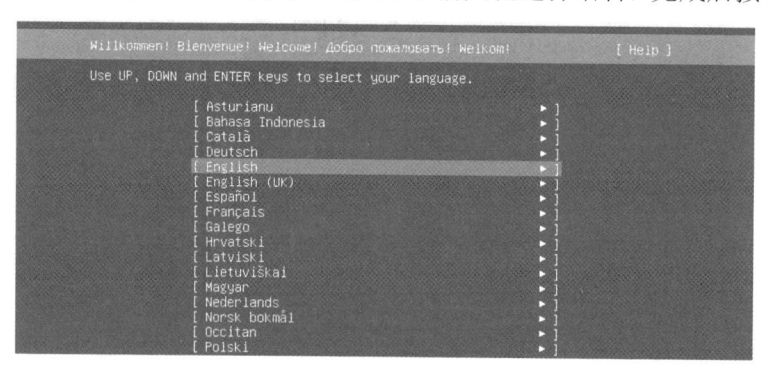

图 3-23 选择语言

（3）选择键盘。保持默认设置即可，按 Enter 键，进入下一步，如图 3-24 和图 3-25 所示。注意，图 3-24 所示下方选择 Continue without updating。

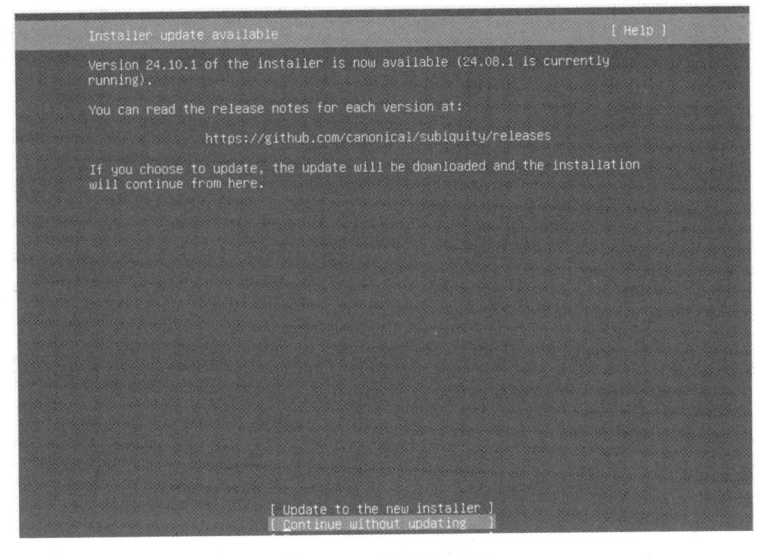

图 3-24　选择键盘 1

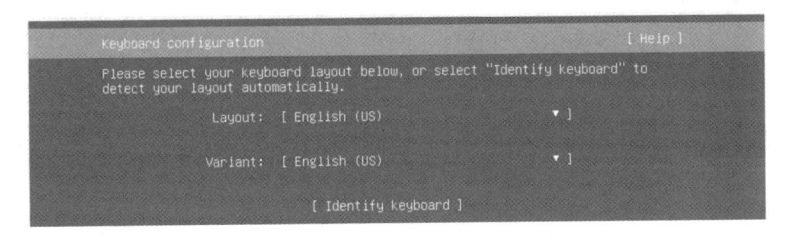

图 3-25　选择键盘 2

（4）配置软件安装类型。选择 Ubuntu Server 选项，按 Enter 键，如图 3-26 所示。

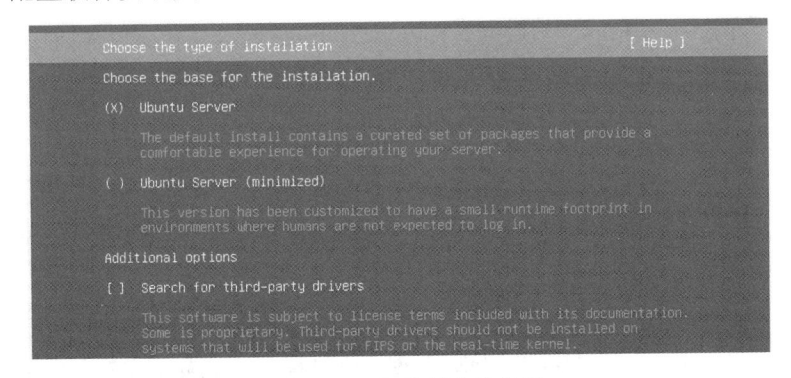

图 3-26　配置软件安装类型

（5）配置网络。可以通过 Tab 键选择，填写网络信息，如图 3-27 所示，这里使用与主机 IP 相同网段的静态 IP，即 192.168.1.15。

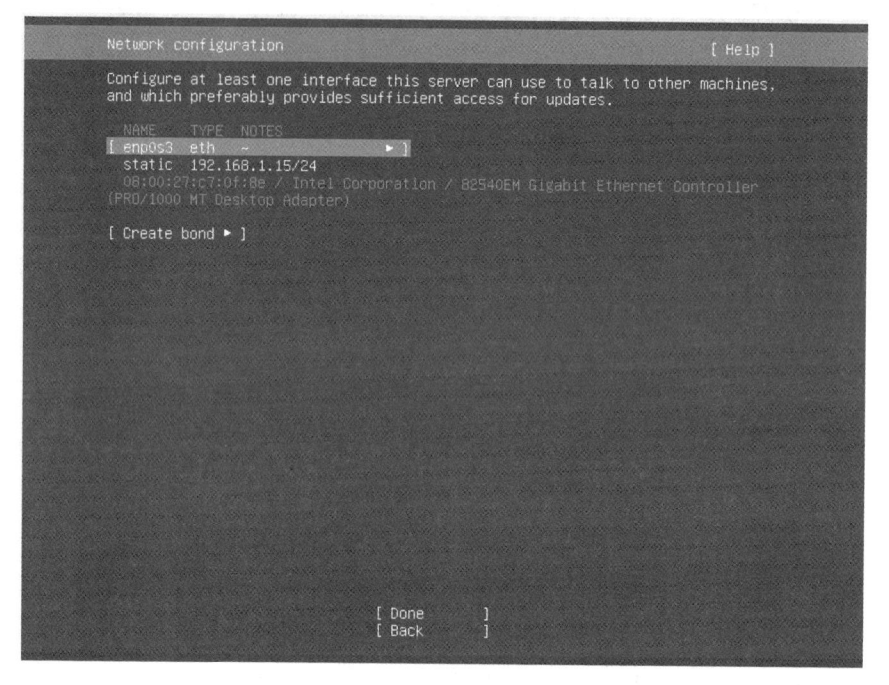

图 3-27　配置网络

注意：在同一个网络中，主机名不能冲突，即在同一个网络中，主机名不能重复。

（6）配置网络代理。对于某些内部网络来说，可能需要通过代理服务器才能够访问互联网。在这种情况下，用户应该在 Proxy address 文本框中输入代理服务器信息，包括账号、密码、代理服务器的域名或者 IP 地址、端口等。本步骤默认没有填写代理，如图 3-28 所示。按 Enter 键，进入下一步。

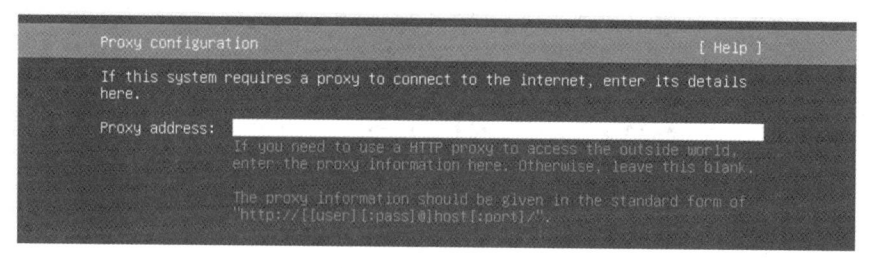

图 3-28　配置代理

第 3 章 搭建 Ubuntu 运维和开发环境 | 35

（7）配置服务器源。如图 3-29 所示，可以手动切换到国内的阿里云、清华、163 的镜像服务器，也可以使用默认的服务器，配置完成后，按 Enter 键进入下一步。

图 3-29 配置服务器源

（8）硬盘配置。接下来，会提示如何处理硬盘的配置信息，如图 3-30 所示。使用完整的硬盘，并且保持默认配置，确认后会显示默认的硬盘配置信息，如图 3-31 所示，确认硬盘信息即可进入下一步。

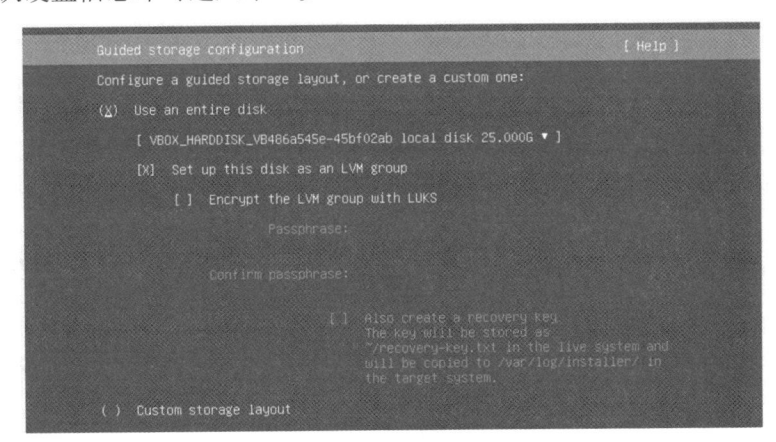

图 3-30 硬盘配置

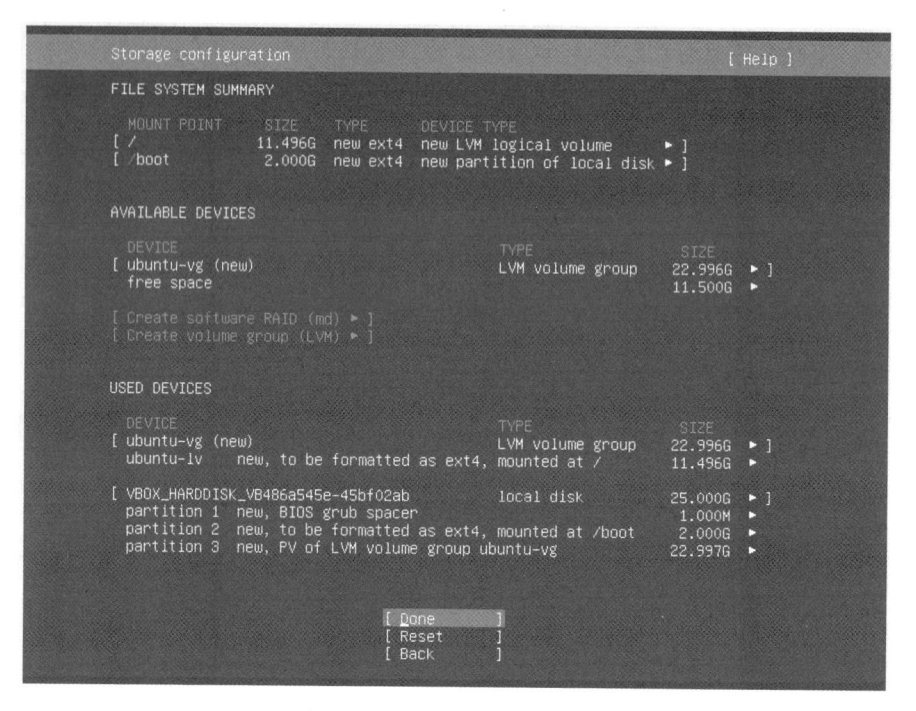

图 3-31　默认硬盘配置信息

（9）设置新用户全名。在安装过程中，安装向导会要求创建一个普通用户，该用户的作用是取代超级管理员 root 来执行非管理任务。在图 3-32 中，在文本框中输入新用户的全名。

图 3-32　设置新用户的全名

（10）设置 Ubuntu Pro。是否支持 Ubuntu Pro，默认不选，如图 3-33 所示。

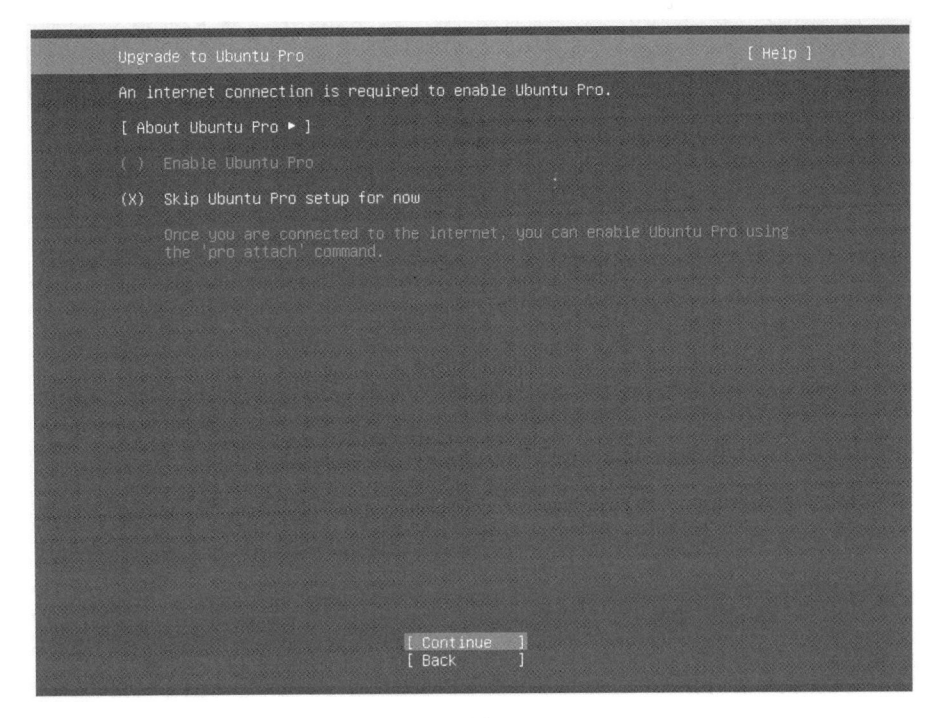

第 3 章　搭建 Ubuntu 运维和开发环境 | 37

图 3-33　设置 Ubuntu Pro

（11）SSH 安装。SSH 是远程用户管理该服务器的工具，如图 3-34 所示。这里需要按下空格键选中 Install OpenSSH server 安装，因为后面我们在本地计算机上安装代码编程环境时，需要通过 SSH 连接到这个 Ubuntu 服务器上进行远程编程和运行代码。

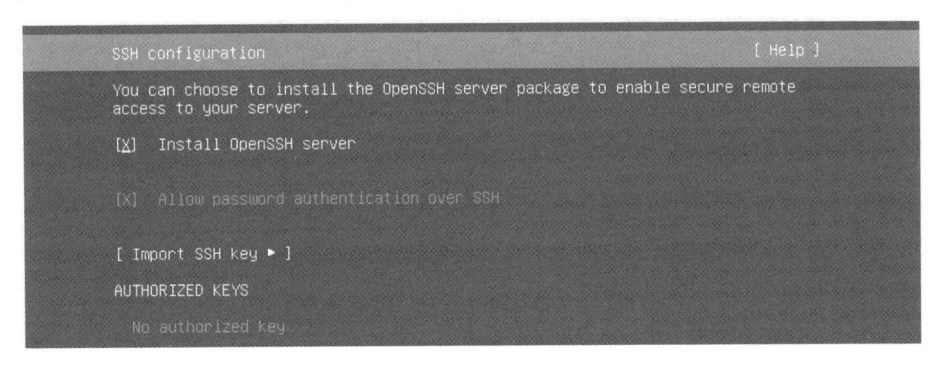

图 3-34　SSH 设置

（12）安装中。安装过程会比较久，如图 3-35 所示。

图 3-35　安装过程

（13）安装完成。安装完成后重启系统，如图 3-36 所示，并且移除启动盘，如图 3-37 所示。

图 3-36　安装完成

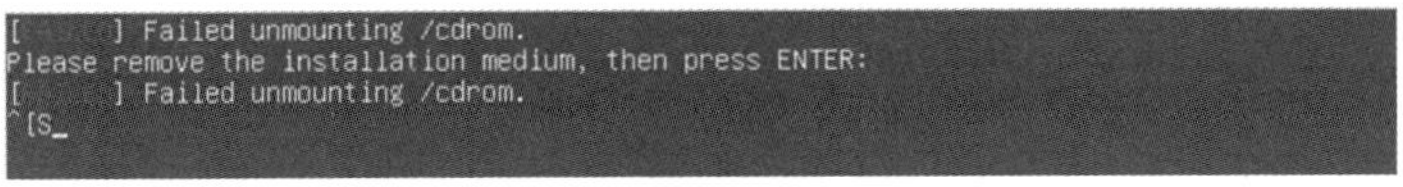

图 3-37　移除光盘/ISO 启动盘

（14）开机启动。在启动过程中，Ubuntu 会把所有的启动信息打印到终端，如图 3-38 所示。

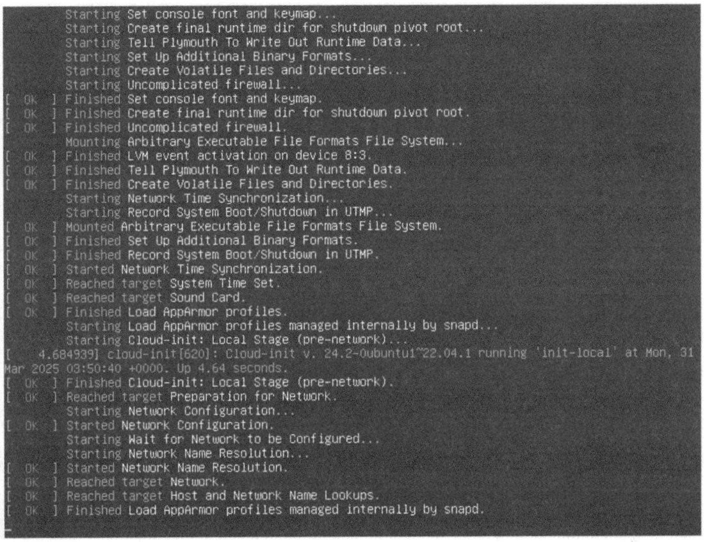

图 3-38　Ubuntu 启动中

（15）启动完成后。可以正常登录，如图 3-39 所示。可输入上面第（9）步设置的登录名和密码登录系统。

图 3-39　登录

（16）由于 Ubuntu 系统默认安装了 Python 软件，登录系统后，运行 python3 --version 命令，会输出 Python 的版本信息：

```
susu@master:~$ python3 --version
Python 3.10.12
```

3.4 搭建 VS Code 远程开发环境

Visual Studio Code（VS Code）是 Microsoft 在 2015 年发布的一个编写现代 Web 和云应用的跨平台源代码编辑器，可在桌面上运行，并且可用于 Windows、macOS 和 Linux 平台。VS Code 是一款功能强大的代码编辑器，支持多种编程语言，包括 Python。它提供了丰富的功能，如语法高亮、代码补全、调试支持等，使得在 VS Code 中编写和调试 Python 代码变得非常高效。同时，VS Code 也支持远程连接 Ubuntu 系统进行开发。

本节将分步骤介绍 VS Code 远程开发环境的搭建，方便读者使用 VS Code 在本地 Windows 计算机上直接编辑和运行 Ubuntu Server 上的 Python 代码。

（1）打开 VS Code 官网（https://code.visualstudio.com/），如图 3-40 所示，单击 Download for Windows 按钮，可自动下载 VS Code 安装文件。

图 3-40　VS Code 官网

（2）笔者下载下来的安装文件名为 VSCodeUserSetup-x64-1.98.2.exe，双击此文件打开安装向导，按向导提示完成 VS Code 的安装过程。由于篇幅所限，这里就不展开讲解了。

（3）为了远程连接 Ubuntu Server，我们需要事先在本地 Windows 11 上安装 OpenSSH 客户端。在本地 Windows 上打开一个终端管理员窗口，执行如下命令：

```
Add-WindowsCapability -Online -Name OpenSSH.Client~~~~0.0.1.0
```

稍等片刻，即可成功安装 OpenSSH 客户端，结果如图 3-41 所示。

```
PS C:\Users\xiayu> Add-WindowsCapability -Online -Name OpenSSH.Client~~~~0.0.1.0

Path           :
Online         : True
RestartNeeded  : False
```

图 3-41　成功安装 OpenSSH 客户端

可以验证一下能否启动远程连接。打开管理员终端，输入如下命令：

```
PS C:\Users\xiayu> ssh 192.168.1.15 -l susu
susu@192.168.1.15's password:
```

输入用户 susu 的登录密码后，即可成功登录远程 Ubuntu 系统。在这个终端上运行 Linux 命令，并执行远程 Ubuntu 系统上的命令。如图 3-42 所示，再次查看一下 Python 的版本信息，说明 OpenSSH 客户端已经安装成功了。

```
Expanded Security Maintenance for Applications is not enabled.

44 updates can be applied immediately.
To see these additional updates run: apt list --upgradable

Enable ESM Apps to receive additional future security updates.
See https://ubuntu.com/esm or run: sudo pro status

New release '24.04.2 LTS' available.
Run 'do-release-upgrade' to upgrade to it.


Last login: Fri Mar 28 06:08:49 2025 from 192.168.1.5
susu@master:~$ python3 --version
Python 3.10.12
susu@master:~$
```

图 3-42　终端管理员登录远程 Ubuntu 系统

（4）打开 VS Code，可以通过左侧工具栏的扩展按钮打开"扩展：商店"窗口，在其上的搜索框中搜索 Python，如图 3-43 所示，在搜索结果列表中分别选择 Python 和 Python Debugger 进行安装，用于支持 Python 编程和调试。

图 3-43　安装 Python 和 Python Debugger 扩展

（5）继续在"扩展：商店"窗口的搜索框中搜索 ssh，并在搜索结果列表中选择 Remote-SSH 进行安装。安装完成后，重启 VS Code，在其左侧工具栏上会出现"远程资源管理器"图标（图 3-44 左侧工具栏最下面一个图标）。单击此图标，会出现"远程资源管理器"窗口，配置 SSH 连接信息，即可成功连接远程 Ubuntu 系统，如图 3-45 所示。接下来会提示输入密码，输入正确的密码后会显示如图 3-46 所示的窗口，单击"确定"按钮，把 Ubuntu 系统账户 susu 的/home/susu 主目录作为我们的项目主目录，加入 VS Code 中。

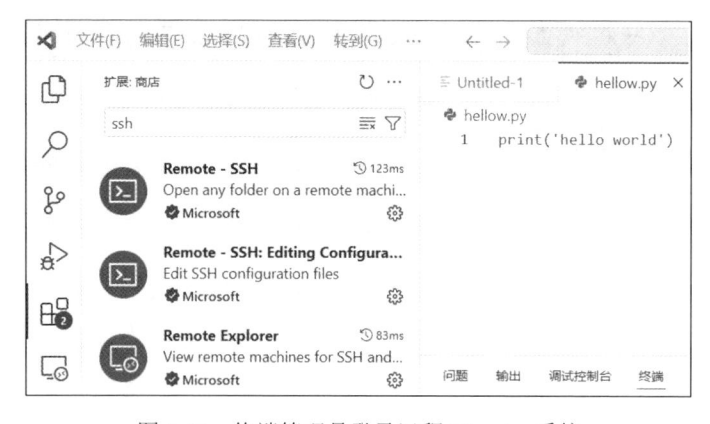

图 3-44　终端管理员登录远程 Ubuntu 系统

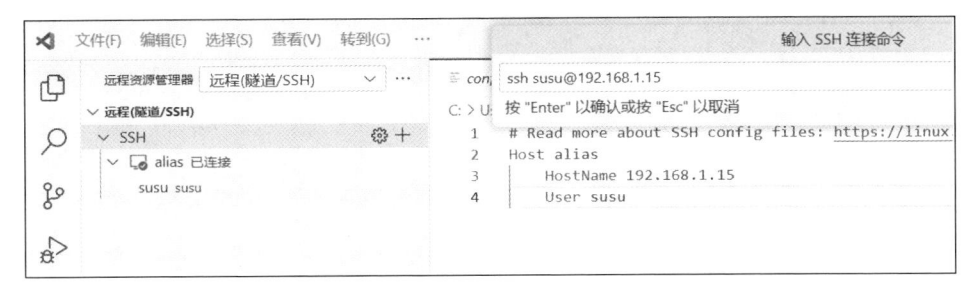

第 3 章　搭建 Ubuntu 运维和开发环境 | 43

图 3-45　成功连接远程 Ubuntu 系统

图 3-46　把/home/susu 主目录设置为项目主目录

（6）在此工作空间目录下新建了一个 hellow.py 文件，如图 3-47 所示，在编辑区输入一行代码 print('hello world')。运行此文件，从图中的终端窗口返回的提示信息可以看到代码已经成功运行，表明我们的远程编程环境成功搭建起来了。

图 3-47　远程编程环境成功搭建

第 4 章

Python 编程基础

本章将讲解 Python 编程基础知识以及 NumPy、Pandas 的简单用法，为后续学习打下基础。除此之外，读者可以根据自己对这些内容的掌握情况，查找相关资料进行深入学习。

4.1 Python 快速入门

Python 是一种高级编程语言，由 Guido van Rossum 于 1991 年首次发布。Python 以其简洁的语法、易读性和强大的库支持而闻名，被广泛应用于 Web 开发、数据分析、人工智能、自动化脚本等多个领域。Python 的设计哲学强调代码的可读性和简洁性，其语法类似于英语，使得新手能够快速上手。此外，Python 还支持多种编程范式，包括面向对象、函数式和命令式编程，这使得它能够灵活地应对各种复杂的编程任务。

4.1.1 Python 简介

1. Python 语法起源与发展

Python 是由荷兰程序员吉多·范罗苏姆（Guido van Rossum）在 1989 年圣诞节期间开始编写的，并于 1991 年首次发布。它的设计灵感来源于多种编程语言，包括

ABC 语言（一种为初学者设计的编程语言）、Modula-3（一种模块化编程语言）等。范罗苏姆希望创建一种简单易读、功能强大的编程语言，同时能够实现快速开发。

Python 在 1991 年到 2000 年期间逐渐完善，社区也慢慢形成。1994 年，Python 1.0 版本发布，它已经具备了函数、模块等基本编程结构。随后的版本不断加入新特性，如异常处理等。2000 年，Python 2.0 发布，这是一个重要的里程碑版本。它引入了垃圾回收机制，使得内存管理更加高效。同时，Python 的库也不断丰富，例如 Tkinter 库用于图形用户界面开发。2008 年，Python 3.0 发布，这是一个不完全兼容 Python 2.x 的版本，它对语言进行了清理和改进，例如统一了整数和长整数类型等。2008 年至今，Python 3.x 系列版本不断更新，增加了许多新特性，如 asyncio 库支持异步编程。同时，Python 在数据分析、人工智能、网络开发等多个领域得到了广泛应用。大量的第三方库如 NumPy（用于科学计算）、Django（用于 Web 开发）、TensorFlow（用于机器学习）等不断涌现，进一步推动了 Python 的发展。

2. Python 语言的特点

1）易读性和简洁性

Python 的语法设计非常简洁，代码量通常比其他语言少很多。这种简洁性使得代码更易于编写和理解，降低了学习和开发的难度。Python 的代码风格接近自然语言，可读性极高。它使用缩进来定义代码块，而不是像其他语言那样使用大括号（{}）或关键字。这种缩进方式不仅让代码结构清晰，还强制开发者保持良好的代码风格，使得代码更易于维护。

2）跨平台性

Python 可以在多种操作系统上运行，包括 Windows、Linux、macOS 等。这意味着开发者可以在一种操作系统上开发 Python 程序，然后在其他操作系统上运行，无须对代码进行大量修改。Python 解释器（用于执行 Python 代码的程序）在不同操作系统上都有对应的版本，它会将 Python 代码转换为机器可以理解的指令。Python 的许多库也支持跨平台操作。例如，os 库提供了跨平台的文件和目录操作功能，socket 库用于跨平台的网络通信。这使得开发者可以轻松地在不同平台上开发和部署应用。

3）动态类型语言

Python 是一种动态类型语言，变量在使用时不需要显式声明类型。这种特性使得编程更加灵活，开发者可以快速编写代码而无须过多关注类型声明。

4）面向对象

Python 支持面向对象编程（OOP），允许开发者定义类（一种封装数据和功能的模板），然后创建类的实例（对象）。面向对象编程有助于代码的组织和复用，使复杂系统的设计更加清晰。Python 支持类的继承和多态。开发者可以定义一个基类，然后通过继承创建子类，子类可以继承基类的属性和方法，并且可以覆盖或扩展这些方法。

5）丰富的库和框架

Python 拥有庞大的标准库，涵盖文件操作、网络编程、数据处理等多个方面。这些标准库使得开发者可以快速实现各种功能，而无须从头开始编写代码。Python 的第三方库也非常丰富，涵盖各个领域。这些第三方库进一步扩展了 Python 的应用范围，使其能够胜任各种复杂的任务。

6）可扩展性和可嵌入性

Python 可以通过扩展模块来增加新的功能。这些扩展模块可以使用 C 语言或其他语言编写，并且可以被 Python 代码直接调用。例如，许多高性能的库（如 NumPy）就是用 C 语言编写的扩展模块，它们在保持 Python 易用性的同时，提供了高效的性能。Python 代码也可以嵌入其他语言的程序中。例如，可以在 C 语言程序中嵌入 Python 解释器，调用 Python 脚本，从而实现快速开发和功能扩展。这种可嵌入性使得 Python 可以与其他语言无缝集成。

3. Python 的应用领域

1）Web 开发

Python 在 Web 开发领域有着广泛的应用。Django 是一个高级的 Web 框架，它遵循"不要重复造轮子"的原则，提供了许多内置的功能，如用户认证、数据库操作等。开发者可以使用 Django 快速搭建安全、可扩展的 Web 应用。例如，许多新闻网站、社交平台等都使用 Django 作为后端开发框架。Flask 则是一个轻量级的 Web 框架，它提供了更多的灵活性，适合开发小型 Web 应用或者作为大型应用的微服务框架。

2）数据分析与科学计算

Python 是数据分析与科学计算领域的热门语言。NumPy 库提供了高效的数组操作功能，是进行数值计算的基础。Pandas 库则专注于数据分析，它提供了 DataFrame

这种强大的数据结构，可以方便地处理结构化数据，如表格数据。例如，可以使用 Pandas 读取 CSV 文件，进行数据清洗、筛选和统计分析。Matplotlib 和 Seaborn 等库用于数据可视化，能够生成各种图表，如折线图、柱状图、散点图等，帮助人们更好地理解数据。

3）人工智能和机器学习

Python 在人工智能和机器学习领域占据主导地位。TensorFlow 和 PyTorch 都是常用的开源机器学习框架，它们提供了丰富的 API，用于构建和训练各种机器学习模型，包括神经网络。例如，可以使用 TensorFlow 或者 PyTorch 训练一个图像识别模型，通过大量的图像数据让模型学习如何识别不同的物体。scikit-learn 是一个简单高效的机器学习库，它提供了许多经典的机器学习算法，如线性回归、支持向量机等，适合初学者学习和进行简单的机器学习项目。

4）自动化脚本与系统运维

Python 可以用于编写自动化脚本，提高工作效率。例如，可以使用 Python 编写脚本自动备份文件、批量处理图片等。在系统运维方面，Python 可以与操作系统紧密结合，通过调用系统命令或者使用相关库（如 paramiko 用于 SSH 连接）来实现服务器的自动化管理，如远程部署应用、监控系统性能等。

4.1.2　数据类型

Python 是一种动态类型语言，支持多种内置数据类型，包括基本数据类型和组合数据类型。基本数据类型包括数字类型、字符串类型和布尔类型。组合数据类型包括列表、元组、集合和字典。下面将详细介绍每种数据类型及其特点和用法。

1. 数字类型

Python 支持整数（int）、浮点数（float）和复数（complex）。

整数是没有小数部分的数字，可以是正数、负数或零。Python 的整数类型没有大小限制（除了系统的内存限制外），可以表示任意大的整数，例如 42。

浮点数是带有小数部分的数字，用于表示实数。Python 的浮点数遵循 IEEE 754 标准，具有一定的精度限制，例如 3.14。

复数由实部和虚部组成，例如 $3 + 4j$。

2. 字符串类型

字符串是由字符组成的序列，用于存储文本数据。字符串在 Python 中是不可变的，即字符串一旦创建，其内容不能被修改。字符串可以用单引号（'）、双引号（"）或三引号（'''或"""）来定义。字符串支持多种操作，如拼接（+）、重复（*）、切片（[:]）和格式化，如示例 4-1 所示。

【示例 4-1】字符串定义及应用

```
str='hello world'
name = "Alice"
message = '''This is a multi-line
string.'''
a = "Hello" + " " + "World!"    # 拼接，结果为"Hello World!"
b = "Hello" * 3                 # 重复，结果为"HelloHelloHello"
c = message[0:5]                # 切片，结果为"Hello"
d = f"My name is {name}"        # 格式化，结果为"My name is Alice"
```

3. 布尔类型（bool）

布尔类型只有两个值：True 和 False，用于表示逻辑状态。布尔值是整数的子类，True 等价于 1，False 等价于 0。布尔值支持逻辑运算，如 and、or 和 not，如示例 4-2 所示。

【示例 4-2】布尔类型定义及应用

```
is_valid=True
is_active=False
a = True and False    # 结果为 False
b = True or False     # 结果为 True
c = not True          # 结果为 False
```

4. 列表（list）

列表是一个可变的有序序列数据类型，可以包含多种类型的元素。列表的元素可以通过索引访问，索引从 0 开始。列表支持多种操作，如添加元素（append、insert）、删除元素（remove、pop）、切片、排序等，如示例 4-3 所示。

【示例 4-3】列表定义及应用

```
my_list = [1, 2, 3, "Hello", True]
my_list.append(10)       # 添加元素，结果为[1, 2, 3, "Hello", True, 10]
my_list.insert(1, "New")    # 在索引 1 处插入元素，结果为[1, "New", 2, 3, "Hello", True, 10]
my_list.remove("Hello")    # 删除元素，结果为[1, "New", 2, 3, True, 10]
item = my_list.pop()    # 删除并返回最后一个元素,结果为10,列表变为[1, "New", 2, 3, True]
```

5. 元组（tuple）

元组是一个不可变的有序集合，与列表类似，但一旦创建，其内容不能被修改。元组通常用于存储固定的数据结构，例如 my_tuple = (1, "apple", 3.14)。

6. 字典（dict）

字典是一个键值对的集合，键必须是不可变类型（如整数、字符串、元组），值可以是任意类型。字典通过键访问值，键必须唯一。字典支持添加键值对、删除键值对、更新值等操作，如示例 4-4 所示。

【示例 4-4】字典定义及应用

```
my_dict = {"name": "Alice", "age": 25}
my_dict["gender"]="Female"  #添加键值对
my_dict["age"]=26
print(my_dict["name"])      # 输出：Alice
```

7. 集合（set）

集合是一个无序的数据结构，用于存储唯一的元素。集合不支持索引访问，但可以进行集合运算，如并集、交集、差集等。集合支持添加元素（add）、删除元素（remove、discard）等操作，如示例 4-5 所示。

【示例 4-5】集合定义及应用

```
my_set={1,2,3,"Hello"}
my_set.add(4)            # 添加元素，结果为{1, 2, 3, "Hello", 4}
my_set.remove("Hello")   # 删除元素，结果为{1, 2, 3, 4}
new_set = {3, 4, 5}
```

```
union_set = my_set | new_set          # 并集，结果为{1, 2, 3, 4, 5}
intersection_set = my_set & new_set   # 交集，结果为{3, 4}
difference_set = my_set - new_set     # 差集，结果为{1, 2}
```

4.1.3 运算符

Python 提供了多种类型的运算符，包括算术运算符、比较运算符、逻辑运算符、位运算符、赋值运算符和成员运算符等。每种运算符都有其特定的用途和使用规则。

1. 算术运算符

算术运算符用于执行基本的数学运算，如示例 4-6 所示。

【示例 4-6】算术运算符的应用

```
a = 10
b = 3
print(a + b)     # 输出：13
print(a - b)     # 输出：7
print(a * b)     # 输出：30
print(a / b)     # 输出：3.3333333333333335
print(a // b)    # 输出：3
print(a % b)     # 输出：1
print(a ** b)    # 输出：1000
```

2. 比较运算符

比较运算符用于比较两个值的大小或关系，返回布尔值 True 或 False，如示例 4-7 所示。

【示例 4-7】比较运算符的应用

```
a = 10
b = 3
print(a == b)    # 输出：False
print(a != b)    # 输出：True
print(a > b)     # 输出：True
print(a < b)     # 输出：False
print(a >= b)    # 输出：True
```

```
print(a <= b)    # 输出：False
```

3. 逻辑运算符

逻辑运算符用于组合多个布尔表达式，返回布尔值 True 或 False，如示例 4-8 所示。

【示例 4-8】逻辑运算符的应用

```
a = True
b = False
print(a and b)   # 输出：False
print(a or b)    # 输出：True
print(not a)     # 输出：False
```

4. 赋值运算符

赋值运算符用于将值赋给变量，如示例 4-9 所示。

【示例 4-9】赋值运算符的应用

```
a = 10
a += 5           # 等价于 a = a + 5
print(a)         # 输出：15
a -= 3           # 等价于 a = a - 3
print(a)         # 输出：12
a *= 2           # 等价于 a = a * 2
print(a)         # 输出：24
a /= 4           # 等价于 a = a / 4
print(a)         # 输出：6.0
```

5. 成员运算符

成员运算符用于检查某个值是否存在于序列（如字符串、列表、元组等）中，如示例 4-10 所示。

【示例 4-10】成员运算符的应用

```
print("a" in "apple")       # 输出：True
print("b" in "apple")       # 输出：False
print("b" not in "apple")   # 输出：True
```

4.1.4 函数

函数是一种封装代码块的方式，用于执行特定任务。通过定义函数，可以将复杂的任务分解为更小的、可重复使用的部分，从而提高代码的可读性和可维护性。以下是 Python 函数的格式及其详细说明。

1. 函数的定义格式

Python 中定义函数的基本语法如下：

```
def function_name(parameters):
    """
    文档字符串（可选）
    """
    # 函数体
    # 执行代码
    return value  # 返回值（可选）
```

2. 函数调用

在 Python 中，函数调用是执行函数的过程，通过函数名和传递必要的参数来触发函数内部的代码执行。函数调用是程序中实现功能复用和模块化的重要手段。当一个函数被调用时，Python 会按照函数定义时的逻辑执行代码，并在执行完成后返回一个值（如果函数中有 return 语句），或者返回 None（如果没有 return 语句）。

函数调用时，可以传递位置参数、关键字参数，甚至可以传递可变数量的参数，这使得函数调用非常灵活。通过合理地使用函数调用，可以提高代码的可读性、可维护性和可扩展性，如示例 4-11 所示。

【示例 4-11】函数调用的应用

```
def greet(name):        #没有返回值函数
    print(f"Hello, {name}!")

greet("Alice")

def add(a, b):          #有返回值函数
    return a + b
```

```
result = add(3, 5)
print(result)          # 输出：8
```

4.1.5 程序控制结构

Python 的程序控制结构用于控制程序的执行流程。通过这些控制结构，可以实现顺序执行、条件执行、循环执行等逻辑。Python 的主要程序控制结构包括顺序结构、选择结构（条件语句）和循环结构。

1. 条件语句

选择结构用于根据条件选择不同的执行路径。Python 提供了 if、elif 和 else 语句来实现条件执行，如示例 4-12 所示。

【示例 4-12】条件语句的应用

```
age = int(input("Enter your age: "))
if age >= 18:
    print("You are an adult.")
elif age >= 13:
    print("You are a teenager.")
else:
    print("You are a child.")
```

2. 循环语句

循环结构用于重复执行一段代码，直到满足某个条件为止。Python 提供了 for 循环和 while 循环两种循环结构。

for 循环用于遍历一个可迭代对象（如列表、元组、字符串等），并依次执行循环体中的代码。while 循环用于在满足某个条件时重复执行一段代码，直到条件不再满足为止。循环控制语句用于控制循环的执行流程，包括 break、continue 和 pass，如示例 4-13 所示。

【示例 4-13】循环语句的应用

```
# for 循环
for i in range(5):
```

```
    print(i)         #打印 01234
# while 循环
count = 0
while count < 5:
    print(count)
    count += 1      #打印 01234
# break 语句示例
for i in range(10):
    if i == 5:
        break
    print(i)         #打印 01234
# continue 语句示例
for i in range(10):
    if i % 2 == 0:
        continue
    print(i)         #打印 13579
```

4.1.6 类和对象

Python 是一种支持面向对象编程（OOP）的语言，面向对象是一种编程范式，它通过"对象"来表示现实世界中的事物或概念，并通过对象之间的交互来实现程序的功能。类是面向对象编程中的核心概念，它是创建对象的模板，定义了对象的属性（变量）和行为（方法）。

1. 定义类

类是面向对象编程中的核心概念，它是一个抽象的模板，用于定义对象的结构和行为。类中包含属性（变量）和方法（函数）。类使用 class 关键字定义，通常包括构造方法（__init__），它是一个特殊的方法，用于在创建对象时初始化对象的属性。

2. 创建对象

对象是类的实例，是根据类创建的具体实体。对象具有类定义的属性和方法，并且可以调用这些方法来执行操作。通过类名后跟一对括号来创建对象，这个过程称为实例化。对象的属性和方法可以通过点号（.）操作符访问。例如，object.attribute 用于访问属性，object.method()用于调用方法。

3. 继承

继承是面向对象编程中的一个重要特性，它允许一个类（子类）继承另一个类（父类）的属性和方法。子类可以扩展或修改父类的行为，而无须重新编写代码。继承通过在类定义中指定父类名来实现。子类可以重写父类的方法，以实现不同的行为。此外，子类可以通过 super() 函数调用父类的方法，从而实现对父类功能的扩展。

类和对象的应用如示例 4-14 所示。

【示例 4-14】类和对象的应用

```
class Person:
    def __init__(self, name, age):
        self.name = name
        self.age = age

    def greet(self):
        print(f"Hello, my name is {self.name} and I am {self.age} years old.")

person = Person("Alice", 25)
person.greet()
```

4.2　NumPy 快速入门

NumPy（Numerical Python）是 Python 的一种开源的数值计算扩展。这种工具可用来存储和处理大型矩阵，比 Python 自身的嵌套列表结构（nested list structure）要高效得多（该结构也可以用来表示矩阵），支持大量的维度数组与矩阵运算。此外，NumPy 也针对数组运算提供大量的数学函数库。本节介绍 NumPy 的常见用法。

4.2.1　数组创建与初始化

1. 直接创建数组

使用 np.array() 将列表或嵌套列表转换为 ndarray 对象。

【示例 4-15】直接创建数组

```
a = np.array([1,2,3])           # 一维数组
c = np.array([[1,2],[3,4]])     # 二维数组
print(a)
print(c)
```

代码运行结果如下:

```
[1 2 3]
[[1 2]
 [3 4]]
```

2. 通过函数生成特定数组

```
np.zeros(shape)      # 全 0 数组
np.ones(shape)       # 全 1 数组
np.arange(start, end, step)    # 类似 range 的序列数组
np.linspace(start, end, num)   # 等间距数组
```

示例如下:

【示例 4-16】通过函数生成特定数组

```
import numpy as np
print(np.zeros((2,3)) )          # 全 0 数组
print(np.ones((3,3)) )           # 全 1 数组
print(np.arange(1, 8, 2) )       # 类似 range 的序列数组
print(np.linspace(1, 9, 3) )     # 等间距数组
```

在生成特定数组时,可以显式设置数据类型。例如,在创建数组时指定 dtype 参数:

```
np.ones(2, dtype=np.int64)    # 显式设置数据类型
```

4.2.2 数组的核心属性、操作与计算

1. 数组的核心属性

- shape：数组维度（如(2,3)表示 2 行 3 列）。
- ndim：维度数量（如二维数组返回 2）。
- size：元素总数（等于各维度乘积）。

- dtype：元素类型（如 float64、int32）。
- itemsize：单个元素占用的字节数（如 float64 为 8 字节）。

示例如下：

【示例 4-17】数组的核心属性

```
arr = np.array([[1,2,3],[4,5,6]])
print(arr.shape)
print(arr.ndim)
print(arr.size)
print(arr.dtype)
print(arr.itemsize)
```

代码运行结果如下：

```
(2, 3)
2
6
int32
4
```

2. 索引与切片

支持类似 Python 列表的索引和切片操作。

【示例 4-18】索引与切片

```
arr = np.array([[1,2,3],[4,5,6]])
print(arr[0, 1])       # 输出 2
print(arr[:, 1:3])     # 输出第二、三列
```

代码运行结果如下：

```
2
[[2 3]
 [5 6]]
```

此外，NumPy 还提供了花式索引（Fancy Indexing），即使用布尔或整数数组的索引。

【示例 4-19】花式索引

```
import numpy as np
#花式索引
arr = np.arange(1, 10)       # 创建数组 [1,2,3,4,5,6,7,8,9]
indices = [2, 5, 7]
selected = arr[indices]      # 选取索引2、5、7对应的元素
print(selected)              # 输出 [3 6 8]
#布尔索引
arr = np.array([3, 1, 4, 1, 5])
mask = arr > 2               # 创建布尔掩码 [True,False,True,False,True]
print(arr[mask])             # 输出满足条件的元素 [3 4 5]

#多维索引
a = np.arange(12).reshape(3,4)
rows = [0, 2]
cols = [1, 3]
print(a[np.ix_(rows, cols)])  # 输出 [[1,3], [9,11]]
```

3. 形状变换

- reshape()：调整维度（需元素总数一致）。
- flatten()、ravel()：展平为1D数组（前者返回一个副本（即新数组），后者返回视图）。
- squeeze()：删除单维度。

示例如下：

【示例 4-20】形状变换

```
import numpy as np
a = np.array([[1,2,3],[4,5,6]])
print(a)
b = a.reshape(3,2)
print(b)
b=a.flatten()
print(b)
```

```
b=a.ravel()
print(b)
b=a.squeeze()
print(b)
```

4．数组拼接与分割

- np.concatenate()：沿着现存的轴连接数据序列。
- np.vstack()：竖直堆叠序列中的数组（行方向）。
- np.hstack()：水平堆叠序列中的数组（列方向）。
- np.split()：将一个数组分割为多个子数组。
- np.hsplit()：将一个数组水平分割为多个子数组（按列）。
- np.vsplit()：将一个数组竖直分割为多个子数组（按行）。

示例如下：

【示例 4-21】数组拼接与分割

```
import numpy as np
a = np.array([[1,2],[3,4]])
print(a)
b = np.array([[5,6],[7,8]])
print(b)
# 两个数组的维度相同
print(np.concatenate((a,b)))              # 沿轴 0 连接两个数组
print(np.concatenate((a,b),axis = 1) )    # 沿轴 1 连接两个数组
print(np.vstack((a,b)) )
print(np.hstack((a,b)) )
a = np.arange(9)
print(a)
b = np.split(a,3)         # 将数组分为 3 个大小相等的子数组
print(b)
b = np.split(a,[4,7])     # 将数组在一维数组中表明的位置分割
print(b)
```

4.2.3 数学运算与统计

1. 基础运算

- 逐个元素的运算：包括+、—、*、/运算。
- 自动广播（Broadcast）：在 NumPy 中仍然可以对形状不相似的数组进行操作，因为它拥有广播功能。较小的数组会广播到较大数组的大小，以便使它们的形状可兼容。
- 矩阵乘法：np.dot()或@运算符。

示例如下：

【示例 4-22】基础运算

```
# 计算矩阵乘法
A = np.array([[1,2],[3,4]])
B = np.array([[5,6],[7,8]])
result = A + B
print(result)
# 广播
C = np.array([[5,6],[7,8],[9,8]])
result = A + C
print(result)
# 矩阵乘法
result = A @ B  # 输出 [[19 22], [43 50]]
print(result)
```

2. 统计函数

- sum()、mean()、std()：分别为求和、求平均值、求标准差。
- max()、min()：分别为求极大值、求极小值。
- argmax()、argmin()：分别为求极大值、求极小值的索引，从 0 开始。

示例如下：

【示例 4-23】统计函数

```
# 统计数组属性
arr = np.random.rand(3,4)
```

```
print(arr)
print(arr.shape)      # (3,4)
print(arr.mean())     # 计算均值
print(arr.min())
print(arr.argmin())
```

3. 线性代数

np.linalg 模块支持矩阵求逆（inv()）、特征值分解（eig()）等，读者了解一下即可，必要时可以参考官方文档解决问题。

4.3　Pandas 快速入门

Pandas 是 Python 的一个数据分析包，最初被作为金融数据分析工具而开发出来，因此 Pandas 为时间序列分析提供了很好的支持。Pandas 的名称来自面板数据（Panel Data）和 Python 数据分析（Data Analysis）。本节介绍 Pandas 常用的 3 种数据结构：系列（Series）、数据帧（DataFrame）和面板（Panel）。

4.3.1　Pandas 系列

系列（Series）是具有均匀数据的一维数组结构。Series 像 Python 中的数据类型 List 一样，每个数据都有自己的索引。系列可以使用以下构造函数创建：

```
pandas.Series( data, index, dtype, copy)
```

- data：数据采取各种形式，如 ndarray、list、constants。
- index：索引值必须是唯一的和散列的，与数据的长度相同。默认为 np.arange(n)，如果没有索引被传递。
- dtype：用于数据类型。如果没有，那么将推断数据类型。
- copy：复制数据，默认为 false。

1. 从 List 创建 Series

【示例 4-24】从 List 创建 Series

```
import pandas as pd
```

```
s1 = pd.Series([100,23,'bugingcode'])
print(s1)
```

运行结果如下：

```
0          100
1           23
2    bugingcode
dtype: object
```

2. 在 Series 中添加相应的索引

【示例 4-25】在 Series 中添加相应的索引

```
import numpy as np
ts = pd.Series(np.random.randn(365), index=np.arange(1,366))
print(ts)
```

在 index 中设置索引值，是一个 1~366 的值。

3. 创建一个基本系列，是一个空系列

【示例 4-26】创建一个基本系列，是一个空系列

```
#import the pandas library and aliasing as pd
import pandas as pd
s = pd.Series()
print(s)
```

输出结果如下：

```
Series([], dtype: float64)
```

4. 从 ndarray 创建一个系列

如果数据是 ndarray，传递的索引就必须具有相同的长度。如果没有传递索引值，那么默认的索引将是范围(n)，其中 n 是数组长度，即[0,1,2,3,…, range(len(array))-1]。

【示例 4-27】从 ndarray 创建一个系列

```
#import the pandas library and aliasing as pd
import pandas as pd
import numpy as np
```

```
data = np.array(['a','b','c','d'])
s = pd.Series(data)
print(s)
```

输出结果如下：

```
0    a
1    b
2    c
3    d
dtype: object
```

这里没有传递任何索引，因此它分配了从 0~len(data)-1 的索引，即 0~3。

5. 从字典创建一个系列

字典（dict）可以作为输入传递，如果没有指定索引，就按排序顺序取得字典键以构造索引。如果传递了索引，索引中与标签对应的数据中的值就会被拉出。

【示例 4-28】从字典创建一个系列

```
#import the pandas library and aliasing as pd
import pandas as pd
import numpy as np
data = {'a' : 0., 'b' : 1., 'c' : 2.}
s = pd.Series(data)
print(s)
```

输出结果如下：

```
a    0.0
b    1.0
c    2.0
dtype: float64
```

注意：字典键用于构建索引。

6. 从标量创建一个系列

如果数据是标量值，就必须提供索引，将重复该值以匹配索引的长度。

【示例 4-29】从标量创建一个系列

```
#import the pandas library and aliasing as pd
import pandas as pd
import numpy as np
s = pd.Series(5, index=[0, 1, 2, 3])
print(s)
```

输出结果如下:

```
0    5
1    5
2    5
3    5
dtype: int64
```

7. 从具有位置的系列中访问数据

可以像访问 ndarray 中的数据一样访问系列中的数据。

例如,检索第一个元素,已知数组从 0 开始计数,第一个元素存储在 0 的位置。

【示例 4-30】从具有位置的系列中访问数据

```
import pandas as pd
s = pd.Series([1,2,3,4,5],index = ['a','b','c','d','e'])
#retrieve the first element
print(s)[0]
```

得到以下结果:

```
1
```

8. 使用标签检索数据(索引)

一个系列就像一个固定大小的字典,可以通过索引标签获取和设置值。可以通过索引标签检索单个元素。

【示例 4-31】使用标签检索数据(索引)

```
import pandas as pd
s = pd.Series([1,2,3,4,5],index = ['a','b','c','d','e'])
```

```
#retrieve a single element
print(s)['a']
```

得到以下结果:

```
1
```

4.3.2 Pandas 数据帧

数据帧（DataFrame）是二维数据结构，即数据以行和列的表格方式排列。数据帧的功能特点包括：潜在的列是不同的类型、大小可变、标记轴（行和列），以及可以对行和列执行算术运算。

Pandas 中的 DataFrame 可以使用以下构造函数创建：

```
pandas.DataFrame( data, index, columns, dtype, copy)
```

- data：数据采取各种形式，如 ndarray、series、map、lists、dict、constant 和另一个 DataFrame。
- index：对于行标签，要用于结果帧的索引是可选默认值 np.arrange(n)，如果没有传递索引值。
- columns：对于列标签，可选的默认语法是-np.arange(n)。只有在没有索引传递的情况下才是这样。
- dtype：每列的数据类型。
- copy：如果默认值为 False，此命令就用于复制数据。

Pandas 数据帧可以使用各种输入创建，包括列表、字典、系列、NumPy ndarrays 以及另一个数据帧。

1. 创建一个空的数据帧

创建基本数据帧，是空数据帧。

【示例 4-32】创建一个空的数据帧

```
#import the pandas library and aliasing as pd
import pandas as pd
df = pd.DataFrame()
print(df)
```

得到以下结果：

```
Empty DataFrame
Columns: []
Index: []
```

2. 从列表创建数据帧

可以使用单个列表或嵌套多个列表创建数据帧。

【示例 4-33】从列表创建数据帧

```
import pandas as pd
data = [1,2,3,4,5]
df = pd.DataFrame(data)
print(df)
```

得到以下结果：

```
    0
0   1
1   2
2   3
3   4
4   5
```

3. 从 ndarrays/Lists 的字典创建数据帧

所有的 ndarrays 必须具有相同的长度。如果传递了索引（Index），索引的长度就应等于数组的长度。如果没有传递索引，那么默认情况下，索引将为 range(n)，其中 n 为数组长度。

【示例 4-34】从 ndarrays/Lists 的字典创建数据帧

```
import pandas as pd
data = {'Name':['Tom', 'Jack', 'Steve', 'Ricky'],'Age':[28,34,29,42]}
df = pd.DataFrame(data)
print(df)
```

得到以下结果：

```
     Age    Name
0    28     Tom
1    34     Jack
2    29     Steve
3    42     Ricky
```

注意：观察值 0、1、2、3，它们是分配给每个使用函数 range(n) 的默认索引。

4. 从字典列表创建数据帧

字典列表可作为输入数据传递，用于创建数据帧。字典的键将默认作为列名。以下代码显示如何通过传递字典列表来创建数据帧。

【示例 4-35】从字典列表创建数据帧

```
import pandas as pd
data = [{'a': 1, 'b': 2},{'a': 5, 'b': 10, 'c': 20}]
df = pd.DataFrame(data)
print(df)
```

得到以下结果：

```
   a    b     c
0  1    2    NaN
1  5   10   20.0
```

注意：观察到 NaN（不是数字）被附加在缺失的区域。

5. 从系列的字典创建数据帧

字典的系列可以传递以形成一个数据帧。所得到的数据帧的索引是通过取所有系列索引的并集来确定的。

【示例 4-36】从系列的字典创建数据帧

```
import pandas as pd

d = {'one' : pd.Series([1, 2, 3], index=['a', 'b', 'c']),
     'two' : pd.Series([1, 2, 3, 4], index=['a', 'b', 'c', 'd'])}
```

```
df = pd.DataFrame(d)
print(df)
```

得到以下结果：

```
   one  two
a  1.0    1
b  2.0    2
c  3.0    3
d  NaN    4
```

注意：对于第一个系列，观察到没有传递标签'd'，但在结果中，对于 d 标签附加了 NaN。

6. 列选择

下面将从数据帧中选择一列。

【示例 4-37】从数据帧中选择一列

```
import pandas as pd
d = {'one' : pd.Series([1, 2, 3], index=['a', 'b', 'c']),
     'two' : pd.Series([1, 2, 3, 4], index=['a', 'b', 'c', 'd'])}
df = pd.DataFrame(d)
print(df) ['one']
```

得到以下结果：

```
a    1.0
b    2.0
c    3.0
d    NaN
Name: one, dtype: float64
```

7. 行选择

可以通过将行标签传递给 loc() 函数来选择行。

【示例 4-38】将行标签传递给 loc() 函数来选择行

```
import pandas as pd
```

```
d = {'one' : pd.Series([1, 2, 3], index=['a', 'b', 'c']),
     'two' : pd.Series([1, 2, 3, 4], index=['a', 'b', 'c', 'd'])}
df = pd.DataFrame(d)
print(df).loc['b']
```

得到以下结果:

```
one  2.0
two  2.0
Name: b, dtype: float64
```

结果是一个以数据帧的列名称为索引的 Pandas 系列。此外,该系列的名称是用于检索的行标签。

4.3.3 Pandas 示例

1. 对象创建

(1) 通过传递值列表来创建一个系列,让 Pandas 创建一个默认的整数索引。

【示例 4-39】创建一个默认的整数索引

```
import pandas as pd
import numpy as np
s = pd.Series([1,3,5,np.nan,6,8])
print(s)
```

执行后输出结果如下:

```
0    1.0
1    3.0
2    5.0
3    NaN
4    6.0
5    8.0
dtype: float64
```

(2) 通过传递 NumPy 数组,使用 datetime 索引和标记列来创建数据帧。

【示例 4-40】使用 datetime 索引和标记列来创建数据帧

```
import pandas as pd
import numpy as np
dates = pd.date_range('20250101', periods=7)
print(dates)
print("--"*16)
df = pd.DataFrame(np.random.randn(7,4), index=dates, columns=list('ABCD'))
print(df)
```

执行后输出结果如下：

```
DatetimeIndex(['2025-01-01', '2025-01-02', '2025-01-03', '2025-01-04',
               '2025-01-05', '2025-01-06', '2025-01-07'],
              dtype='datetime64[ns]', freq='D')
--------------------------------
                   A         B         C         D
2025-01-01 -0.813435 -0.562633 -1.481222 -1.016547
2025-01-02 -0.587518  0.497982 -1.118925 -0.239444
2025-01-03 -0.902530  0.708883  0.201099  0.331129
2025-01-04  2.381602 -0.412265  1.994979  0.406944
2025-01-05 -1.649246 -0.010873 -1.031410  0.201795
2025-01-06  0.147978 -1.270248  2.179890 -1.701543
2025-01-07 -1.202878 -0.248335 -1.381715  1.783512
```

（3）通过传递可以转换为类似系列的对象的字典来创建数据帧，参考以下示例代码。

【示例 4-41】通过字典来创建数据帧

```
import pandas as pd
import numpy as np
df2 = pd.DataFrame({ 'A' : 1.,
                    'B' : pd.Timestamp('20250101'),
                    'C' : pd.Series(1,index=list(range(4)),dtype='float32'),
```

```
                    'D' : np.array([3] * 4,dtype='int32'),
                    'E' :
pd.Categorical(["test","train","test","train"]),
                    'F' : 'foo' })
    print(df2)
```

上面示例代码的执行结果如下：

```
     A     B          C    D   E      F
0  1.0  2025-01-01  1.0   3   test   foo
1  1.0  2025-01-01  1.0   3   train  foo
2  1.0  2025-01-01  1.0   3   test   foo
3  1.0  2025-01-01  1.0   3   train  foo
```

2. 查看数据

（1）查看框架顶部和底部的数据行，可参考以下示例代码。

【示例 4-42】

```
import pandas as pd
import numpy as np
dates = pd.date_range('20250101', periods=7)
df = pd.DataFrame(np.random.randn(7,4), index=dates,
columns=list('ABCD'))
print(df.head())
print("--------------" * 10)
print(df.tail(3))
```

上面示例代码的执行结果如下：

```
                    A         B         C         D
2025-01-01   1.607695 -1.276917 -0.600596  0.261585
2025-01-02  -1.284348 -0.486441  0.882643  0.993400
2025-01-03   2.335212  1.596069 -0.193588  0.188105
2025-01-04  -0.540823 -0.227786 -0.173689 -0.221398
2025-01-05  -0.178266 -0.388710  0.339097  0.049835
----------------------------------------------------------------
----------------------------------------------------------------
```

```
                   A         B         C         D
2025-01-05  -0.178266  -0.388710   0.339097   0.049835
2025-01-06  -1.280101   0.231815   0.202517  -0.362343
2025-01-07  -0.608445   0.173544  -0.526618  -0.767171
```

（2）显示索引、列和底层 NumPy 数据，参考以下代码。

【示例 4-43】显示索引、列和底层 NumPy 数据

```
import pandas as pd
import numpy as np
dates = pd.date_range('20250205', periods=7)
df = pd.DataFrame(np.random.randn(7,4), index=dates, columns=list('ABCD'))
print("index is :" )
print(df.index)
print("columns is :" )
print(df.columns)
print("values is :" )
print(df.values)
```

上面示例代码的执行结果如下：

```
index is :
DatetimeIndex(['2025-02-05', '2025-02-06', '2025-02-07', '2025-02-08',
               '2025-02-09', '2025-02-10', '2025-02-11'],
              dtype='datetime64[ns]', freq='D')
columns is :
Index(['A', 'B', 'C', 'D'], dtype='object')
values is :
[[-0.10682384  0.14985254 -1.22714972 -0.12002427]
 [-1.50374229  0.83850198  1.99846343  1.16327786]
 [ 2.1003723  -0.34276843 -0.90917571  0.40021787]
 [ 0.44430012 -0.05456834  0.86236158  0.46916234]
 [-1.2105091  -1.4239685  -0.91706712 -1.96013087]
 [-0.47170052  1.71814351 -1.18555114  1.23307421]
```

```
 [-0.30554669  0.73282129 -0.52152401 -0.49936315]]
```

(3) 描述数据的快速统计摘要，参考以下示例代码。

【示例 4-44】描述数据的快速统计摘要

```
import pandas as pd
import numpy as np
dates = pd.date_range('20250101', periods=7)
df = pd.DataFrame(np.random.randn(7,4), index=dates, columns=list('ABCD'))
print(df.describe())
```

上面示例代码的执行结果如下：

```
              A         B         C         D
count  7.000000  7.000000  7.000000  7.000000
mean   0.242984 -0.146612  0.087755  0.354732
std    1.006762  1.371735  0.747764  0.851580
min   -1.026230 -1.790439 -1.024506 -1.189750
25%   -0.355568 -0.932933 -0.285164  0.221174
50%    0.014426 -0.648790  0.089268  0.287718
75%    0.812392  0.482727  0.427480  0.631512
max    1.799042  2.313360  1.264895  1.679784
```

(4) 调换数据，参考以下示例代码。

【示例 4-45】调换数据

```
import pandas as pd
import numpy as np
dates = pd.date_range('20250101', periods=6)
df = pd.DataFrame(np.random.randn(6,4), index=dates, columns=list('ABCD'))
print(df.T)
```

上面示例代码的执行结果如下：

```
   2025-01-01  2025-01-02  2025-01-03  2025-01-04  2025-01-05  2025-01-06
```

```
       A  0.462539  -1.249387  -0.396612  -1.156050   0.361697
-1.504377
       B -1.285331  -0.575208   1.261214   0.227637  -0.172703
-0.610767
       C -1.302474   0.891032   1.529683   2.082915   0.376349
-0.439827
       D -0.047361  -0.231485  -0.478639  -1.199542   0.348147
-0.356081
```

（5）通过轴排序，参考以下示例代码。

【示例4-46】通过轴排序

```
import pandas as pd
import numpy as np
dates = pd.date_range('20250101', periods=6)
df = pd.DataFrame(np.random.randn(6,4), index=dates, columns=list('ABCD'))
print(df.sort_index(axis=1, ascending=False))
```

上面示例代码的执行结果如下：

```
                   D         C         B         A
2025-01-01  1.065048 -1.426536  1.355254 -0.943241
2025-01-02  1.823527 -0.319530 -0.638201  1.105352
2025-01-03 -0.721632  0.025483 -0.126116  1.207486
2025-01-04 -1.396051 -1.318402 -0.145126  0.125990
2025-01-05 -0.778637  0.270022  0.257346 -0.574459
2025-01-06 -1.610923  0.869706 -0.425648 -1.034759
```

（6）按值排序，参考以下示例代码。

【示例4-47】按值排序

```
import pandas as pd
import numpy as np
dates = pd.date_range('20250101', periods=6)
df = pd.DataFrame(np.random.randn(6,4), index=dates, columns=list('ABCD'))
```

```
print(df.sort_values(by='B'))
```

上面示例代码的执行结果如下:

```
                   A         B         C         D
2025-01-05 -0.410057 -2.029121  1.224764  0.935994
2025-01-04  2.017638 -1.425625  0.422710 -1.499707
2025-01-01  0.695439 -0.380908  0.004613 -0.565224
2025-01-02 -0.323258  0.223784 -0.356087 -1.259273
2025-01-06  0.448287  1.927971  0.076341 -0.598463
2025-01-03 -0.718923  2.488207  1.949762 -1.066601
```

3. 选择区块

注意,虽然用于选择和设置的标准 Python/NumPy 表达式是直观的,可用于交互式工作,但对于生产代码,建议使用优化的 Pandas 数据访问方法.at、.iat、.loc、.iloc 和.ix。

1)选择一列,产生一个系列,相当于 df.A

【示例 4-48】选择一列,产生一个系列

```
import pandas as pd
import numpy as np
dates = pd.date_range('20250101', periods=6)
df = pd.DataFrame(np.random.randn(6,4), index=dates, columns=list('ABCD'))
print(df['A'])
```

上面示例代码的执行结果如下:

```
2025-01-01    1.765576
2025-01-02    1.232216
2025-01-03   -1.348481
2025-01-04    0.366452
2025-01-05    0.144209
2025-01-06    0.108325
Freq: D, Name: A, dtype: float64
```

2）通过[]操作符选择切片行

【示例 4-49】通过[]操作符选择切片行

```
import pandas as pd
import numpy as np
dates = pd.date_range('20250101', periods=6)
df = pd.DataFrame(np.random.randn(6,4), index=dates, columns=list('ABCD'))
print(df[0:3])
print("========= 指定选择日期 ========")
print(df['20250101':'20250102'])
```

上面示例代码的执行结果如下：

```
                   A         B         C         D
2025-01-01 -1.862133  0.385132  0.759109 -1.691352
2025-01-02 -1.800524  0.668277 -0.627481  0.204033
2025-01-03 -3.301680  1.646821  0.006850  0.154895
========= 指定选择日期 ========
                   A         B         C         D
2025-01-01 -1.862133  0.385132  0.759109 -1.691352
2025-01-02 -1.800524  0.668277 -0.627481  0.204033
```

3）使用标签获取横截面

【示例 4-50】使用标签获取横截面

```
import pandas as pd
import numpy as np
dates = pd.date_range('20250101', periods=6)
df = pd.DataFrame(np.random.randn(6,4), index=dates, columns=list('ABCD'))
print(df.loc[dates[0]])
```

上面示例代码的执行结果如下：

```
A    0.384418
B    0.689168
C    0.526878
```

```
D   -0.604528
Name: 2025-01-01 00:00:00, dtype: float64
```

4）通过标签选择多轴

【示例4-51】通过标签选择多轴

```
import pandas as pd
import numpy as np
dates = pd.date_range('20250101', periods=6)
df = pd.DataFrame(np.random.randn(6,4), index=dates, columns=list('ABCD'))
print(df.loc[:,['A','B']])
```

上面示例代码的执行结果如下：

```
                   A         B
2025-01-01  0.124947 -2.840175
2025-01-02 -1.595601 -0.224172
2025-01-03  0.351159  0.445636
2025-01-04  0.619090 -1.364369
2025-01-05 -0.901038 -0.756521
2025-01-06  2.536576  0.427822
```

5）显示标签切片，包括两个端点

【示例4-52】显示标签切片

```
import pandas as pd
import numpy as np
dates = pd.date_range('20250101', periods=6)
df = pd.DataFrame(np.random.randn(6,4), index=dates, columns=list('ABCD'))
print(df.loc['20250101':'20250102',['A','B']])
```

上面示例代码的执行结果如下：

```
                   A         B
2025-01-01 -0.500434  0.849387
2025-01-02  0.096043 -0.105919
```

6）减少返回对象的尺寸（大小）

【示例 4-53】减少返回对象的尺寸

```
import pandas as pd
import numpy as np
dates = pd.date_range('20250101', periods=6)
df = pd.DataFrame(np.random.randn(6,4), index=dates, columns=list('ABCD'))
print(df.loc['20250101',['A','B']])
```

上面示例代码的执行结果如下：

```
A   -0.216938
B   -0.491997
Name: 2025-01-01 00:00:00, dtype: float64
```

7）获得标量值

【示例 4-54】获得标量值

```
import pandas as pd
import numpy as np
dates = pd.date_range('20250101', periods=6)
df = pd.DataFrame(np.random.randn(6,4), index=dates, columns=list('ABCD'))
print(df.loc[dates[0],'A'])
```

上面示例代码的执行结果如下：

-2.073137108968855

8）快速访问标量（等同于先前的方法）

【示例 4-55】快速访问标量

```
import pandas as pd
import numpy as np
dates = pd.date_range('20250101', periods=6)
df = pd.DataFrame(np.random.randn(6,4), index=dates, columns=list('ABCD'))
```

```
print(df.at[dates[0],'A'])
```

上面示例代码的执行结果如下：

-0.3126212028186067

9）通过整数索引位置进行选择

【示例4-56】通过整数索引位置进行选择

```
import pandas as pd
import numpy as np
dates = pd.date_range('20250101', periods=6)
df = pd.DataFrame(np.random.randn(6,4), index=dates, columns=list('ABCD'))
print(df.iloc[3])
```

上面示例代码的执行结果如下：

```
A   -1.054033
B   -0.030496
C    0.864896
D   -0.475416
Name: 2025-01-04 00:00:00, dtype: float64
```

10）通过整数切片，类似于NumPy/Python

【示例4-57】通过整数切片

```
import pandas as pd
import numpy as np
dates = pd.date_range('20250101', periods=6)
df = pd.DataFrame(np.random.randn(6,4), index=dates, columns=list('ABCD'))
print(df.iloc[3:5,0:2])
```

上面示例代码的执行结果如下：

```
                   A         B
2025-01-04 -0.440163 -0.276997
2025-01-05 -0.867590  0.460759
```

11）整数位置的列表，类似于 NumPy/Python 样式

【示例 4-58】整数位置的列表

```
import pandas as pd
import numpy as np
dates = pd.date_range('20250101', periods=6)
df = pd.DataFrame(np.random.randn(6,4), index=dates,
columns=list('ABCD'))
print(df.iloc[[1,2,4],[0,2]])
```

上面示例代码的执行结果如下：

```
                   A         C
2025-01-02 -0.991485 -0.962941
2025-01-03 -0.643265 -0.388046
2025-01-05  0.820002 -1.895422
```

12）明确切片行

【示例 4-59】明确切片行

```
import pandas as pd
import numpy as np
dates = pd.date_range('20250101', periods=6)
df = pd.DataFrame(np.random.randn(6,4), index=dates,
columns=list('ABCD'))
print(df.iloc[1:3,:])
```

上面示例代码的执行结果如下：

```
                   A         B         C         D
2025-01-02 -1.713890 -0.375927  0.620124 -0.919845
2025-01-03 -1.511562 -0.366051  0.911396  0.159482
```

13）明确切片列

【示例 4-60】明确切片列

```
import pandas as pd
import numpy as np
```

```
    dates = pd.date_range('20250101', periods=6)
    df = pd.DataFrame(np.random.randn(6,4), index=dates,
columns=list('ABCD'))
    print(df.iloc[:,1:3])
```

上面示例代码的执行结果如下：

```
                   B         C
2025-01-01  -1.280463  0.666361
2025-01-02   1.271017  0.393630
2025-01-03  -1.522710  0.298322
2025-01-04   0.680300 -0.685614
2025-01-05   1.007621  0.339810
2025-01-06   0.688267 -0.829706
```

14）明确获取值

【示例 4-61】明确获取值

```
    import pandas as pd
    import numpy as np
    dates = pd.date_range('20250101', periods=6)
    df = pd.DataFrame(np.random.randn(6,4), index=dates,
columns=list('ABCD'))
    print(df.iloc[1,1])
```

上面示例代码的执行结果如下：

```
0.2936028173020495
```

15）快速访问标量（等同于先前的方法）

【示例 4-62】快速访问标量

```
    import pandas as pd
    import numpy as np
    dates = pd.date_range('20250101', periods=6)
    df = pd.DataFrame(np.random.randn(6,4), index=dates,
columns=list('ABCD'))
    print(df.iat[1,1])
```

上面示例代码的执行结果如下：

-0.2725512470658197

16）使用单列的值来选择数据

【示例4-63】使用单列的值来选择数据

```
import pandas as pd
import numpy as np
dates = pd.date_range('20250101', periods=6)
df = pd.DataFrame(np.random.randn(6,4), index=dates, columns=list('ABCD'))
print(df[df.A > 0])
```

上面示例代码的执行结果如下：

```
                   A         B         C         D
2025-01-01  1.106031  0.811102 -1.923920 -0.629780
2025-01-05  0.761749  0.713763 -0.796044 -1.028276
```

17）从满足布尔条件的数据帧中选择值

【示例4-64】从满足布尔条件的数据帧中选择值

```
import pandas as pd
import numpy as np
dates = pd.date_range('20250101', periods=6)
df = pd.DataFrame(np.random.randn(6,4), index=dates, columns=list('ABCD'))
print(df[df > 0])
```

上面示例代码的执行结果如下：

```
                  A         B         C         D
2025-01-01      NaN       NaN       NaN       NaN
2025-01-02      NaN       NaN       NaN       NaN
2025-01-03      NaN  0.917547       NaN       NaN
2025-01-04  0.67217       NaN  0.093478  0.024976
2025-01-05      NaN  0.204749       NaN       NaN
```

2025-01-06 0.82823   NaN   NaN   NaN

18）使用 isin()方法进行过滤

【示例 4-65】使用 isin()方法进行过滤

```
import pandas as pd
import numpy as np
dates = pd.date_range('20250101', periods=6)
df = pd.DataFrame(np.random.randn(6,4), index=dates, columns=list('ABCD'))
df2 = df.copy()
df2['E'] = ['one', 'one','two','three','four','three']
print(df2)
print("============= start to filter =============== ")
print(df2[df2['E'].isin(['two','four'])])
```

上面示例代码的执行结果如下：

```
                    A         B         C         D      E
2025-01-01   0.376527  0.819005 -0.087792  0.215062    one
2025-01-02  -0.024440 -0.486623 -0.554269  1.526395    one
2025-01-03  -0.196356 -0.880765 -1.204834  0.358205    two
2025-01-04  -2.174266  1.478749  1.301598 -0.463305  three
2025-01-05  -0.119662 -1.138295  1.626538  0.761563   four
2025-01-06   1.151449  0.405168 -0.620226  1.249341  three
============= start to filter ===============
                    A         B         C         D     E
2025-01-03  -0.196356 -0.880765 -1.204834  0.358205   two
2025-01-05  -0.119662 -1.138295  1.626538  0.761563  four
```

第 5 章

数据采集与存储

数据采集和存储在智能运维中扮演着至关重要的角色。通过有效的数据采集和存储方法，智能运维系统能够实时监控、优化性能、诊断故障，并实现自动化决策。这不仅提高了运维效率，还增强了系统的稳定性和可靠性。本章将主要介绍数据采集与存储的相关概念、方法和工具。

5.1 数据采集

数据采集是指从各种信息源获取数据的过程。对于智能运维而言，这包括从 IT 系统、应用程序、网络设备、用户行为等多个来源采集有关系统性能、健康状况、用户活动等方面的数据。数据采集是智能运维的基础，为后续的数据分析、自动化决策和问题解决提供支持。例如，实时获取系统状态数据，可以快速识别和响应异常情况；收集性能数据，用来评估和优化系统的运行效率；记录系统行为和错误信息，以帮助分析和排查故障；积累历史数据，进行趋势分析以预测未来的需求和潜在问题。

5.1.1 数据采集方法

1. 日志文件采集

日志文件是系统、应用程序和网络设备生成的记录文件，包含系统运行、错误信息和用户活动等。日志文件可以提供详细的操作记录和错误跟踪，但是可能生成大量数据，需要有效管理和分析。日志文件采集的方法主要有：

- 文件轮询：定期检查日志文件的更新，并将新数据采集到中央存储。
- 日志聚合器：使用日志聚合工具实时收集和传输日志数据。

2. 通过 API 接口采集

许多系统和应用程序提供 API 接口，以便外部系统访问其数据。通过 API 接口采集数据支持实时数据获取和系统集成，但是需要处理 API 的调用限制和数据格式转换。采集方法主要有：

- REST API：通过 HTTP 请求访问 JSON 或 XML 格式的数据。
- SOAP API：通过 Web 服务协议获取 XML 格式的数据。

3. 使用代理和代理服务采集

使用代理程序在本地系统上采集数据，然后将数据传输到中央服务器。这种采集方式适用于多种系统和应用，支持灵活配置。但是代理程序可能会增加系统负担，需要定期更新和维护。主要方法有：

- Agent-based：在目标系统上安装代理程序，采集系统指标和日志。
- Agentless：通过网络协议（如 SNMP、WMI）采集数据，无须在目标系统上安装代理。

4. 网络流量监测

通过监测网络中的数据流量来分析网络性能和安全。流量监测能够提供全面的网络性能和安全态势感知，可能需要大量的计算资源和存储空间。主要方法有：

- 网络探针：在网络设备中布置探针，采集流量数据。
- 流量分析工具：使用工具（如 Wireshark、ntopng）分析网络流量和协议。

5.1.2 数据采集工具

我们可以使用开源工具、商业工具和自定义脚本等方式实现数据采集，这些采集方式通过配置和集成，能够自动化地收集、存储和处理数据，为系统的优化、故障排查和自动化决策提供精准支持。

1. 开源工具

开源工具在数据采集和智能运维中发挥着关键作用。Prometheus 和 Grafana 提供强大的实时监控和可视化功能；Elastic Stack 适用于日志管理和数据处理；Nagios 提供系统和网络的全面监控。通过结合使用这些工具，可以实现全面的监控、数据采集和分析，提升系统的可靠性和运维效率。

1) Prometheus

Prometheus 是一个开源的监控和报警系统，专注于时间序列数据的采集和存储。它可以采集系统和应用的指标数据，如 CPU 使用率、内存消耗等；可以提供实时数据查询和可视化功能；可以设置报警规则，通过 Alertmanager 发送通知。Prometheus 可用于高效地查询和聚合数据，支持各种数据源的插件和集成。

2) Grafana

Grafana 是一个开源的数据可视化工具，常与 Prometheus 结合使用。它可将采集的数据以图表、仪表板的形式呈现，支持多种数据源；可以提供实时监控仪表板，帮助用户了解系统状态。Grafana 支持各种数据源和可视化插件，用户可以根据需求设计和定制仪表板。

3) Elastic Stack（ELK Stack）

Elastic Stack 包括 Elasticsearch（搜索和分析引擎）、Logstash（数据采集和处理）、Kibana（数据可视化），用于日志管理和数据分析。Elasticsearch 提供高效的全文搜索和数据分析能力，Logstash 支持多种数据输入和输出格式，适合处理复杂数据流。

4) Nagios

Nagios 是一个开源的监控系统，提供对网络、服务器和应用的监控，可以监控服务器性能、网络状态和应用程序的可用性，在检测到问题时发送报警和通知。Nagios 拥有大量的插件用于扩展监控功能，通过配置文件自定义监控参数和报警规则。

2. 商业工具

智能运维中的数据采集工具为系统提供了全面的可见性,并且帮助自动化处理和分析数据。Splunk 以其强大的日志处理和搜索功能著称,适合需要深入日志分析和实时监控的环境。Datadog 提供全面的指标、日志和追踪数据收集,结合实时监控和智能分析,特别适合动态云环境。New Relic 则专注于应用性能管理(Application Performance Management,APM),提供全面的应用和基础设施监控,适合需要综合性能分析和用户体验监控的企业。数据采集需要考虑数据来源和格式的兼容性、实时监控和历史数据分析的需求、扩展性和集成能力、成本和易用性,可以根据具体的运维需求和技术环境选择适合的工具。

1) Splunk

Splunk 是一款日志分析软件,它支持从各种来源(日志文件、网络设备、数据库、应用程序等)收集数据,可以提供实时数据搜索、监控和分析功能。使用 Splunk 的搜索处理语言(Search Processing Language,SPL)来执行复杂的查询,提供丰富的可视化工具,包括图表、仪表盘等。我们可以通过安装应用程序和插件来扩展功能。Splunk 适合需要处理大量日志数据、实时监控和故障排除的企业环境,被广泛应用于安全信息和事件管理(Security Information and Event Management,SIEM)以及业务和应用程序监控。

2) DataDog

DataDog 是一款监控和统计分析工具,支持从服务器、数据库、应用程序和云服务中收集指标、日志和追踪数据,可以提供实时的仪表盘和警报功能,支持与大量第三方服务和工具的集成。利用机器学习和人工智能进行异常检测和预测分析。DataDog 适用于需要综合监控、日志管理和应用程序性能管理的企业,特别适合动态环境和云原生架构。

3) New Relic

New Relic 可实现应用性能监控、基础设施监控、日志管理和用户体验监控,能够深入分析应用程序的性能,识别瓶颈,提供详细的性能报告和可视化工具,与多种开发和运维工具集成。New Relic 适合需要综合监控应用程序性能、基础设施和用户体验的企业环境,广泛应用于 Web 应用程序和微服务架构的监控。

3. 自定义脚本

自定义脚本通常使用 Python、Bash 或 PowerShell 等脚本语言编写。Python 以其丰富的库和模块（如 requests、pandas）以及简洁的语法，适合处理复杂的数据处理和分析任务。Bash 和 PowerShell 则在处理系统管理任务和自动化脚本方面表现突出，能够高效地与系统命令和工具集成。

编写自定义脚本进行数据采集的优势在于高度的灵活性和定制化。用户可以根据特定需求设定采集规则和数据格式，确保数据的准确性和相关性。此外，脚本可以自动化重复任务，节省人工干预的时间，并能够在数据源变化时快速调整采集策略。

5.1.3 数据采集的关键考虑因素

数据采集的关键考虑因素首先包括数据的准确性和完整性。确保数据源可靠，并且所采集的数据能够真实反映实际情况至关重要。为了提高数据质量，需要对采集的数据进行有效的预处理和清洗，标准化数据格式以减少后续分析中的问题。同时，确保数据采集过程中没有遗漏重要信息，以保持数据的全面性和有效性。

采集频率也是一个重要的考虑因素。选择适当的采集频率可以有效地平衡数据更新的及时性与系统的负荷。频繁的数据采集可能会对系统性能产生负面影响，导致资源过度消耗和性能下降；而过低的采集频率则可能导致数据滞后，影响决策和实时分析。因此，需要根据系统容量和数据需求，制定合理的数据采集计划。

数据的存储与管理也至关重要。需要实施有效的数据存储解决方案，确保数据的安全性和隐私保护。选择合适的存储介质和数据库架构，以便于数据的长期保存和快速检索。同时，还要设计合理的数据备份和恢复策略，以防止数据丢失或损坏，保证数据的可用性和完整性。

5.2 数据存储

数据存储在智能运维中扮演着关键角色，它涉及选择适当的存储类型、设计高效的存储架构、制定备份与恢复策略、确保数据安全与隐私、优化数据管理以及提高数据访问和检索的效率。通过综合考虑这些因素，企业可以建立一个可靠、高效的数据存储系统，支持智能运维的各种需求。

5.2.1 数据存储类型

在智能运维和现代数据管理中，数据存储类型的选择是关键，因为不同类型的存储系统在性能、扩展性和功能上各有优劣。以下是主要的数据存储类型。

1. 关系数据库（RDBMS）

关系数据库（如 MySQL、PostgreSQL 和 Oracle）广泛用于存储结构化数据。这些数据库通过表格形式组织数据，数据以行和列的形式存储在表中，表与表之间通过外键建立关联。它们支持复杂的查询、事务处理和数据一致性，适合存储配置数据、用户信息、历史记录等。关系数据库的优势在于其成熟的技术和强大的数据完整性保障，但在处理大规模数据或高并发情况下，可能需要额外的优化和扩展措施。

2. 非关系数据库（NoSQL）

非关系数据库（如 MongoDB、Cassandra、Redis）适合存储非结构化或半结构化数据，这些数据库提供灵活的数据模型，包括文档型、列族型、键值型和图形型，能够处理大量的、不断变化的数据，设计用于分布式存储和计算，具有高扩展性和高可用性。它们特别适合处理日志数据、实时流数据和大规模的 Web 数据。NoSQL 数据库的主要优点在于其灵活性和扩展能力，但在保证数据一致性方面可能需要额外的配置和管理。

3. 时序数据库

时序数据库（如 InfluxDB、Prometheus）专门设计用于处理时间序列数据，即随时间变化的数据点。这类数据库能够高效地处理时间戳和相应的数值数据，适合存储和查询监控数据和性能指标。这些数据库优化了时间序列数据的写入和查询性能，支持高频率的数据更新和复杂的时间序列分析。时序数据库的优势在于其对时间序列数据的高效处理能力和内置的数据压缩机制。

4. 数据仓库

数据仓库用于大规模的数据分析和汇总，适合处理海量的数据集合。数据仓库通过优化的查询处理和数据存储机制，支持复杂的报表和数据分析需求。它们通常用于集中存储从多个数据源采集的数据，并支持大规模的查询和数据挖掘。

5.2.2 数据存储架构

数据存储架构决定了数据的组织、存取、扩展和管理方式。选择合适的数据存储架构对于保证系统的性能、可靠性和可扩展性至关重要。以下是主要的数据存储架构。

1. 本地存储

本地存储是指将数据存储在企业内部的物理服务器上。它提供较高的数据安全性和控制能力，但在扩展性和灵活性方面可能受到限制，适用于对数据隐私和安全要求极高的环境，但需要进行适当的维护和升级。

2. 分布式存储

分布式存储系统（如 Hadoop HDFS、Apache Cassandra）通过将数据分布在多个结点上来提高数据的可用性和扩展性。这种架构可以处理大规模的数据，并支持高并发的数据访问需求。分布式存储系统的优势在于其高容错性和横向扩展能力，但需要复杂的管理和配置。

3. 云存储

云存储提供了弹性扩展和高可用性，适合处理大规模的数据存储和备份需求。云存储服务按需计费，允许按需扩展存储容量。其主要优势是灵活性和无须管理物理硬件，但需要考虑数据传输和存储成本，以及依赖第三方服务提供商的风险。

5.2.3 数据备份与恢复

数据备份与恢复是确保数据安全性、可靠性和业务连续性的关键环节。有效的备份与恢复策略能够在数据丢失、系统故障或其他灾难事件中保护重要数据，保障业务正常运行。

1. 数据备份

数据备份是指将原始数据复制到备份存储介质中，以便在数据丢失或损坏时进行恢复。备份可以是定期的，也可以是实时的，这取决于业务需求和数据变化频率。定期备份策略包括全备份、增量备份和差异备份。全备份是对整个数据集的备份，增量备份和差异备份则只备份自上次备份以来发生变化的数据。定期备份能够确保数据在发生故障时能够恢复，备份频率和策略应根据数据的重要性和变化频率来制定。

2. 数据恢复

数据恢复是指在数据丢失、损坏或系统故障后，通过从备份或其他恢复点将数据恢复到正常状态的过程。该过程包括确定恢复需求（如恢复单个文件或整个系统）、选择适当的备份版本、将数据从备份中还原到原始或新位置，并验证恢复数据的完整性和可用性。恢复通常需要使用备份软件、虚拟化技术或快照技术等工具。有效的数据恢复策略能够最小化业务中断和数据丢失带来的影响。

5.2.4 数据安全

数据安全是保护数据不受未授权访问、篡改、丢失或损坏的关键措施。确保数据安全需要从多个方面进行综合管理，以保障数据的机密性、完整性和可用性。

1. 数据加密

数据加密是保护存储数据的首要措施，通过将数据转换为只有授权人员才能解密的格式，防止未授权访问。加密可以在数据存储时（静态数据加密）或传输过程中（传输数据加密）进行。有效的加密技术包括对称加密和非对称加密，确保即使数据介质被盗或泄露，数据内容也无法被读取。

2. 访问控制

实施严格的访问控制和身份验证措施，确保只有经过授权的用户和系统能够访问数据。访问控制机制包括基于角色的访问控制和基于属性的访问控制，用于管理用户权限和数据访问级别。身份验证技术，如多因素认证，增加了额外的安全层级，防止未授权用户获取数据访问权限。

3. 合规性

确保数据存储和管理符合相关的数据保护法规和标准，这些法规规定了数据的收集、存储、处理和保护要求，帮助企业在保护数据隐私的同时，避免法律风险和合规问题。

5.2.5 数据管理与优化

数据管理与优化是确保数据高效存储、快速访问和合理利用的关键过程。这些过程包括数据组织、性能优化、存储成本控制以及确保数据的一致性和可用性。

1. 数据归档

数据归档是将不再频繁访问但仍需保留的数据转移到长期存储介质中的过程。这些数据通常被移动到成本较低的存储设备或云存储中，如磁带库或低频访问云存储。归档策略需要考虑数据的生命周期和法律合规要求，确保数据在长期存储期间仍然可以方便地检索。归档不仅能释放主要存储资源，还能减少对高性能存储系统的压力，从而降低总体存储成本。

2. 数据清理

数据清理是定期删除或移除不再需要的数据，以保持存储系统的整洁和高效。这包括清除过时的日志文件、临时文件和重复数据。有效的数据清理策略涉及建立数据保留政策，自动化清理流程，并进行数据去重，以减少存储冗余。通过定期清理数据，可以降低存储需求，提升存储系统的性能，并降低数据管理的复杂性。

3. 性能监控

性能监控是确保数据存储系统运行高效的关键环节。通过实时监控存储系统的性能指标，如读写速度、延迟、存储使用率和故障率，能够及时识别和解决潜在的性能瓶颈。性能监控工具可以提供详细的报告和分析，帮助优化存储配置，调整数据分层策略，并进行负载均衡。定期审查和调整存储性能设置，有助于维持系统的响应速度和稳定性，确保满足业务需求。

5.2.6 数据访问与检索

数据访问与检索是确保用户能够高效、准确地获取所需信息的关键过程。这些过程包括数据检索技术、优化数据访问性能的策略以及保证数据访问的安全性和一致性。

1. 数据检索技术

数据检索技术是实现快速和准确的数据访问的基础。传统的关系数据库通过结构化查询语言（SQL）实现数据检索，通过索引优化查询性能，提升数据访问速度。对于非结构化数据和大数据环境，全文检索引擎（如 Elasticsearch）和图数据库（如 Neo4j）提供了高效的检索能力，能够处理复杂的查询和关系分析。这些检索技术通过创建索引、数据分片和分布式查询等方式，提高数据检索的效率和灵活性。

2. 优化数据访问性能

优化数据访问性能涉及多个策略和技术。数据分层存储是一种常见的优化方法，它将数据根据访问频率存储在不同层级的存储介质上，例如将热数据存储在高速 SSD 上，将冷数据存储在低成本 HDD 或云存储中。缓存技术也是提升数据访问性能的重要手段，通过在内存中缓存经常访问的数据，减少对磁盘的读取操作，从而加快数据访问速度。此外，负载均衡技术通过均匀分配请求负载，防止单一存储结点的过载，提高系统的整体性能和响应速度。

3. 数据一致性与并发控制

在多用户环境下，数据一致性和并发控制是确保数据准确性的关键。数据一致性管理通过事务处理机制（如 ACID 特性）确保数据操作的一致性和完整性。当多个用户同时访问和修改数据时，并发控制技术（如锁机制）防止数据冲突和竞争条件。通过这些机制，系统能够在并发访问场景下保持数据的正确性和一致性。

4. 数据访问的可扩展性

随着数据量和用户访问量的增加，数据存储系统的可扩展性变得尤为重要。系统设计需要支持水平扩展和纵向扩展，以应对不断增长的存储需求和访问负载。分布式存储系统和分布式数据库通过横向扩展增加结点，以处理更大规模的数据和更高的并发请求，而纵向扩展通过增加单个结点的资源（如 CPU、内存）来提升性能。

第6章

数据预处理

在智能运维中，数据预处理如同"数据炼金师"，将杂乱无章的原始运维数据转换为高质量、结构化的信息，对提升模型准确性、系统实时性以及运维自动化水平具有直接影响。没有有效的数据预处理，即便是最先进的算法也可能无法发挥其应有的效能。因此，在 AIOps 的实际应用中，数据预处理是不可或缺的一环。

数据预处理通过去噪、缺失值填补和异常检测等手段，清除运维数据中的错误与冗余信息，确保分析结果的准确性和可靠性，从而避免了"垃圾数据输入导致垃圾结果输出"的困境。此外，通过标准化、时间对齐以及文本结构化处理，解决了来自不同源的数据（如日志文件、性能指标、告警信息等）之间的格式差异问题，使得多维度关联分析成为可能，为故障诊断提供了全面的上下文支持。进一步地，通过提取关键特征（例如日志中的错误模式、时序数据的趋势）、压缩数据维度或构建统计指标，将原始数据转换成更适合模型理解的高效输入形式，直接提升了故障预测和根因分析的精确度。

数据预处理涉及多个方面的工作，包括但不限于数据清洗、数据集成、数据转换、离散化处理以及特征选择等。接下来将详细探讨数据预处理的主要过程，并使用 Python 编程语言提供相应的示例代码来加以说明。

6.1 数据清洗

数据清洗是数据预处理中的关键步骤，旨在识别和修正数据中的错误、不一致或不完整之处，以确保数据质量和分析结果的可靠性。数据清洗的过程包括处理缺失值、去除重复记录、纠正数据错误和标准化数据格式。有效的数据清洗能够提高数据的准确性和一致性，为后续的数据分析和建模奠定坚实的基础。

6.1.1 处理缺失值

缺失值是指在数据集中某些字段没有被填充或记录的情况。处理缺失值的方法包括删除缺失值、填补缺失值或通过模型预测缺失值。填补缺失值的常见方法有均值填补、中位数填补和使用预测模型填补。下面结合示例说明删除、填补缺失值和使用模型预测缺失值等处理缺失值的方法和过程，示例文件为 demo/code/chapter6/missing_process.py。

1. 示例背景

假设我们需要处理一个服务器集群的监控数据，这些数据可能因为网络抖动、采集代理故障或存储问题导致部分缺失，模拟数据的生成如示例 6-1 所示。

【示例 6-1】生成模拟的服务器监控数据

```
import pandas as pd
import numpy as np
import matplotlib.pyplot as plt
from sklearn.impute import IterativeImputer, KNNImputer
from sklearn.ensemble import RandomForestRegressor
import seaborn as sns

# 设置 Matplotlib 中文字体
plt.rcParams['font.sans-serif'] = ['SimHei']  # Windows 系统
plt.rcParams['axes.unicode_minus'] = False

# 设置随机种子保证可重复性
np.random.seed(2023)
```

1. 生成模拟的运维数据
```python
def generate_ops_data(num_samples=720):  # 30 天即 720 小时
    # 生成时间序列
    timestamps = pd.date_range("2023-01-01", periods=num_samples, freq="30min")

    # 基础指标生成（存在相关性）
    base = np.sin(np.linspace(0, 10*np.pi, num_samples)) * 20  # 基础周期模式

    # CPU 使用率（与基础指标强相关）
    cpu = np.clip(base + np.random.normal(0, 5, num_samples) + 50, 0, 100)

    # 内存占用（与 CPU 中等相关）
    memory = np.clip(base*0.7 + np.random.normal(0, 8, num_samples) + 40, 0, 100)

    # 网络流量 MB/s（有自己的周期模式）
    network = np.abs(np.sin(np.linspace(0, 8*np.pi, num_samples))) * 50 + np.random.normal(0, 10, num_samples) + 30)

    # 磁盘 I/O KB/s（与 CPU 弱相关）
    disk_io = np.clip(base*0.3 + np.random.normal(0, 12, num_samples) + 100, 0, 500)

    # 创建 DataFrame
    df = pd.DataFrame({
        "timestamp": timestamps,
        "cpu_usage": cpu,
        "memory_usage": memory,
        "network_throughput": network,
        "disk_io": disk_io
```

```python
    }).set_index("timestamp")

    # 添加随机缺失值（不同指标不同缺失率）
    for col, p in zip(df.columns,[0.1, 0.15, 0.2, 0.05]): # 各列缺失率
        mask = np.random.choice([True, False], size=num_samples, p=[p, 1-p])
        df.loc[mask, col] = np.nan

    return df

# 生成数据
ops_df = generate_ops_data()
print("原始数据示例（前5行）：")
print(ops_df.head())

## 2. 数据探索与缺失分析
print("\n缺失值统计：")
print(ops_df.isna().sum())

# 可视化缺失模式
plt.figure(figsize=(12, 6))
sns.heatmap(ops_df.isna(), cbar=False, cmap="viridis")
plt.title("缺失值分布热力图")
plt.show()

# 各指标分布可视化
ops_df.hist(bins=30, figsize=(12, 8))
plt.suptitle("各指标值分布")
plt.tight_layout()
plt.show()
```

代码解释：

以上代码模拟了4个存在相关性的运维指标：

- cpu_usage: CPU使用率（0~100%）。

- memory_usage: 内存使用率（0~100%）。
- network_throughput: 网络吞吐量（MB/s）。
- disk_io: 磁盘 I/O（KB/s）。

运行示例 6-1，图 6-1 显示了前 5 行的原始数据和缺失值统计情况，其中 NaN 为缺失值。图 6-2 为原始数据缺失分布的热力图，图 6-3 为原始数据各指标的分布图。

```
原始数据示例（前5行）：
                     cpu_usage   memory_usage   network_throughput   disk_io
timestamp
2023-01-01 00:00:00   53.558368     29.405169            16.334895   89.145719
2023-01-01 00:30:00   49.251176     27.318747                  NaN  108.880503
2023-01-01 01:00:00   46.736180     34.259911            20.887412  106.236895
2023-01-01 01:30:00   53.795388     40.796269                  NaN   89.394433
2023-01-01 02:00:00   52.966945     37.580081            45.985033   73.187243

缺失值统计：
cpu_usage              74
memory_usage          100
network_throughput    141
disk_io                33
dtype: int64
```

图 6-1　原始服务器集群的监控数据

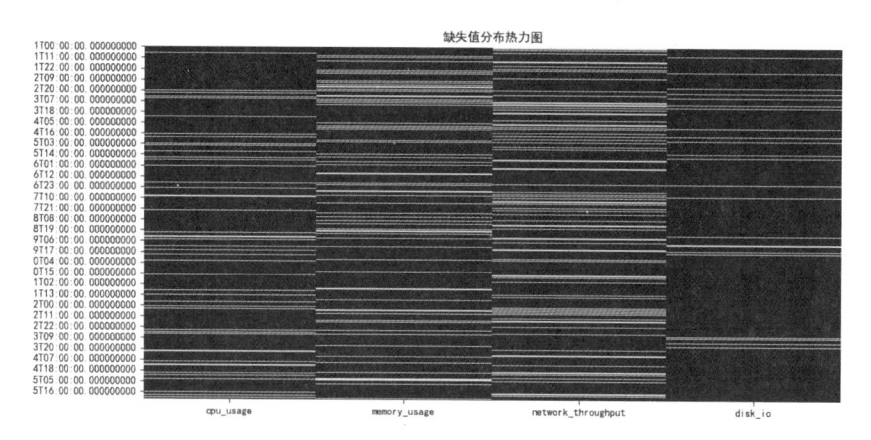

图 6-2　原始数据缺失分布的热力图

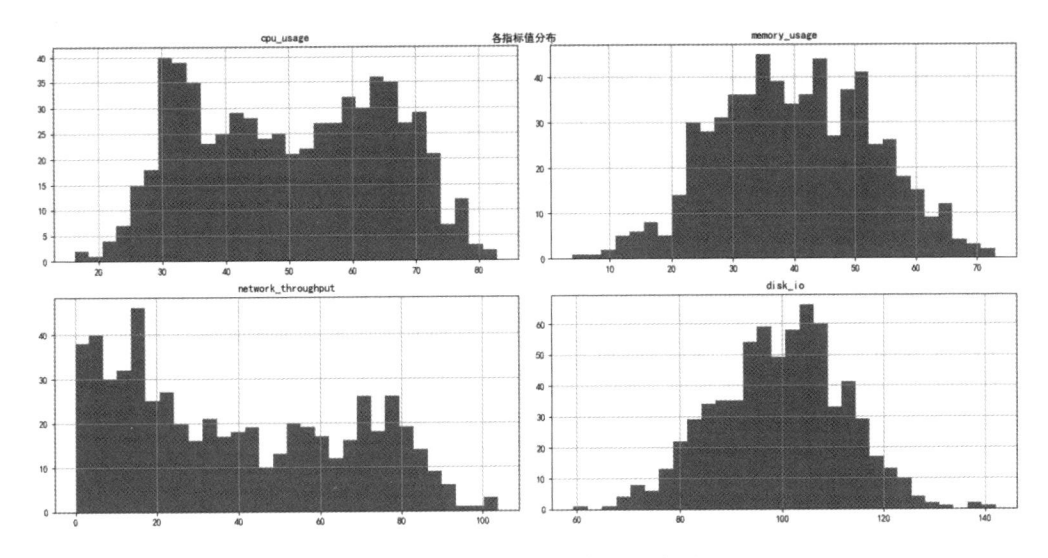

图 6-3　原始数据各指标的分布图

2. 处理缺失值的方法

针对示例 6-1 生成的模拟数据，示例 6-2 显示了处理缺失值的具体过程和处理后的统计情况，分别使用以下 5 种方法处理缺失值：

- 简单删除：直接删除含有缺失值的整行记录。这是最直接的处理方式，实现简单且计算效率高，适合数据缺失率较低（<5%）的场景。但该方法会减少样本量，当缺失数据包含重要信息时，可能导致分析结果出现偏差。
- 均值/中位数填充：根据数据分布特征选择填充策略，对于对称分布数据使用均值填充，偏态分布数据则采用中位数填充。这种方法能有效保持数据的整体统计特性，适用于各指标独立分析的场景。但会忽略时间序列特征和变量间的相关性，可能影响后续的时序分析和多变量建模。
- 前后填充：采用前向填充（用前一个有效值填充）和后向填充（用后一个有效值填充）相结合的方式。这种方法特别适合具有时间连续性的监控数据，能最大限度保留原始数据的波动特征。但需要注意可能存在的异常值传播问题，建议在填充后增加异常检测步骤。
- KNN 填充：基于 K-近邻算法，利用最相似的完整记录来估算缺失值。这种方法充分考虑了多维指标间的关联关系，适合具有强相关性的监控指标（如 CPU 与内存使用率）。实施时需先对数据进行标准化处理，且计算复杂度随数据量增加而显著提升。

- 随机森林填充：通过迭代建模的方式，使用随机森林等机器学习算法预测缺失值。这种方法能捕捉复杂的非线性关系，对存在交互作用的多维监控数据效果显著。但需要消耗大量计算资源，建议在关键业务指标分析等场景使用。

【示例6-2】缺失值处理

```
### 方法1：简单删除
def simple_drop(df):
    """直接删除含有缺失值的行"""
    return df.dropna()


### 方法2：均值/中位数填充
def mean_median_impute(df):
    """数值列用均值/中位数填充"""
    df_filled = df.copy()
    for col in df.columns:
        if df[col].dtype in ['float64', 'int64']:
            # 根据数据分布选择填充方式
            if abs(df[col].skew()) > 1:  # 偏态明显用中位数
                df_filled[col] = df[col].fillna(df[col].median())
            else:
                df_filled[col] = df[col].fillna(df[col].mean())
    return df_filled


### 方法3：前向/后向填充
def forward_backward_fill(df):
    """时序数据的前后填充"""
    df_filled = df.copy()
    # 先尝试前向填充
    df_filled = df_filled.ffill()

    # 剩余缺失用后向填充
    df_filled = df_filled.bfill()
    return df_filled
```

```python
## 方法4：KNN 填充
def knn_imputation(df, n_neighbors=5):
    """基于最近邻的多变量填充"""
    imputer = KNNImputer(n_neighbors=n_neighbors)
    df_filled = pd.DataFrame(
        imputer.fit_transform(df),
        columns=df.columns,
        index=df.index
    )
    return df_filled

### 方法5：随机森林填充（MICE 算法）
def rf_imputation(df):
    """基于随机森林的迭代填充"""
    imputer = IterativeImputer(
        estimator=RandomForestRegressor(n_estimators=100),
        max_iter=20,
        random_state=42
    )
    df_filled = pd.DataFrame(
        imputer.fit_transform(df),
        columns=df.columns,
        index=df.index
    )
    return df_filled

## 应用各种处理方法
methods = {
    "原始数据": ops_df,
    "简单删除": simple_drop(ops_df),
    "均值中位数填充": mean_median_impute(ops_df),
    "前后填充": forward_backward_fill(ops_df),
    "KNN 填充": knn_imputation(ops_df),
    "随机森林填充": rf_imputation(ops_df)
```

```
}

# 结果评估与可视化
# 计算各方法填充后的统计量
results = {}
for name, df in methods.items():
    results[name] = {
        "剩余行数": len(df),
        "CPU 均值": df["cpu_usage"].mean(),
        "内存标准差": df["memory_usage"].std(),
        "网络中位数": df["network_throughput"].median(),
        "磁盘 I/O 最大值": df["disk_io"].max()
    }

# 转换为 DataFrame 便于比较
results_df = pd.DataFrame(results).T
print("\n 各方法处理结果统计：")
print(results_df)

# 可视化 CPU 数据的填充效果
plt.figure(figsize=(14, 8))
plt.plot(ops_df.index, ops_df["cpu_usage"], 'ko', alpha=0.3, label="原始缺失点")

# 为每种方法定义不同的线条样式和标记
line_styles = ['-', '--', '-.', ':', '-', '--']
markers = ['o', 's', '^', 'D', 'v', 'p']
colors = ['b', 'g', 'r', 'c', 'm', 'y']

for i, (name, df) in enumerate(methods.items()):
    if name != "原始数据":
        plt.plot(df.index, df["cpu_usage"],
                 linestyle=line_styles[i],
                 linewidth=1.5,
```

```
                marker=markers[i],
                markersize=4,
                color=colors[i],
                markevery=30,  # 每隔 30 个点显示一个标记
                label=name)

plt.title("不同缺失值处理方法对比（CPU 使用率）")
plt.xlabel("时间")
plt.ylabel("CPU 使用率(%)")
plt.legend()
plt.grid(True)
plt.show()

# 相关性变化对比
fig, axes = plt.subplots(2, 3, figsize=(18, 10))
axes = axes.flatten()
for i, (name, df) in enumerate(methods.items()):
    sns.heatmap(df.corr(), annot=True, ax=axes[i], vmin=-1, vmax=1, cmap="coolwarm")
    axes[i].set_title(f"{name}\n 特征相关性")
plt.tight_layout()
plt.show()
```

代码解释：

1）简单删除法

- 技术要点：直接调用 pandas.DataFrame.dropna() 删除含缺失值的行。
- 关键参数：默认 how='any'（行中任一列缺失即删除）。

2）均值/中位数填充

- 自动根据数据分布选择填充策略。

3）前后填充法

- ffill()：前向填充。

- bfill()：后向填充。

4）KNN 填充

- 自动标准化各特征。
- 计算样本间的距离。
- 用最近邻的加权平均值填充。

5）随机森林填充

- 用初始猜测（如均值）填充缺失值。
- 轮流用其他特征预测每个缺失特征。
- 重复直到收敛（默认 tol=1e-3）。

6）统计量对比

- 使用不同统计量反映各指标特性（CPU 使用均值，网络吞吐量使用中位数）。
- 保留行数反映数据利用率。

7）时间序列对比图

- 用不同线型区分方法。
- 黑色圆点标记原始缺失位置。

8）相关性热力图

- 使用冷热色系突出相关性强度。
- 保留两位小数精确显示。

运行示例 6-2，结果如图 6-4 所示，图中显示了各种缺失值处理方法的处理结果。简单删除方法处理后数据行数减少了约 40%，表明原始数据中存在相当比例的缺失值，其他 4 种填充方法都保持了原始数据量，通过不同的插补策略填补了缺失值。均值/中位数填充方法虽然准确保持了原始数据的均值，但标准差略有降低，这表明填充值在一定程度上平滑了数据波动。前后填充方法导致标准差轻微增大，可能是由于连续填充操作放大了某些异常值的影响。KNN 和随机森林这两种基于机器学习的填充方法，其处理后的各项统计指标与原始数据最为接近，说明它们能更好地保持数据的多维关系。所有处理方法最终得到的磁盘 I/O 最大值都与原始数据非常接近，证明这些方法都没有因为填充操作而引入极端的异常值。

```
各方法处理结果统计：
            剩余行数    CPU均值      内存标准差     网络中位数    磁盘I/O最大值
原始数据      720.0   50.201991   12.787659   33.624843   142.027219
简单删除      429.0   50.747557   12.768176   31.596620   138.340996
均值中位数填充  720.0   50.201991   11.865114   38.830795   142.027219
前后填充      720.0   50.062076   12.766329   32.164351   142.027219
KNN填充      720.0   50.267299   12.190606   38.057351   142.027219
随机森林填充   720.0   50.123874   12.447339   36.508022   142.027219
```

图 6-4　各方法处理结果统计

图 6-5 显示了不同缺失值处理方法的 CPU 指标填充效果，原始数据中的缺失点（以黑色圆点标示）在时间序列上呈现随机分布状态。简单删除法处理后的数据曲线出现明显间断，所有包含缺失值的时间段都被完整移除，导致时间序列不连续。均值填充法处理后的数据在缺失位置呈现水平直线，这种处理方式虽然简单，但破坏了时间序列原有的波动特征。前后填充法处理后的数据形成阶梯状的连续曲线，虽然保持了时间连续性，但这种处理方式可能掩盖了实际的波动情况。KNN 和随机森林这两种高级填充方法处理后的数据表现最佳，填充值与相邻数据的趋势保持高度一致，完整保留了时间序列的自然波动形态。

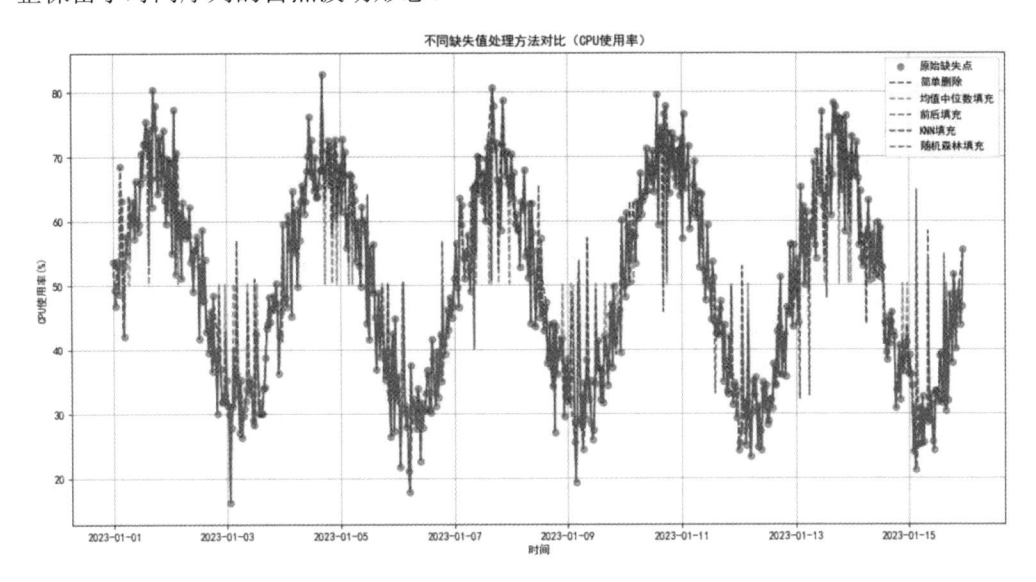

图 6-5　不同缺失值处理方法的可视化对比

图 6-6 显示了各方法处理后的变量相关性。可以看出，随机森林填充方法处理后，

相关性最接近原始数据,说明其捕捉变量关系的能力最强;均值中位数填充方法处理后,相关性降低最明显,因单变量填充忽略了多维关联。

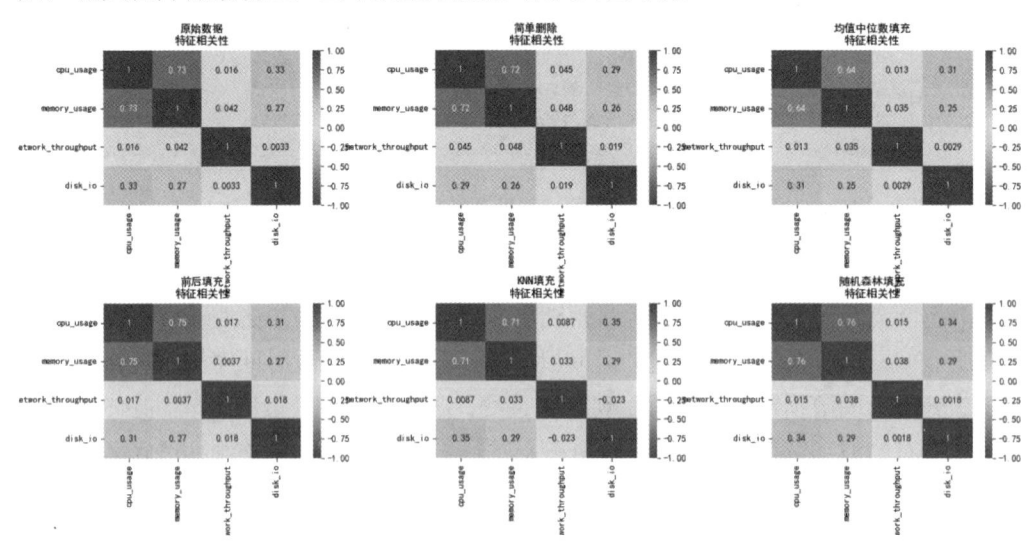

图 6-6　缺失值处理后的特征相关性

6.1.2　去除重复记录

重复记录是指数据集中存在的多条相同的记录。去除重复记录可以减少数据冗余,保证数据的唯一性。通常通过识别唯一标识符来进行去重处理。在运维工作中,经常需要分析服务器访问日志。示例 6-3 首先生成模拟的 Web 服务器访问日志数据,然后进行 IP 去重,示例文件为 demo/code/chapter6/drop_duplicates.py。

【示例 6-3】去除重复记录

```
import re
import random
from collections import defaultdict
from datetime import datetime, timedelta

def generate_fake_ips(num_ips=50, num_requests=1000):
    """
    生成模拟 IP 地址和访问日志
```

```
:param num_ips: 要生成的独立 IP 数量
:param num_requests: 要生成的总请求数
:return: (IP 列表, 日志条目列表)
"""
# 生成基础 IP 池
base_ips = [f"192.168.{random.randint(0, 255)}.{random.randint(1, 254)}" for _ in range(num_ips)]

# 添加一些公共 IP 和特殊 IP
special_ips = [
    "127.0.0.1",
    "10.0.0.1",
    "172.16.0.1",
    "8.8.8.8",
    "1.1.1.1"
]
ip_pool = base_ips + special_ips

# 生成请求时间范围（最近 30 天）
end_time = datetime.now()
start_time = end_time - timedelta(days=30)

# 生成日志条目
log_entries = []
ips = []
for _ in range(num_requests):
    ip = random.choice(ip_pool)
    ips.append(ip)

    # 生成随机时间戳
    time_diff = end_time - start_time
    random_seconds = random.randint(0, int(time_diff.total_seconds()))
    timestamp = start_time + timedelta(seconds=random_seconds)
```

```python
        # 生成随机 HTTP 方法、路径和状态码
        methods = ["GET", "POST", "PUT", "DELETE", "HEAD"]
        paths = ["/", "/index.html", "/api/data", "/images/logo.png", "/static/style.css"]
        status_codes = [200, 301, 404, 500, 302]

        log_entry = (
            f"{ip} - - [{timestamp.strftime('%d/%b/%Y:%H:%M:%S +0000')}] "
            f"\"{random.choice(methods)} {random.choice(paths)} HTTP/1.1\" "
            f"{random.choice(status_codes)} {random.randint(100, 5000)}"
        )
        log_entries.append(log_entry)

    return ips, log_entries

def save_log_to_file(log_entries, filename):
    """
    将日志保存到文件
    :param log_entries: 日志条目列表
    :param filename: 要保存的文件名
    """
    with open(filename, 'w') as f:
        f.write("\n".join(log_entries))
    print(f"已生成模拟日志文件：{filename} （共 {len(log_entries)} 条记录)")

def extract_ips_from_log(log_file):
    """
    从日志文件中提取 IP 地址
    :param log_file: 日志文件路径
```

```python
    :return: IP 地址列表
    """
    ip_pattern = r'\d{1,3}\.\d{1,3}\.\d{1,3}\.\d{1,3}'
    ips = []

    try:
        with open(log_file, 'r') as f:
            for line in f:
                match = re.search(ip_pattern, line)
                if match:
                    ips.append(match.group())
    except FileNotFoundError:
        print(f"错误：文件 {log_file} 未找到")
        return []

    return ips

def remove_duplicates(ip_list):
    """
    去除重复 IP 并统计出现次数
    :param ip_list: 包含重复 IP 的列表
    :return: (唯一 IP 列表, {IP: 出现次数}字典)
    """
    ip_count = defaultdict(int)
    for ip in ip_list:
        ip_count[ip] += 1

    unique_ips = list(ip_count.keys())
    return unique_ips, ip_count

def analyze_ips(log_file, output_file=None):
    """
    分析日志文件中的 IP 地址
    :param log_file: 输入日志文件
```

```python
    :param output_file: 结果输出文件(可选)
    """
    print(f"正在分析日志文件: {log_file}")
    ips = extract_ips_from_log(log_file)

    if not ips:
        print("未提取到任何 IP 地址")
        return

    unique_ips, ip_count = remove_duplicates(ips)

    print(f"\n 分析结果:")
    print(f"总请求数: {len(ips)}")
    print(f"独立 IP 数量: {len(unique_ips)}")
    print("\n 出现次数最多的 10 个 IP:")
    sorted_ips = sorted(ip_count.items(), key=lambda x: x[1], reverse=True)
    for ip, count in sorted_ips[:10]:
        print(f"{ip}: {count}次")

    if output_file:
        with open(output_file, 'w') as f:
            f.write("独立 IP 列表:\n")
            f.write("\n".join(sorted(unique_ips)))
        print(f"\n 结果已保存到: {output_file}")

def main():
    # 生成模拟数据
    print("正在生成模拟日志数据...")
    ips, log_entries = generate_fake_ips(num_ips=50, num_requests=2000)
    log_file = "data/simulated_access.log"
    save_log_to_file(log_entries, log_file)
```

```python
    # 分析生成的日志文件
    output_file = "data/unique_ips.txt"
    analyze_ips(log_file, output_file)

    # 显示一些统计信息
    print("\n模拟数据统计:")
    print(f"生成的独立 IP 数量: {len(set(ips))}")
    print(f"生成的重复 IP 率: {(1 - len(set(ips))/len(ips))*100:.2f}%")

if __name__ == "__main__":
    main()
```

代码解释：

（1）generate_fake_ips 函数：生成指定数量的随机 IP 地址（包括一些特殊 IP），为每个请求生成合理的日志条目，包含：

- 随机 IP 地址。
- 随机时间戳（分布在最近 30 天内）。
- 随机 HTTP 方法、路径和状态码。
- 随机响应大小。

（2）save_log_to_file 函数：将生成的模拟日志保存到文件，格式类似于常见的 Nginx/Apache 访问日志。

（3）extract_ips_from_log 函数：使用正则表达式从每行日志中提取 IP 地址，返回包含所有 IP 地址的列表（可能有重复）。

（4）remove_duplicates 函数：使用 defaultdict 统计每个 IP 的出现次数，返回唯一 IP 列表和 IP 计数字典。

（5）analyze_ips 函数：整合整个分析流程，输出统计信息和前 10 个最活跃 IP，可以选择将结果保存到文件中。

示例 6-3 的运行结果如下：

```
正在生成模拟日志数据...
已生成模拟日志文件: data/simulated_access.log（共 2000 条记录）
正在分析日志文件: data/simulated_access.log
```

分析结果：

总请求数：2000

独立 IP 数量：55

出现次数最多的 10 个 IP：

1.1.1.1: 50 次

192.168.191.56: 48 次

192.168.134.164: 47 次

192.168.127.235: 47 次

192.168.108.168: 47 次

172.16.0.1: 45 次

192.168.95.230: 43 次

192.168.109.128: 43 次

192.168.167.214: 42 次

192.168.176.70: 42 次

结果已保存到：data/unique_ips.txt

模拟数据统计：

生成的独立 IP 数量：55

生成的重复 IP 率：97.25%

6.2　数据集成

　　数据集成与合并是将来自不同数据源的信息整合到一个统一的数据集中。这一过程旨在提供一个全面的视图，支持跨系统的数据分析和决策。

　　数据集成通常涉及从多个源系统中提取数据，如监控系统、日志管理系统、配置管理数据库等。通过确定公共字段（如时间戳、设备 ID 等），可以使用合并操作将这些数据源结合起来。常用的合并方法有使用 SQL JOIN 操作、Pandas 库中的 merge() 函数或者专门的 ETL 工具。合并后，数据需要经过清洗，包括处理缺失值、删除重复记录、格式化数据等，以确保数据的准确性和一致性。

在进行数据集成时，必须注意数据的质量和一致性。不同数据源中的字段可能存在不同的命名、格式或单位，因此在合并前需要进行标准化和转换。此外，还需处理好数据的时间同步问题，确保不同源的数据在时间轴上能够对齐。同时，要防范数据丢失或误合并的风险，尤其是在处理大规模数据时。最终，集成后的数据需要经过验证，确保其完整性和可靠性，以支持后续的数据分析和业务决策。

6.3 数据转换

数据转换是数据预处理中的关键步骤，用于将数据从原始格式转换为适合分析和建模的形式。这一过程能够提高数据质量，确保不同来源或格式的数据在分析时具有一致性和可比性。数据转换通常包括多种技术和方法，例如单位转换、标准化、格式化、归一化以及特征编码等。下面以传感器数据为例，详细介绍数据转换的方法和过程，如示例 6-4 所示，示例文件为 demo/code/chapter6/Data_transformation.py。

1. 示例背景

运维团队需要处理来自不同系统的监控数据，这些数据可能存在以下问题：

- 单位不统一：存储容量单位有 GB、MB、KB，时间单位有毫秒（ms）、秒（s）、纳秒（ns）。
- 格式不一致：时间戳格式有 UNIX 时间戳、ISO8601 等多种格式。
- 标准化缺失：状态码存在数字（如 200）和文本（如"success"）混用的情况。

2. 数据转换

具体数据转换如下：

- 单位转换：将所有容量统一为 GB，时间统一为秒。
- 时间标准化：转换为 UTC 时区的 ISO8601 格式。
- 状态码规范化：统一为 HTTP 状态码数字。
- 数据格式化：输出为结构化的 JSON 格式文件。

【示例 6-4】数据转换

```
import re
```

```python
import json
from datetime import datetime
import pytz
from enum import Enum

# 示例原始数据
raw_data = [
    '{"host": "server1", "disk_usage": "500GB", "response_time": "120ms", "timestamp": 1678923456, "status": "success"}',
    '{"host": "server2", "disk_usage": "250000MB", "response_time": "0.45", "timestamp": "2023-03-15T12:30:45+08:00", "status": 200}',
    '{"host": "server3", "disk_usage": "1000000KB", "response_time": "1.2s", "timestamp": "15/Mar/2023:12:30:45", "status": "error"}'
]

class StatusCode(Enum):
    SUCCESS = 200
    ERROR = 500
    UNKNOWN = 0

def convert_size_to_gb(size_str):
    """将存储容量统一转换为GB"""
    size_str = str(size_str).upper()
    if 'GB' in size_str:
        return float(size_str.replace('GB', ''))
    elif 'MB' in size_str:
        return float(size_str.replace('MB', '')) / 1024
    elif 'KB' in size_str:
        return float(size_str.replace('KB', '')) / (1024 * 1024)
    else:  # 无单位假定为GB
        return float(size_str)

def convert_time_to_seconds(time_str):
    """将时间统一转换为秒"""
```

```python
        time_str = str(time_str).lower()
        if 'ms' in time_str:
            return float(time_str.replace('ms', '')) / 1000
        elif 's' in time_str:
            return float(time_str.replace('s', ''))
        elif 'ns' in time_str:
            return float(time_str.replace('ns', '')) / 1e9
        else:  # 无单位假定为秒
            return float(time_str)

    def standardize_timestamp(timestamp):
        """标准化时间戳为 UTC ISO8601 格式"""
        if isinstance(timestamp, (int, float)):
            return datetime.fromtimestamp(timestamp, pytz.utc).isoformat()
        elif 'T' in str(timestamp):
            dt = datetime.fromisoformat(str(timestamp))
            if dt.tzinfo is None:
                dt = pytz.utc.localize(dt)
            else:
                dt = dt.astimezone(pytz.utc)
            return dt.isoformat()
        elif '/' in str(timestamp):
            dt = datetime.strptime(str(timestamp), '%d/%b/%Y:%H:%M:%S')
            dt = pytz.timezone('Asia/Shanghai').localize(dt).astimezone(pytz.utc)
            return dt.isoformat()
        return None

    def standardize_status(status):
        """标准化状态码"""
        status = str(status).lower()
        if status in ('success', 'ok', '200'):
            return StatusCode.SUCCESS.value
```

```python
        elif status in ('error', 'fail', '500'):
            return StatusCode.ERROR.value
        elif status.isdigit():
            return int(status)
        return StatusCode.UNKNOWN.value

    def process_data_entry(entry):
        """处理单个数据条目"""
        try:
            data = json.loads(entry)
        except json.JSONDecodeError:
            print(f"无效 JSON 格式: {entry}")
            return None

        return {
            'host': data['host'],
            'disk_usage_gb': convert_size_to_gb(data['disk_usage']),
            'response_time_seconds':
    onvert_time_to_seconds(data['response_time']),
            'timestamp_utc': standardize_timestamp(data['timestamp']),
            'status_code': standardize_status(data['status'])
        }

    def analyze_processed_data(processed_data):
        """分析处理后的数据"""
        valid_data = [x for x in processed_data if x is not None]

        disk_usages = [x['disk_usage_gb'] for x in valid_data]
        response_times = [x['response_time_seconds'] for x in valid_data]
        status_codes = [x['status_code'] for x in valid_data]

        return {
            'total_entries': len(processed_data),
            'valid_entries': len(valid_data),
```

```python
            'avg_disk_usage': sum(disk_usages) / len(disk_usages) if disk_usages else None,
            'avg_response_time': sum(response_times) / len(response_times) if response_times else None,
            'status_distribution': {
                code: status_codes.count(code) for code in set(status_codes)
            }
        }

def main():
    print("原始数据示例:")
    for data in raw_data[:2]:
        print(data)

    print("\n正在处理数据...")
    processed_data = [process_data_entry(entry) for entry in raw_data]

    print("\n标准化后的数据示例:")
    for data in processed_data[:2]:
        print(json.dumps(data, indent=2))

    # 分析数据
    analysis = analyze_processed_data(processed_data)
    print("\n数据分析结果:")
    print(json.dumps(analysis, indent=2))

    # 保存结果
    with open('data\processed_data.json', 'w') as f:
        json.dump(processed_data, f, indent=2)
    print("\n结果已保存到 data\processed_data.json")

if __name__ == "__main__":
    main()
```

代码解释：

1) 单位转换函数

- convert_size_to_gb()：将存储容量单位从 GB、MB、KB 统一转换为 GB。
- convert_time_to_seconds()：将时间单位从毫秒（ms）、秒（s）、纳秒（ns）统一转换为秒。

2) 标准化函数

- standardize_timestamp()：处理多种时间戳格式，并统一为 UTC 时区的 ISO8601 格式。
- standardize_status()：统一状态码表示，使用枚举规范状态码。

3) 数据处理流程

- 使用 process_data_entry() 处理单个数据条目，应用所有转换规则。
- 保留原始数据以便追溯。
- 简化处理逻辑，不处理缺失值情况。

4) 数据分析

- 计算平均磁盘使用量和响应时间。
- 统计状态码分布。
- 输出数据质量报告。

运行示例 6-4，处理结果保存至 .\data\processed_data.json，控制台输出如下：

原始数据示例：
```
{"host": "server1", "disk_usage": "500GB", "response_time": "120ms", "timestamp": 1678923456, "status": "success"}
{"host": "server2", "disk_usage": "250000MB", "response_time": "0.45", "timestamp": "2023-03-15T12:30:45+08:00", "status": 200}
```

正在处理数据...

标准化后的数据示例：
```
{
  "host": "server1",
  "disk_usage_gb": 500.0,
```

```
    "response_time_seconds": 0.12,
    "timestamp_utc": "2023-03-15T23:37:36+00:00",
    "status_code": 200
  }
  {
    "host": "server2",
    "disk_usage_gb": 244.140625,
    "response_time_seconds": 0.45,
    "timestamp_utc": "2023-03-15T04:30:45+00:00",
    "status_code": 200
  }
```

数据分析结果：
```
{
  "total_entries": 3,
  "valid_entries": 3,
  "avg_disk_usage": 248.3647664388021,
  "avg_response_time": 0.59,
  "status_distribution": {
    "200": 2,
    "500": 1
  }
}
```

结果已保存到 data\processed_data.json

6.4 数据离散化

离散化是将连续变量转换为有限数量的离散类别，以简化数据处理和分析。通过将数据划分为若干区间或类别，离散化可以提高模型对数据的处理能力，尤其是对于某些只处理离散特征的算法，如决策树和朴素贝叶斯。此外，离散化还能减少异常值的影响，使数据分布更加均匀，从而提高模型的健壮性和预测性能。这种处理方式不仅使数据更符合模型的要求,还能在数据分布不均时提供更好的稳定性和解释性。

6.4.1 等距离散化

等距离散化是一种将连续数据分割成若干宽度相等的区间的离散化方法。这种方法的基本思路是:将数据的范围按照固定的宽度划分成多个区间,每个区间的宽度相同,从而将连续特征转换为离散特征。等距离散化的实现过程包括确定数据的最小值和最大值,选择将数据分割成多少个区间,然后计算每个区间的宽度,并根据这些宽度将数据点分配到相应的区间中。

等距离散化的一般实现过程如下:

(1)确定数据范围:即数据的最大值减去最小值。

(2)选择区间数量:决定将数据分成多少个区间。区间的数量取决于具体问题和需求,一般是通过经验或实验确定的。

(3)计算区间宽度:根据数据的范围和区间数量计算每个区间的宽度。区间宽度为数据范围除以区间数量。

(4)定义区间边界:根据计算得到的区间宽度,定义每个区间的边界。这些边界用于将数据划分到不同的区间中。

(5)将数据分配到区间:根据区间边界将每个数据点分配到相应的区间。通常,可以使用离散化函数来实现这一点,如 NumPy 的 digitize 函数。

(6)处理区间边界:确保数据点能正确地分配到最接近的区间中,特别是位于边界的数据点。

假设有一组温度数据,范围为 10℃~35℃,我们决定将其分为 5 个区间。通过等距离散化,会得到 5 个区间,如[10, 15)、[15, 20)、[20, 25)、[25, 30)、[30, 35]。然后我们可以将每个温度数据点分配到这些区间中,从而将连续温度数据转换为离散的类别标签,便于进一步分析或模型训练。

6.4.2 等频离散化

等频离散化是一种将连续数据分割成包含相同数量样本的若干区间的离散化方法。与等距离散化不同,等频离散化关注的是每个区间中的数据点数量,而不是区间的宽度。这种方法能够更好地处理数据分布不均的情况,确保每个区间都有相似的样本数量。

等频离散化的目标是将数据分成若干区间，使得每个区间包含相同数量的数据点。通过这种方式，可以避免因数据分布不均而导致的区间稀疏或拥挤的问题，适用于数据分布不均匀或对各区间样本数量有特定需求的场景。

等频离散化的一般实现过程如下：

（1）排序数据：排序是为了确保可以按照数据的值将其分配到各个区间中。

（2）选择区间数量：确定将数据分成多少个区间（n_bins）。区间数量可以根据实际需求或实验结果来选择。

（3）计算每个区间的样本数量：计算每个区间应包含的数据点数量，总样本数量除以区间数量即为每个区间应包含的样本数量。

（4）确定区间边界：根据计算得到的样本数量，确定每个区间的边界。边界是排序数据中对应的分割点，将数据划分为相应的区间。

（5）将数据分配到区间：根据确定的区间边界，将每个数据点分配到对应的区间中。我们可以使用离散化函数来完成这一操作。

（6）处理边界值：确保数据点能正确地分配到最接近的区间中，特别是对于位于边界的数据点。我们可以使用 NumPy 的 clip 函数来处理可能出现的边界值。

例如，等频离散化可以用于将设备的运行时间数据分类，以便监控和分析设备的工作状态。我们可以将设备的运行时间数据按等频方式分成 5 个区间，每个区间包含相同数量的记录。这种方法可以帮助识别设备的不同使用模式，比如"低使用""中低使用""中等使用""中高使用"和"高使用"，从而制定有针对性的维护策略。

6.4.3 基于聚类的离散化

基于聚类的离散化是一种通过聚类算法将连续数据转换为离散类别的方法。这种方法利用聚类算法将数据分组，并将每个组作为一个离散的类别。聚类离散化的优点在于能够根据数据的自然结构进行分割，从而更好地保留数据的特征和信息。

基于聚类的离散化利用聚类算法将连续数据分割成若干簇，每个簇对应一个离散的类别。通过这种方式，数据的自然结构被保留，并且每个簇中的数据点在某种程度上具有相似性。常用的聚类算法包括 K-means、层次聚类和 DBSCAN 等，这些聚类算法将在第 7 章进行详细介绍。

基于聚类的离散化的一般实现过程如下：

(1) 选择聚类算法：根据数据的特点和需求选择合适的聚类算法。

(2) 确定簇的数量：确定要将数据分成多少个簇（n_clusters）。簇的数量可以通过经验、实验或算法的选择标准（如肘部法则）来确定。

(3) 标准化数据：对数据进行标准化，以确保各特征对聚类的影响均衡。标准化能够使每个特征在相同的尺度上，避免某些特征对聚类结果的过度影响。

(4) 训练聚类模型：使用选定的聚类算法对数据进行训练，得到数据的簇标签。每个簇代表一个离散类别。

(5) 将数据映射到离散类别：根据聚类模型的输出，将每个数据点分配到对应的离散类别中。这些类别是基于聚类结果生成的。

(6) 分析和评估：评估聚类结果的质量，确保离散化后的类别有效且具有实际意义。我们可以使用内部评估指标（如轮廓系数）或领域知识进行验证。

例如，分析设备的运行负载数据时，采用 K-means 聚类算法，将负载数据分成若干簇，能够根据数据的自然分布自动确定离散类别。通过 K-means 聚类，将负载数据分为"低负载""中负载""高负载"3 个类别，之后可以根据这些类别调整设备的运行策略，优化维护计划和提升设备的运行效率。

6.4.4　基于决策树的离散化

基于决策树的离散化是一种利用决策树算法将连续数据转换为离散类别的方法。决策树能够自动找到最优的分割点，将连续数据分割成若干区间，每个区间对应一个离散类别。这种方法利用决策树的分裂规则来确定离散化的区间，确保分割后的区间具有良好的分类性能。

基于决策树的离散化的一般实现过程如下：

(1) 准备数据：收集并准备好包含目标变量（标签）的数据集。离散化过程需要目标变量来指导决策树的分割过程。

(2) 选择决策树算法：选择适合的决策树算法来执行离散化。例如，使用回归树（Regression Tree）来处理连续变量，生成连续值的分割点。

(3) 训练决策树模型：使用决策树回归算法对数据进行训练，目标是让决策树找到最佳的分割点，将连续特征划分为不同的区间。

（4）提取分割点：从训练好的决策树模型中提取分割点。这些分割点用于将连续数据转换为离散类别。

（5）定义区间边界：使用提取的分割点定义离散化的区间边界。根据这些边界将数据分配到不同的离散类别中。

（6）将数据分配到区间：将每个数据点根据定义的区间边界分配到相应的离散类别中。我们可以使用 NumPy 的 digitize 函数进行分类。

（7）验证效果：评估离散化结果的质量，检查离散化后的类别是否能有效地保留数据的信息和分类性能。我们可以使用交叉验证和性能评估指标来验证效果。

例如，基于决策树的离散化方法可以用于处理设备的温度数据。通过训练决策树回归模型，我们可以自动确定最佳的温度分割点，将连续的温度数据划分为不同的区间。通过训练决策树模型，提取的分割点将温度数据分为"正常""预警"和"危险"3 个区间，这样可以在系统监控中设置相应的警报级别，从而实现更精准的故障预警和维护策略。

6.5 特征选择

特征选择（Feature Selection）也称特征子集选择（Feature Subset Selection，FSS）或属性选择（Attribute Selection）。特征选择是指从已有的 M 个特征（Feature）中选择 N 个特征，使得系统的特定指标最优化，也是从原始特征中选择出一些最有效特征以降低数据集维度的过程，是提高学习算法性能的一个重要手段。特征选择旨在选择最相关的特征以提高模型的性能和可解释性。通过特征选择可以减少数据的维度，降低计算复杂度，避免过拟合。

6.5.1 特征选择方法

特征选择的典型方法包括方差过滤、相关性过滤、信息价值（IV）等。

（1）方差过滤：通过特征本身的方差来筛选特征，如果一个特征本身的方差很小，表示样本在这个特征上基本没有差异，可能特征中的大多数值都一样，甚至整个特征的取值都相同，那么这个特征对于样本区分没有什么作用。因此，方差过滤用于删除那些对模型贡献较小的特征，提高模型的效率和准确性。

（2）相关性过滤：包括卡方过滤、F 检验、互信息法等，这些方法用于评估特征与目标变量之间的关系强度和方向。例如，卡方检验用于评估分类变量之间的独立性，而互信息法则用于衡量特征与目标变量之间的信息含量。这些方法有助于识别与目标变量相关性较强的特征，从而提高模型的预测能力。

（3）信息价值（Information Value，IV）：基于特征和目标变量之间的关系，通过计算特征的 WOE（Weight Of Evidence）值之间的差异来确定特征的重要性。IV 作为一种衡量特征预测能力的指标，如果 IV 小于某个阈值（通常是 0.02），则被认为是不重要的特征。这种方法有助于筛选出对目标变量具有较强预测能力的特征，进而优化模型性能。

6.5.2　特征选择示例

在大型数据中心运维中，服务器故障可能导致服务中断和经济损失。通过监控指标预测故障是核心需求，但运维系统通常收集大量指标（如 CPU、内存、磁盘等），其中许多是冗余或无关的。下面结合示例详细介绍数据特征选择的方法和过程，通过特征选择从 22 个监控指标中筛选出 5 个关键指标，构建高效的故障预测模型。示例文件为 demo/code/chapter6/feature_selection.py。

【示例 6-5】模拟生成运维数据

```python
import pandas as pd
import numpy as np
from sklearn.ensemble import RandomForestRegressor
from sklearn.model_selection import train_test_split

# 创建包含运维监控指标的数据
np.random.seed(0)
data = {
    'CPU_Usage': np.random.normal(60, 15, 1000),       # CPU 使用率(%)
    'Memory_Usage': np.random.normal(70, 10, 1000),    # 内存使用率(%)
    'Disk_IO': np.random.normal(50, 20, 1000),         # 磁盘 I/O(MB/s)
    'Network_Traffic': np.random.normal(100, 30, 1000),# 网络流量
```

```
(Mbps)
        'Server_Type': np.random.choice(['Web', 'Database', 'Storage',
'API'], 1000),   # 服务器类型
        'Uptime_Days': np.random.randint(1, 365, 1000),      # 连续运行天数
        'Error_Rate': np.random.normal(0.5, 0.2, 1000),      # 错误率(%)
        'Response_Time': np.random.normal(200, 50, 1000)     # 响应时间(ms)
```
- 目标变量
```
    }
    df = pd.DataFrame(data)
    print(df)
```

示例 6-5 的运行结果如图 6-7 所示。

```
     CPU_Usage  Memory_Usage  Disk_IO  ...  Uptime_Days  Error_Rate  Response_Time
0    86.460785     75.559627  19.341579 ...          261    0.508336     104.620907
1    66.002358     78.924739  15.760597 ...          116    0.654703     214.136853
2    74.681070     65.776852  50.922701 ...          283    0.526196     274.762691
3    93.613398     71.047140  30.832510 ...          237    0.833432     185.120090
4    88.013370     72.280533  48.383768 ...           76    0.624889     162.694299
..         ...           ...        ... ...          ...         ...            ...
995  66.193062     70.977508  91.583533 ...          306    0.217261     220.974384
996  57.024017     84.015234  31.850680 ...          138    0.383190     271.902693
997  61.412885     71.584338  46.151916 ...           26    0.478711     189.541650
998  42.785836     58.580986  25.749685 ...          158    0.775241     207.027462
999  54.628289     56.890296  48.388030 ...          241    0.414976     242.277307
```

图 6-7 特征选择原始数据

1. 基于相关性的特征选择

针对示例 6-5 生成的数据集，使用相关系数来评估数值型特征与目标变量之间的相关性，选择相关性高的特征，如示例 6-6 所示。

【示例 6-6】特征与目标变量的相关性计算

```
# 计算特征与目标变量之间的相关性
print("运维指标与响应时间的相关性：")
print(df.corr()['Response_Time'].sort_values(ascending=False))
```

Pandas 的 corr() 方法是用于计算 DataFrame 中各列之间的相关性系数的一种方法。这个方法可以帮助我们了解数据集中不同特征之间的关联程度，从而更好地理解和分

析数据。corr()方法支持多种相关性计算方法，包括 Pearson 相关系数、Spearman 等级相关系数和 Kendall 等级相关系数。这些方法各有特点，适用于不同类型的数据分析需求。

- Pearson 相关系数：衡量两个变量之间线性关系的强度和方向，其值范围为 -1~1 之间，1 表示完全正相关，-1 表示完全负相关，0 表示无相关。
- Spearman 和 Kendall 等级相关系数：这两种方法适用于非线性关系的数据，衡量的是两个变量的等级相关性，而不是它们之间的线性关系强度。Spearman 等级相关系数是基于变量值的排序位置来计算相关性的，而 Kendall 等级相关系数则是通过比较两列排序后的等级是否一致来计算的。

corr()方法默认计算的是皮尔逊相关系数，可以通过指定 method 参数来选择不同的相关性计算方法。例如，method='pearson'将使用 Pearson 相关系数进行计算，而 method='spearman'或 method='kendall'则分别使用 Spearman 和 Kendall 等级相关系数进行计算。此外，还可以通过设置 min_periods 参数来指定每对元素的最小数量，以便进行相关性计算。

示例 6-6 的运行结果如图 6-8 所示。

```
运维指标与响应时间的相关性：
Response_Time     1.000000
Disk_IO           0.039576
Error_Rate       -0.004405
Network_Traffic  -0.006726
Memory_Usage     -0.015755
Uptime_Days      -0.030931
CPU_Usage        -0.036855
Name: Response_Time, dtype: float64
```

图 6-8　特征与目标变量的相关性计算

2. 基于特征重要性的特征选择

针对示例 6-5 的数据集，使用机器学习模型（如随机森林）评估每个特征的重要性，并选择重要性高的特征，如示例 6-7 所示。

【示例 6-7】使用随机森林模型评估特征的重要性

```
from sklearn.ensemble import RandomForestRegressor
```

```python
from sklearn.model_selection import train_test_split

# 准备数据
X = df.drop('Response_Time', axis=1)
y = df['Response_Time']

# 将类别变量转换为虚拟变量
X = pd.get_dummies(X)

# 拆分训练集和测试集
X_train, X_test, y_train, y_test = train_test_split(X, y, test_size=0.3, random_state=0)

# 训练随机森林模型
model = RandomForestRegressor(n_estimators=100, random_state=0)
model.fit(X_train, y_train)

# 获取特征重要性
importances = model.feature_importances_
feature_importances = pd.DataFrame({'Feature': X.columns, 'Importance': importances})
print("\n 运维指标重要性排序：")
print(feature_importances.sort_values(by='Importance', ascending=False))
```

代码解释：

- 使用 RandomForestRegressor() 训练模型。
- 通过 feature_importances_ 属性获取每个特征的重要性评分。

示例 6-7 的运行结果如图 6-9 所示。

```
运维指标重要性排序：
            Feature  Importance
5        Error_Rate    0.171446
2           Disk_IO    0.155257
1      Memory_Usage    0.154867
0         CPU_Usage    0.154079
4       Uptime_Days    0.152446
3   Network_Traffic    0.144818
9   Server_Type_Web    0.024978
7  Server_Type_Database  0.018911
8  Server_Type_Storage   0.013498
6   Server_Type_API    0.009699
```

图 6-9　使用随机森林模型评估特征的重要性

第 7 章

机器学习

　　机器学习是人工智能的核心领域，旨在通过数据驱动的方法，让计算机自动学习规律并做出预测或决策。机器学习在运维领域的应用极大地提升了 IT 系统的智能化水平，通过分析海量监控数据、日志和性能指标，实现故障预测、异常检测和自动化修复，从而减少停机时间并优化资源分配。随着 AIOps 的普及，机器学习正推动运维从被动响应转向主动预防，成为保障系统稳定和业务连续性的关键技术。

　　本章将介绍机器学习的核心方法与应用，包括回归分析揭示变量间的连续关系，分类算法处理离散标签预测，聚类分析探索数据内在结构，关联规则挖掘项集间的频繁模式，时间序列模型捕捉动态时序特征，异常检测识别数据中的离群行为。

7.1　回归方法

　　回归分析是机器学习中的一种监督学习技术，其目标是通过分析自变量（特征）与因变量（目标变量）之间的关系，建立一个数学模型来预测因变量的值。这种预测通常是基于一组已知的训练数据来进行的，训练数据中包含自变量和因变量的对应关系。回归问题主要用于预测数值型数据，典型的回归例子是数据拟合曲线。

7.1.1 常见的回归方法

1. 线性回归

线性回归（Linear Regression）是最基础的回归模型之一，旨在找到自变量与因变量之间线性关系的最佳拟合直线。其基本形式为：

$$y = \beta_0 + \beta_1 x_1 + \beta_2 x_2 + \cdots + \beta_n x_n + \varepsilon \tag{7-1}$$

其中，y 是目标变量，x_i 是输入特征，β_i 是待估计的参数，ε 是误差项。

线性回归可以分为简单线性回归（仅有一个自变量）和多元线性回归（有多个自变量）。线性回归适用于自变量和因变量之间存在线性关系的场景，如房价预测（根据房间面积、位置等特征来预测房价）。

- 优点：计算高效，可解释性强。
- 缺点：对非线性关系和异常值敏感。

2. 多项式回归

多项式回归（Polynomial Regression）是线性回归的一种推广，它允许因变量和自变量之间存在非线性关系。通过在传统的线性回归模型中增加变量的高次项（如平方项、立方项等）来捕捉数据中的非线性关系。其基本形式为：

$$y = \beta_0 + \beta_1 x + \beta_2 x^2 + \cdots + \beta_d x^d + \varepsilon \tag{7-2}$$

其中，d 是多项式的次数。

多项式回归适用于自变量和因变量之间存在复杂非线性关系的场景，如预测运动物体的位移随时间的变化。

- 优点：计算高效，可解释性强。
- 缺点：对非线性关系和异常值敏感。

3. 岭回归和 Lasso 回归

岭回归（Ridge Regression）和 Lasso 回归（Lasso Regression）是对线性回归的正则化改进，旨在解决多重共线性和过拟合问题。岭回归引入了 L2 正则化项，通过增加系数平方和来惩罚过于复杂的模型，侧重于通过最小化参数平方和来防止模型过拟合，尤其适用于处理共线性问题。Lasso 回归则使用 L1 正则化，它不仅能减少模型复杂度，还可能导致一些不重要的特征权重变为零，从而实现特征选择。

- 优点：有效缓解过拟合，岭回归适用于高度相关的特征，Lasso 回归有助于特征选择。
- 缺点：需要调整正则化参数，可能需要较多尝试才能找到最佳值。

4. 决策树回归

决策树回归（Decision Tree Regression）构建一个树结构，每个内部结点代表一个属性上的测试，每个分支代表一个测试结果，每个叶结点包含一个预测值。通过递归地分割数据，直到满足停止条件为止。

- 优点：直观易懂，不需要特征缩放。
- 缺点：容易过拟合，通常需要剪枝等策略来控制树的大小。

5. 支持向量回归

支持向量回归（SVR）是从支持向量机（SVM）演变而来的一种回归技术，它试图在给定误差范围内找到最接近实际值的超平面。与传统 SVM 相比，SVR 关注的是预测值与真实值之间的偏差是否在一个预定义的阈值内。

- 优点：能够处理非线性数据，具有较强的泛化能力。
- 缺点：计算成本较高，尤其是在大规模数据集上。

7.1.2 回归模型的评估与优化

1. 评估指标

（1）平均绝对误差（Mean Absolute Error，MAE）：直观地反映了模型预测值与真实值之间的平均绝对偏差。其计算方法为：

$$\text{MAE} = \frac{1}{n}\sum_{i=1}^{n}|y_i - \hat{y}_i| \tag{7-3}$$

其中，y_i 表示第 i 个观测的实际值，$\hat{y}_i$ 表示对应的预测值，n 是样本数量。

（2）均方误差（Mean Squared Error，MSE）：衡量模型预测值与真实值之间差异的平方的平均值，MSE 越小，表示模型预测越准确。其计算方法为：

$$\text{MSE} = \frac{1}{n}\sum_{i=1}^{n}(y_i - \hat{y}_i)^2 \tag{7-4}$$

其中，y_i 表示第 i 个观测的实际值，$\hat{y}_i$ 表示对应的预测值，n 是样本数量。

（3）均方根误差（Root Mean Squared Error，RMSE）：RMSE 是 MSE 的平方根，将误差恢复到原始单位，使得解释更加直观。其计算方法为：

$$\text{RMSE} = \sqrt{\frac{1}{n}\sum_{i=1}^{n}(y_i - \hat{y}_i)^2} \qquad (7\text{-}5)$$

（4）R^2 分数：表示模型对数据的拟合程度，R^2 越接近 1，表示模型拟合得越好。其计算公式为：

$$R^2 = 1 - \frac{\sum_{i=1}^{n}(y_i - \hat{y}_i)^2}{\sum_{i=1}^{n}(y_i - \bar{y})^2} \qquad (7\text{-}6)$$

其中，$\bar{y}$ 表示实际值的平均值。

2. 优化方法

（1）特征选择：选择对模型预测有重要影响的特征，以提高模型的准确性和泛化能力。

（2）参数调优：通过调整模型的参数（如正则化参数、多项式次数等），找到最佳的模型配置。

（3）交叉验证：使用交叉验证方法来评估模型的性能，并选择最佳的模型参数。

7.1.3 回归模型的示例

在运维工作中，预测服务器资源的使用情况（如 CPU 使用率）对于容量规划、性能优化和异常检测至关重要。通过历史数据预测未来 CPU 使用率，可以帮助运维团队提前发现潜在的性能瓶颈、合理规划资源扩容、实现智能化的资源调度以及识别异常使用模式。示例 7-1 使用线性回归算法，基于历史 CPU 使用率数据，预测未来时间点的 CPU 使用率。示例文件为 demo/code/chapter7/Regression.py。

【示例 7-1】CPU 使用率预测模型

```
import numpy as np
import pandas as pd
from datetime import datetime, timedelta
```

```python
from sklearn.model_selection import train_test_split
from sklearn.linear_model import LinearRegression
from sklearn.metrics import mean_absolute_error, mean_squared_error, r2_score
import matplotlib.pyplot as plt

# 1. 生成模拟数据
def generate_cpu_usage_data(days=30):
    np.random.seed(42)
    start_date = datetime.now() - timedelta(days=days)
    timestamps = pd.date_range(start=start_date, periods=days*24*12, freq='5min')

    data = []
    for i, ts in enumerate(timestamps):
        base_usage = 20
        if ts.weekday() < 5:
            day_factor = 1.5
        else:
            day_factor = 1.0

        hour = ts.hour
        if 9 <= hour < 18:
            time_factor = 2.0
        else:
            time_factor = 0.8

        cycle_factor = 10 * np.sin(i / 100)
        random_factor = np.random.normal(0, 5)

        cpu_usage = base_usage * day_factor * time_factor + cycle_factor + random_factor
        cpu_usage = max(5, min(95, cpu_usage))

        memory_usage = 40 + 0.3 * cpu_usage + np.random.normal(0, 3)
        disk_io = 10 + 0.2 * cpu_usage + np.random.normal(0, 2)
        network_traffic = 50 + 0.4 * cpu_usage + np.random.normal(0, 5)
```

```python
        data.append({
            'timestamp': ts,
            'cpu_usage': round(cpu_usage, 2),
            'memory_usage': round(memory_usage, 2),
            'disk_io': round(disk_io, 2),
            'network_traffic': round(network_traffic, 2),
            'is_weekday': 1 if ts.weekday() < 5 else 0,
            'hour': hour,
            'day_of_week': ts.weekday()
        })

    return pd.DataFrame(data)

df = generate_cpu_usage_data(30)
print(df.head())

# 2. 特征工程
def create_features(df):
    df = df.copy()
    df['hour_sin'] = np.sin(2 * np.pi * df['hour'] / 24)
    df['hour_cos'] = np.cos(2 * np.pi * df['hour'] / 24)
    df['day_sin'] = np.sin(2 * np.pi * df['day_of_week'] / 7)
    df['day_cos'] = np.cos(2 * np.pi * df['day_of_week'] / 7)

    for lag in [1, 2, 3, 12]:
        df[f'cpu_lag_{lag}'] = df['cpu_usage'].shift(lag)
        df[f'memory_lag_{lag}'] = df['memory_usage'].shift(lag)

    df['cpu_rolling_mean_1h'] = df['cpu_usage'].rolling(window=12).mean()
    df['cpu_rolling_std_1h'] = df['cpu_usage'].rolling(window=12).std()
    df = df.dropna()
    return df

df_featured = create_features(df)

# 3. 定义特征和目标变量
```

```python
    features = ['hour_sin', 'hour_cos', 'day_sin', 'day_cos',
                'cpu_lag_1', 'cpu_lag_2', 'cpu_lag_3', 'cpu_lag_12',
                'memory_lag_1', 'memory_lag_12',
                'cpu_rolling_mean_1h', 'cpu_rolling_std_1h',
                'is_weekday']
    target = 'cpu_usage'

    X = df_featured[features]
    y = df_featured[target]

    4. 分割数据集
    X_train, X_test, y_train, y_test = train_test_split(X, y, test_size=0.2, shuffle=False)

    # 5. 训练模型
    model = LinearRegression()
    model.fit(X_train, y_train)

    # 6. 评估函数
    def evaluate_model(model, X, y):
        predictions = model.predict(X)
        mae = mean_absolute_error(y, predictions)
        mse = mean_squared_error(y, predictions)
        rmse = np.sqrt(mse)
        r2 = r2_score(y, predictions)

        print(f"MAE: {mae:.2f}")
        print(f"MSE: {mse:.2f}")
        print(f"RMSE: {rmse:.2f}")
        print(f"R²: {r2:.2f}")

        plt.figure(figsize=(12, 6))
        plt.plot(y.values, label='Actual', linestyle='-', linewidth=2)
        plt.plot(predictions, label='Predicted', linestyle='--', linewidth=2)
        plt.title('Actual vs Predicted CPU Usage')
        plt.xlabel('Time')
        plt.ylabel('CPU Usage (%)')
```

```python
        plt.legend()
        plt.grid(True)
        plt.show()

        return predictions

    print("Training set performance:")
    train_pred = evaluate_model(model, X_train, y_train)

    print("\nTest set performance:")
    test_pred = evaluate_model(model, X_test, y_test)

    # 7. 预测未来函数
    def predict_future(model, last_observed, feature_names, steps=12):
        predictions = []
        current_features = last_observed.copy()

        for _ in range(steps):
            # 创建包含特征名的 DataFrame
            input_data = pd.DataFrame({feat: [current_features[feat]] for feat in feature_names})

            # 预测下一个时间点
            pred = model.predict(input_data)[0]
            predictions.append(pred)

            # 更新滞后特征
            for lag in [3, 2, 1]:
                if f'cpu_lag_{lag}' in current_features:
                    current_features[f'cpu_lag_{lag+1}'] = current_features[f'cpu_lag_{lag}']
            current_features['cpu_lag_1'] = pred

            # 更新滚动统计
            if 'cpu_rolling_mean_1h' in current_features:
                current_features['cpu_rolling_mean_1h'] = (
                    current_features['cpu_rolling_mean_1h'] * 11 + pred) / 12
        return predictions
```

```
# 8. 进行预测
last_observation = X_test.iloc[-1].to_dict()
future_predictions = predict_future(model, last_observation, features,
steps=24)

print("\nFuture predictions (next 2 hours):")
print([round(p, 2) for p in future_predictions])

plt.figure(figsize=(12, 6))
plt.plot(range(len(y_test)-24, len(y_test)), y_test[-24:],
        label='Actual', linestyle='-', linewidth=2)
plt.plot(range(len(y_test), len(y_test)+24), future_predictions,
        label='Predicted Future', linestyle=':', linewidth=2)
plt.title('Future CPU Usage Prediction')
plt.xlabel('Time Step')
plt.ylabel('CPU Usage (%)')
plt.legend()
plt.grid(True)
plt.show()
```

代码解释：

- 数据生成：generate_cpu_usage_data 函数生成模拟的服务器监控数据，包含 CPU 使用率、内存使用率、磁盘 I/O 和网络流量等指标。
- 特征工程：create_features 函数创建时间周期性特征（使用正弦/余弦转换）、滞后特征（过去时间点的 CPU 和内存使用率）、滚动统计特征（过去 1 小时的平均值和标准差）。
- 模型训练：使用线性回归模型，这是一种简单但有效的回归算法，适合作为基线模型。
- 评估指标：使用 MAE（平均绝对误差）、MSE（均方误差）、RMSE（均方根误差）和 R^2 分数来评估模型性能。
- 未来预测：predict_future 函数实现递归预测，使用模型预测的下一个值作为后续预测的输入。

运行示例 7-1，生成了 3 幅可视化图表和控制台输出结果。

图 7-1 展示了训练集的实际 CPU 使用率（实线）与模型预测值（虚线）的对比

情况，其中横轴表示以 5 分钟为间隔的时间序列索引，纵轴显示 CPU 使用率百分比（范围为 5%~95%）。整体拟合效果良好，两条曲线在大部分时段重叠紧密，反映出模型成功学习了工作日/周末的负载规律。图 7-2 采用与图 7-1 相同的布局，呈现了测试集的实际值与预测值的对比情况。

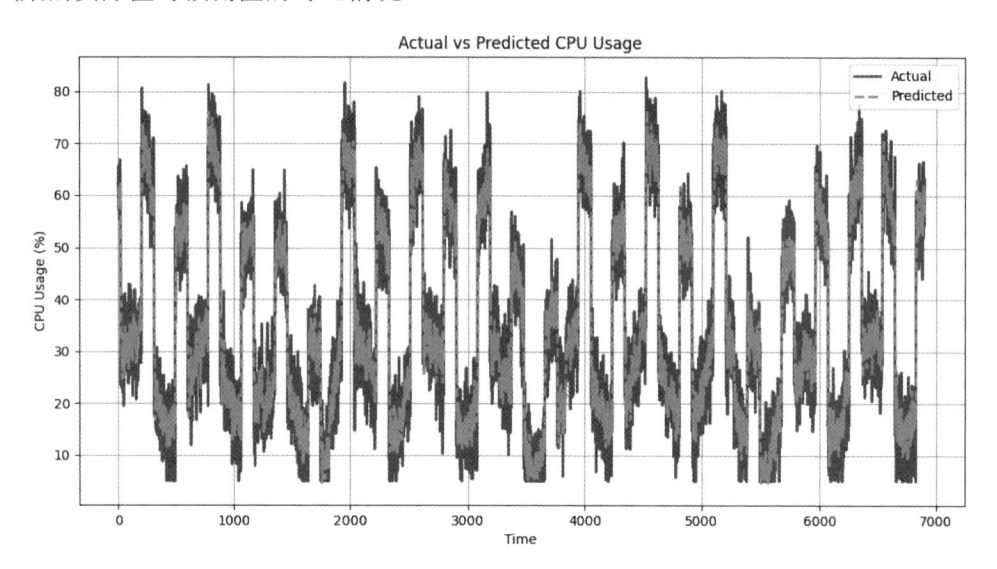

图 7-1　训练集的真实值与预测值对比图

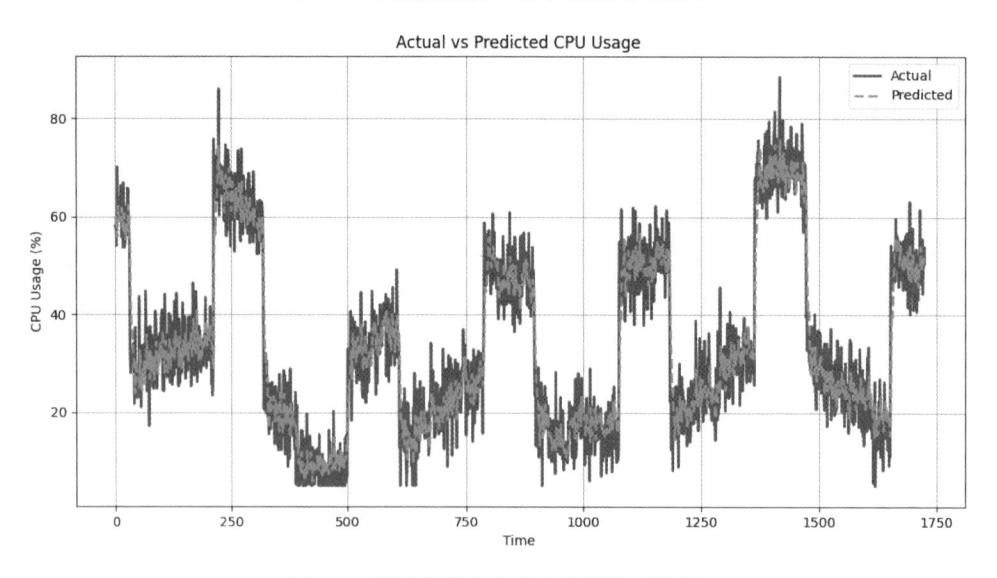

图 7-2　测试集的真实值与预测值对比图

第 7 章 机器学习

图 7-3 显示了未来 2 小时的 CPU 使用率预测结果。图表左侧的实线展示了测试集最后 24 个时间点（即 2 小时历史数据），右侧的虚线则是对未来 24 个时间点（2 小时）的预测值。图中横轴采用相对时间步长表示，每个单位对应 5 分钟的时间间隔。

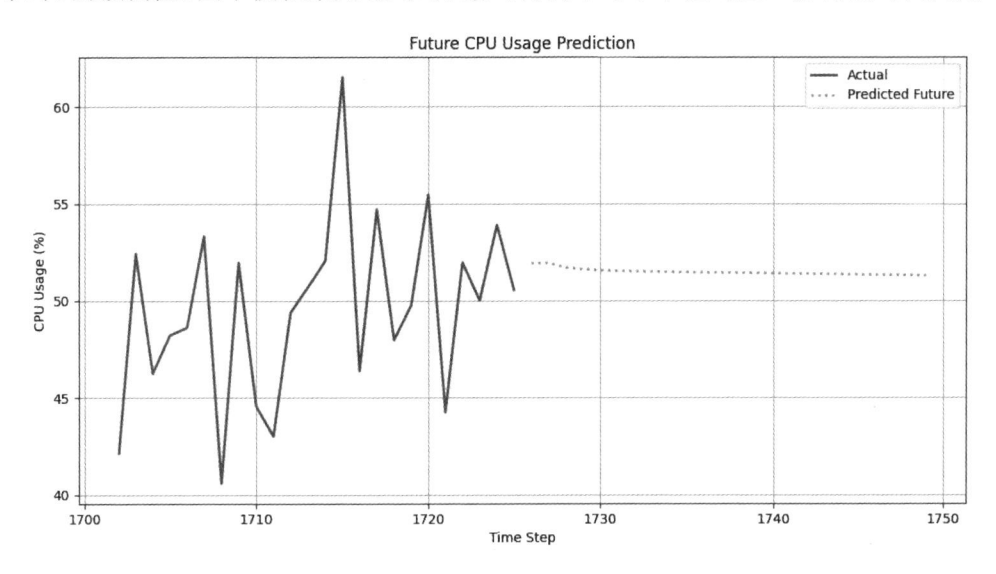

图 7-3　未来 2 小时的预测图

控制台输出则提供了包括 MAE、MSE、RMSE 和 R^2 在内的各项评估指标的数值结果，控制台输出结果如下：

```
                    timestamp  cpu_usage  ...  hour  day_of_week
0 2025-03-19 21:11:30.658267      26.48  ...    21            2
1 2025-03-19 21:16:30.658267      22.93  ...    21            2
2 2025-03-19 21:21:30.658267      21.85  ...    21            2
3 2025-03-19 21:26:30.658267      25.51  ...    21            2
4 2025-03-19 21:31:30.658267      19.34  ...    21            2

[5 rows x 8 columns]
Training set performance:
MAE: 4.63
MSE: 38.14
RMSE: 6.18
R²: 0.89
```

```
Test set performance:
MAE: 4.80
MSE: 42.28
RMSE: 6.50
R²: 0.88

Future predictions (next 2 hours):
 [15.93, 15.9, 15.69, 15.59, 15.53, 15.49, 15.46, 15.44, 15.42, 15.41,
15.39, 15.38, 15.36, 15.35, 15.33, 15.32, 15.3, 15.29, 15.27, 15.25, 15.24,
15.22, 15.21, 15.19]
 [15.98, 15.97, 15.77, 15.69, 15.64, 15.61, 15.6, 15.59, 15.58, 15.57,
15.57, 15.56, 15.56, 15.55, 15.55, 15.54, 15.54, 15.53, 15.53, 15.53, 15.52,
15.52, 15.51, 15.51]
```

从上面的结果可以看出，MAE、MSE、RMSE 和 R^2 指标在训练集和测试集上比较接近，模型无显著过拟合，适合预测任务。

7.2 分类方法

分类是机器学习中的核心任务。分类旨在将数据样本分配到预定义的类别中，应用于故障检测与预测、运行状态分类、维护需求预测、异常检测等各种实际问题。通过训练模型，分类算法（如决策树、贝叶斯分类、支持向量机等）能够基于样本的特征进行分类，帮助解决识别和标签问题。

7.2.1 分类的一般流程

分类算法的核心目标是通过学习数据的特征和标签之间的关系，建立一个模型，这样模型就可以对新的、未见过的样本进行准确的分类。分类任务通常涉及离散的标签，因此分类算法主要关注如何根据特征将样本划分到不同的类别中。

分类算法的一般方法包括数据准备、模型选择、训练和评估等关键步骤。

1. 数据准备

涉及收集和处理数据，包括特征选择、数据清洗和数据标准化等步骤，以确保数据质量和一致性，数据收集和处理方法的介绍参见第 5 章和第 6 章。

2. 数据拆分

将数据集拆分为训练集和测试集，以便模型可以在部分数据集上训练，并在另一部分数据集上进行评估。

3. 模型选择

需要根据数据的特点和任务需求选择适当的分类算法。例如，逻辑回归适合处理线性关系，决策树适合处理结构化数据，神经网络适合复杂的非线性问题。

4. 训练

选择的分类模型会利用已标记的数据进行学习，调整模型参数以优化分类性能。

5. 评估

通过使用测试数据集来验证模型的表现，通常使用准确率、精确率、召回率等指标来衡量模型的分类能力。

6. 模型的优化

模型的优化和调整可能涉及超参数调优和交叉验证，以提高模型在实际应用中的表现。

7.2.2 评估指标

表 7-1 显示了一个简单二分类的混淆矩阵。在混淆矩阵中，每一行代表真实的类别，每一列代表模型预测的类别，包含真正例 TP、假正例 FP、假反例 FN、真反例 TN。真正例 TP 是指模型预测为正例且实际上也为正例的样本数。假正例 FP 是指模型预测为正例，但实际上为反例（错误预测）的样本数。假反例 FN 是指模型预测为负例，但实际上为正例的样本数。真反例 TN 是指模型预测为负例且实际上也为负例的样本数。

表7-1 混淆矩阵

真实情况	预测结果	
	正 例	反 例
正例	TP	FN
反例	FP	TN

评估模型性能是验证分类算法效果的关键步骤，它涉及使用独立的测试集来评估模型对新数据的泛化能力。评估模型性能时，常用的指标如下。

1. 准确率

准确率（Accuracy）定义为正确分类的样本数占总样本数的比例，即

$$\text{Accuracy} = \frac{TP + TN}{TP + TN + FP + FN} \tag{7-7}$$

准确率虽然直观，但在类别不平衡的情况下可能不够准确。

2. 精确率

精确率（Precision）定义为在所有预测为正类的样本中，真正为正类的样本的比例，即

$$\text{Precision} = \frac{TP}{TP + FP} \tag{7-8}$$

3. 召回率

召回率（Recall）定义为在所有实际为正类的样本中，被正确预测为正类的样本的比例，即

$$\text{Recall} = \frac{TP}{TP + FN} \tag{7-9}$$

4. F1 值

F1 值（F1-Score）是精确率和召回率的调和平均数，它综合考虑了模型的精确度和完整性。F1 值越高，说明模型在精确识别和覆盖所有正例之间找到了较好的平衡。计算方法如下：

$$F1 = 2 \times \frac{\text{Precision} \times \text{Recall}}{\text{Precision} + \text{Recall}} \tag{7-10}$$

5. ROC 曲线和 AUC 值

ROC 曲线以假正例率（FPR）为横轴，真正例率（TPR，即召回率）为纵轴，绘制了不同阈值下的模型性能。AUC 值是 ROC 曲线下的面积，取值范围为 0~1，AUC 值越大，表示模型性能越好。

7.3 决策树

决策树（Decision Tree）是一种基于树结构进行分类或回归的算法。它通过递归地分割数据集，构建出一个树形的决策模型，每个非叶结点代表一个特征上的决策规则，每个叶结点代表一个预测结果（类别）。决策树的构建过程本质上是一个从数据中学习决策规则的过程，其核心在于选择最优的特征进行分割，以达到最小化分类错误或最大化信息增益的目的。

7.3.1 基本概念

决策树算法中有几个基本概念，这些概念对于理解和实现决策树算法至关重要。下面详细介绍这些基本概念。

1. 结点

- 根结点：树的起始结点，包含整个数据集。
- 内部结点：表示对数据进行的特征测试或判断，每个内部结点对应一个特征的条件。
- 叶子结点：树的终端结点，表示最终的决策结果或预测值。

2. 特征

特征是用于对数据进行分类或回归的输入变量。决策树的每个内部结点表示对某个特征的测试。特征可以是连续型（如温度）或离散型（如颜色）的。

3. 特征值

特征值是特征的具体取值。例如，特征"颜色"可能有"红色""绿色"和"蓝色"3 个特征值。

4. 分支

分支连接结点，表示特征测试的结果。每个分支对应一个特征值，指向下一层的结点。

5. 熵

熵的概念被用来量化信息的不确定性或随机性。在决策树中，熵用于评估特征的有效性。熵值越高，表示数据的混乱度越高。信息熵的定义为：

$$H(X) = -\sum_{i=1}^{n} p(x_i) \log_2 p(x_i) \tag{7-11}$$

其中，$H(X)$ 表示随机变量 X 的熵，x_i 表示随机变量的一个可能的取值，$p(x_i)$ 表示该取值的概率，而 n 是随机变量所有可能取值的数目。

6. 条件熵

条件熵（Conditional Entropy）用于度量在已知一个随机变量（如 Y）的条件下，另一个随机变量（如 X）的不确定性。简单来说，条件熵表示在给定某些信息的情况下，对另一个变量的不确定性进行量化。条件熵定义为：

$$H(X|Y) = -\sum_{y \in Y} p(y) \sum_{x \in X} p(x|y) \log_2 p(x|y) \tag{7-12}$$

其中，$p(x|y)$ 是给定 Y 时 X 的条件概率分布，$p(y)$ 是 Y 的概率分布。

7. 信息增益

信息增益（Information Gain）衡量通过某个特征进行分裂后，数据集的信息不确定性减少了多少。信息增益越大，说明该特征对分类越有用。ID3 算法使用信息增益选择特征，信息增益定义为：

$$IG(A) = H(X) - H(X|A) \tag{7-13}$$

其中，$IG(A)$ 是特征 A 的信息增益，$H(X)$ 是数据集的熵，$H(X|A)$ 是条件熵。

8. 信息增益率

信息增益率（Gain Ratio）是对信息增益的一种改进，通过对特征的固有信息进行归一化，减少了对特征取值较多的偏好。特征 A 的信息增益率定义为：

$$\text{Gain-ratio} = \frac{IG(A)}{I} \tag{7-14}$$

$$I = -\sum_j \left(\frac{|D_j|}{|D|} \log_2 \frac{|D_j|}{|D|} \right) \tag{7-15}$$

其中，$|D_j|$是数据集中第j个子集的样本数，$|D|$是总样本数。

9. 基尼系数

基尼系数（Gini Index）用于衡量数据集的纯度。CART 算法使用基尼系数来选择特征。对于一个包含 K 个类别的数据集 D，其基尼系数的计算公式为：

$$\text{Gini}(D) = \sum_{k=1}^{K} p_k(1-p_k) \tag{7-16}$$

其中，p_k 表示类别 k 在数据集 D 中的比例。

10. 剪枝

剪枝（Pruning）用来简化决策树，防止过拟合。剪枝包括：

- 预剪枝（Pre-Pruning）：在树构建过程中，根据特定准则（如最大深度、最小样本数）停止分裂。
- 后剪枝（Post-Pruning）：构建完整的树后，通过移除一些结点来减少树的复杂度。

11. 类别标签

在分类任务中，类别标签（Class Label）是叶子结点的最终输出值，表示数据所属的类别。

12. 回归值

在回归任务中，叶子结点的输出值是对目标特征的预测值，通常是该叶子结点中所有样本目标特征的平均值。

7.3.2 构建步骤

构建决策树的一般步骤说明如下。

1. 数据准备

将数据集分为特征（输入）和目标特征（输出）。特征用于决策，目标特征是我们要预测的结果。

2. 特征选择

决定哪个特征用作当前结点的分裂依据。选择特征的标准主要包括 3 种：信息增益（用于 ID3 算法）、增益率（用于 C4.5 算法）和基尼系数（用于 CART 算法）。

3. 结点分裂

根据选择的特征将数据集分割成多个子集，并在每个子集上递归应用特征选择和分裂过程。继续分裂直到满足停止条件，停止条件可以是达到树的最大深度、结点中的样本数量小于设定的最小样本数或者结点中的样本属于同一类别。

4. 树的剪枝

为了防止过拟合，可以对生成的决策树进行剪枝。

ID3（Iterative Dichotomiser 3）算法是一种用于构建决策树的经典算法，由 Ross Quinlan 在 1986 年提出，利用信息增益来选择特征并构建决策树。ID3 算法的描述如算法 7-1 所示。

算法 7-1　ID3（数据集 D，特征集 F，目标类别 C）

```
输入：
    D：训练数据集，包含多个数据样本及其对应的类别标签
    F：特征集，包含所有可用于分类的特征
    C：目标类别集合
输出：
    决策树 T
ID3(D, F, C):
    创建一个结点 N
    如果 D 中所有样本属于同一类别 c：
        将 N 标记为 c 类叶结点
        返回 N
    如果 F 为空或者 D 中在 F 上的所有样本都相同：
        将 N 标记为 D 中最多的类别 c
        返回 N
    从 F 中选择最优划分特征 bestFeature：
        bestFeature = argmax(f ∈ F) 信息增益(D, f)
    为结点 N 指定决策特征 bestFeature
```

```
            对 bestFeature 的每一个值 v:
                从 D 中选择子集 Dv, 其中 Dv 包含 bestFeature=v 的所有样本
                如果 Dv 为空:
                    添加一个叶结点到 N, 标记为 D 中最多的类别
                否则:
                    通过调用 ID3(Dv, F - {bestFeature}, C) 添加子树到 N
        返回 N
信息增益(D, f):
        baseEntropy = 计算 D 的熵
        newEntropy = 0
        对于特征 f 的每一个值 v:
            Dv = D 中 f=v 的数据子集
            weight = |Dv| / |D|    # Dv 中样本占 D 的比例
            newEntropy + = weight * 计算 Dv 的熵
        return baseEntropy - newEntropy
计算熵(数据集 D):
        total = 数据集 D 的大小
        entropy = 0
        对于 D 中的每一个类别 c:
            p = 属于类别 c 的样本数 / total
            entropy - = p * log_2(p)    # 使用以 2 为底的对数
        return entropy
```

7.3.3 决策树示例

假设对表 7-2 所示的高尔夫数据集 D 构建一个决策树,预测是否适合打高尔夫球。特征包括 Outlook、Temperature、Humidity、Wind,目标特征是 Play。

表7-2 高尔夫数据集

Outlook	Temperature	Humidity	Wind	Play
sunny	85	85	false	no
sunny	80	90	true	no
overcast	83	78	false	yes
rain	70	96	false	yes
rain	68	80	false	yes
rain	65	70	true	no
overcast	64	65	true	yes
sunny	72	95	false	no
sunny	69	70	false	yes
rain	75	80	false	yes

（续表）

Outlook	Temperature	Humidity	Wind	Play
sunny	75	70	true	yes
overcast	72	90	true	yes
overcast	81	75	false	yes
rain	71	80	true	no

使用ID3算法来构建决策树，该算法基于信息增益来选择最佳特征。以下是详细的计算过程。

1. 数据预处理

ID3算法要求所有特征是离散型的，而特征Temperature和Humidity的值是连续型的，所以需要对特征Temperature和Humidity进行离散化。例如，对特征Temperature和Humidity使用等距离散化，特征Temperature的3个区间是[64, 71)、[71, 79)和[79, 85]，特征Humidity的两个区间是[65, 81)和[81, 96]。

2. 构建基于信息增益的决策树

目标特征Play有两个类别：yes和no。yes的概率为9/14，no的概率为5/14。根据式7-11，计算根结点的信息熵为：

$$H(D) = -(\frac{9}{14}\log_2\frac{9}{14} + \frac{5}{14}\log_2\frac{5}{14}) = 0.94029$$

然后计算特征集合{Outlook, Temperature, Humidity, Wind}中每个特征的信息增益。

对于特征Outlook，其特征值有sunny、overcast和rain三种。若使用该属性对数据集D进行划分，则得到3个子集，分别记为：D^1(Outlook=sunny)，D^2(Outlook=overcast)，D^3(Outlook=rain)。

其中，子集D^1中，Play为yes的样本数是2，Play为no的样本数是3。子集D^2中，Play为yes的样本数是4，Play为no的样本数是0。子集D^3中，Play为yes的样本数是3，Play为no的样本数是2。因此，特征Outlook的信息熵为：

$$H(D^1) = -(\frac{2}{5}\log_2\frac{2}{5} + \frac{3}{5}\log_2\frac{3}{5}) = 0.97095$$

$$H(D^2) = 0$$

$$H(D^3) = -(\frac{3}{5}\log_2\frac{3}{5} + \frac{2}{5}\log_2\frac{2}{5}) = 0.97095$$

根据式 7-13，计算特征 Outlook 的信息增益为：

$$IG(\text{Outlook}) = H(D) - \sum_{v=1}^{3}\frac{|D^v|}{|D|}H(D^v)$$
$$= 0.94029 - (\frac{5}{14} \times 0.97095 + \frac{4}{14} \times 0 + \frac{5}{14} \times 0.97095)$$
$$= 0.24675$$

可以使用同样的方法计算特征 Temperature、Humidity 和 Wind 的信息增益。

根据以上计算结果可知，特征 Outlook 的信息增益最大，所以选择 Outlook 作为划分特征。图 7-4 给出了基于 Outlook 对根结点进行划分的结果，各分支结点所包含的样本子集分别为 D1、D2 和 D3。

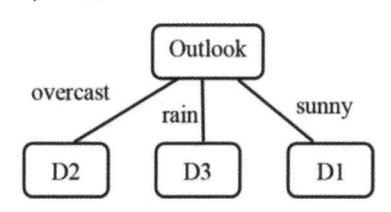

图 7-4　基于 Outlook 对根结点的划分

然后根据信息增益选择最优的特征，逐步划分数据，直到无法再进一步划分为止。

3. 使用 ID3 算法生成决策树的代码示例

对于高尔夫数据集，使用 ID3 算法生成一棵决策树，并进行可视化，程序代码如示例 7-2 所示，示例文件为 demo/code/chapter7/ID3.py。

【示例 7-2】ID3 算法构建决策树

```
# 导入所需库
import pandas as pd
from sklearn.tree import DecisionTreeClassifier
from sklearn import tree
import matplotlib.pyplot as plt

# 构建数据集
```

```python
data = {
    'Outlook': ['sunny', 'sunny', 'overcast', 'rain', 'rain', 'rain',
'overcast', 'sunny', 'sunny', 'rain', 'sunny', 'overcast', 'overcast',
'rain'],
    'Temperature': [85, 80, 83, 70, 68, 65, 64, 72, 69, 75, 75, 72, 81, 71],
    'Humidity': [85, 90, 78, 96, 80, 70, 65, 95, 70, 80, 70, 90, 75, 80],
    'Wind': [False, True, False, False, False, True, True, False, False,
False, True, True, False, True],
    'Play': ['no', 'no', 'yes', 'yes', 'yes', 'no', 'yes', 'no', 'yes', 'yes',
'yes', 'yes', 'yes', 'no']
}

# 将数据集转换为 DataFrame
df = pd.DataFrame(data)

# 对 Temperature 和 Humidity 进行离散化
bins_temperature = [64, 71, 79, 85]
labels_temperature = ['[64, 71)', '[71, 79)', '[79, 85]']
df['Temperature_bin'] = pd.cut(df['Temperature'],
bins=bins_temperature, labels=labels_temperature, right=False)

bins_humidity = [65, 81, 96]
labels_humidity = ['[65, 81)', '[81, 96]']
df['Humidity_bin'] = pd.cut(df['Humidity'], bins=bins_humidity,
labels=labels_humidity, right=False)

# 将 Wind 列转换为整数，Play 列转换为二进制值
df['Wind'] = df['Wind'].astype(int)
df['Play'] = df['Play'].map({'yes': 1, 'no': 0})

# 使用独热编码处理分类变量
X = pd.get_dummies(df[['Outlook', 'Temperature_bin', 'Humidity_bin',
'Wind']])
y = df['Play']

# 创建并训练决策树分类器（基于信息增益）
clf = DecisionTreeClassifier(criterion='entropy', random_state=0)
clf.fit(X, y)

# 可视化决策树
```

```
plt.figure(figsize=(10, 8))
tree.plot_tree(clf, feature_names=X.columns, class_names=['No',
'Yes'], filled=True, rounded=True)
plt.title("Decision Tree using ID3 Algorithm")
plt.show()
```

代码解释：

- 离散化：将 Temperature 和 Humidity 两个特征分别离散化。
- 预处理：将 Wind 列转为整数，将 Play 列转为二进制值（1 表示 yes，0 表示 no）。
- 特征编码：将分类变量 Outlook、Temperature_bin 和 Humidity_bin 使用 pd.get_dummies()进行独热编码。
- 训练决策树：使用 DecisionTreeClassifier 并指定 criterion='entropy'，即基于信息增益训练决策树。
- 可视化：使用 plot_tree()方法对决策树进行可视化。

代码运行结果如图 7-5 所示。

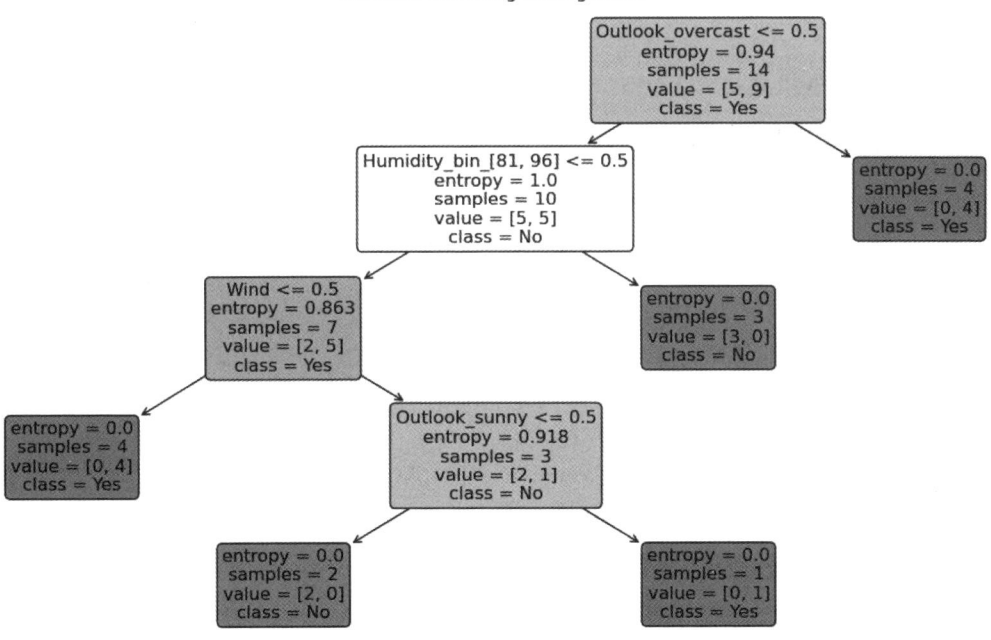

图 7-5 ID3 算法构建的决策树

7.3.4 决策树的特点

决策树算法是一种基于树状结构进行分类或回归的机器学习方法。它通过递归地选择最优特征,将数据划分成不同的子集,从而生成具有层次结构的决策路径。

决策树模型简单易懂,生成的树结构直观可解释,且适合处理混合类型的数据。然而,决策树容易过拟合,对噪声敏感,且在处理连续数据时需要进行特征离散化或引入分割点。常用的改进版本如 C4.5 和 CART 算法更具健壮性,能处理连续数据并减少过拟合问题。

7.4 其他分类算法

7.4.1 随机森林

随机森林(Random Forest)是一种集成学习算法,通过构建多个决策树并将其结果集成,以提高分类或回归的准确性和健壮性。具体来说,随机森林通过以下几个步骤来构建模型。

1. **数据集随机采样**

从原始数据集中使用自助采样法随机抽取多个子集,每个子集用于训练一棵决策树。自助采样法即从原始数据集中有放回抽样(允许重复抽取),得到的每个子集的大小与原始数据集相同。

2. **特征随机选择**

在每个决策树的每个结点上,随机选择特定数量的特征来进行分裂,而不是使用所有特征。这样可以增加树的多样性,降低模型的方差。

3. **构建决策树**

对每个随机抽取的子集构建一棵决策树。每棵树的生成过程是完全独立的,树的深度和分裂准则通常没有严格限制,通常会采用最大深度或最小样本数来限制树的生长。

4. **预测和投票**

在分类任务中,随机森林通过对所有决策树的预测结果进行投票来决定最终的分类结果。在回归任务中，则通过计算所有树预测结果的平均值来得出最终预测。

随机森林的算法描述如算法 7-2 所示。

算法 7-2　随机森林算法

Input：训练数据集 D，树的数量 N_trees，特征数量 M_features
Output：随机森林模型
1. 初始化一个空的森林 F
2. For i = 1 to N_trees：
 a. 从训练数据集 D 中有放回地随机抽取一个子样本集 Di
 b. 在 Di 上训练一棵决策树 Ti，构建时：
  i. 对于每个结点，从 M_features 中随机选择 m 个特征（m < M_features）
  ii. 选择这 m 个特征中分裂效果最佳的特征进行结点分裂
  iii. 递归地对每个子结点重复以上过程，直到满足停止条件（如达到最大深度或叶结点纯度足够高）
 c. 将训练好的决策树 Ti 加入森林 F 中
3. Return 随机森林模型 F（由 N_trees 棵树 T_1，T_2，…，T_{N_trees} 组成）

预测（对于一个新样本 x）：
1. 让森林中的每棵树 Ti 对样本 x 进行预测，得到 N_trees 个预测结果
2. 对于分类任务，采用投票方式：选择出现最多的类别作为最终预测结果
 对于回归任务，采用平均方式：计算所有预测值的平均值作为最终预测结果

通过引入随机抽样和特征随机选择，随机森林有效减少了单棵树的偏差，并降低了过拟合的风险。而且，随机森林对高维数据和噪声有良好的抗性，适合分类和回归任务。然而，由于其包含大量树，模型复杂度较高，内存和计算资源消耗大，且较难解释。

7.4.2　支持向量机

支持向量机（Support Vector Machine，SVM）是一种用于分类和回归任务的机器学习算法。其基本原理是通过寻找一个最优超平面来分割不同类别的数据点，使得不同类别的样本点尽可能地远离该超平面，同时使得同一类别的样本点尽可能地靠近它。这样的超平面被称为最大间隔超平面，具有较好的泛化能力。

1. SVM 的几个基本概念

1）超平面

在 n 维空间中，一个超平面是一个 $n-1$ 维的线性子空间，用于分割不同类别的样本点。在二维空间中，超平面就是一条直线；在三维空间中，超平面就是一个平面。

假设数据有 n 个特征，超平面可以表示为以下的线性方程：

$$\boldsymbol{w} \cdot \boldsymbol{x} + b = 0 \tag{7-17}$$

其中，$\boldsymbol{w}$ 是超平面的法向量，它决定了超平面的方向。$\boldsymbol{x}$ 是数据点的特征向量。b 是偏置项，表示超平面与原点的距离。

SVM 的目标是找到一个最优的超平面，能够把两类数据点分开。通过这个超平面，SVM 可以将一个数据集划分为两类，每个类别位于超平面的两侧。

2）支持向量

离超平面最近的那些样本点被称为支持向量（Support Vectors），它们决定了超平面的具体位置，并且对分类边界起到关键作用。支持向量是 SVM 算法中非常重要的部分。实际上，只有这些支持向量会影响最终的决策边界，其他的数据点不会影响超平面的构建。

支持向量是 SVM 的核心，它们决定了分类超平面的最优位置，使得 SVM 具有较强的健壮性，避免过拟合。支持向量位于超平面的两侧，距离超平面最近。它们是最"难以分类"的点，因此，SVM 算法会根据它们来调整超平面的位置，使得间隔最大化。

3）间隔

间隔（Margin）是指数据点到决策超平面的距离。SVM 的核心思想是通过最大化这个间隔来寻找最优的分类边界。目标是选择一个超平面，使得两类数据点到超平面的距离最大，从而使分类器具有更强的泛化能力。

2. SVM 的算法原理

1）线性可分情况

当训练样本线性可分时，SVM 通过求解一个凸二次规划问题来确定最大间隔超平面。问题的目标函数是最大化间隔，约束条件是确保所有样本点都被正确分类。

2）线性不可分情况

当训练样本线性不可分时，SVM 通过引入松弛变量和惩罚项，允许一些样本点被错误分类或位于超平面附近。

3）核函数

核函数是 SVM 处理非线性问题的关键。常用的核函数包括线性核、多项式核和高斯核（也称为径向基函数 RBF 核）等。这些核函数能够将数据从原始空间映射到一个更高维度的空间，使得原本线性不可分的数据在新的空间中变得线性可分。

3. SVM 算法描述

算法 7-3 是 SVM 的算法描述，该算法用于线性可分的二分类问题。

算法 7-3　SVM 算法描述

```
Input：训练数据集 D = {(x₁, y₁), (x₂, y₂), ..., (xₙ, yₙ)}，其中 xᵢ 为样本，
yᵢ 为类别标签（yᵢ ∈ {+1, -1}），学习率 η，正则化参数 C

Output：权重向量 w 和偏置 b，定义超平面 f (x) = w•x + b
1. 初始化权重向量 w 和偏置 b 为 0

2. Repeat until 收敛：
    For 每个样本 (xᵢ, yᵢ) ∈ D：
        a. 计算预测值：f (xᵢ) = w • xᵢ + b
        b. 检查分类条件：yᵢ * f (xᵢ) ≥ 1
            - 如果条件成立，则说明 xᵢ 被正确分类，损失为 0，不更新 w 和 b
            - 如果条件不成立，即 yᵢ * f (xᵢ) < 1，则说明 xᵢ 被错误分类，进行更新：
                i. 对 w 进行更新：w= w + η * (yᵢ * xᵢ- 2 * C * w)
                ii. 对 b 进行更新：b = b + η * yᵢ

3. Return 超平面参数 w 和 b

预测（对于一个新样本 x）：
(1) 计算 f (x) = w•x + b
(2) 根据符号确定类别：
    - 如果 f(x)≥0，则预测类别为+1
```

- 如果 f(x)<0，则预测类别为-1

4. SVM 的特点

SVM 泛化错误率低，具有良好的泛化能力；计算开销不大，特别是对于中等规模的数据集；结果易于解释，超平面的位置和方向由支持向量决定。

但是，SVM 对参数调节和核函数的选择较为敏感，不同的参数和核函数可能导致模型性能差异较大。此外，原始分类器不加修改，仅适用于处理二分类问题。虽然可以通过一些策略扩展到多分类问题，但实现起来相对复杂。

7.4.3 贝叶斯分类器

贝叶斯分类算法是基于贝叶斯定理的分类方法，是一种常用于监督学习的概率分类算法。该算法通过计算每个类别在给定输入条件下的概率，来决定输入数据所属的类别。

1. 贝叶斯定理

贝叶斯分类的核心是贝叶斯定理，该定理描述了后验概率与先验概率和似然函数之间的关系。贝叶斯定理的公式如下：

$$P(C|X) = \frac{P(X|C) \cdot P(C)}{P(X)} \tag{7-18}$$

其中：

$P(C|X)$是在给定特征 X 的条件下，数据属于类别 C 的后验概率，是我们希望求得的目标。

$P(X|C)$是在类别 C 的条件下，观测到特征 X 的似然函数。

$P(C)$是类别 C 的先验概率，即在没有观察到任何特征之前，类别 C 出现的概率。

$P(X)$是观测到特征 X 的证据概率，可以作为归一化常数，使得所有类别的后验概率和为 1。

2. 朴素贝叶斯分类器

由于直接计算 $P(X|C)$ 可能非常复杂，朴素贝叶斯分类器引入了特征条件独立的假设，即假设每个特征在给定类别 C 的条件下是相互独立的。这一假设大大简化了计算，

使得可以将特征的联合概率分解为单个特征的条件概率乘积：

$$P(X \mid C) = P(x_1 \mid C) \times P(x_2 \mid C) \cdots P(x_n \mid C) \quad (7\text{-}19)$$

在这种情况下，贝叶斯定理可以表示为：

$$P(C \mid X) \propto P(C) ? P(x_1 \mid C) \times P(x_2 \mid C) \cdots P(x_n \mid C) \quad (7\text{-}20)$$

由于 $P(X)$ 对于所有类别来说是相同的，通常只需计算 $P(C) \cdot P(X|C)$ 的值，然后选择后验概率最大的类别作为分类结果。

3. 朴素贝叶斯分类器的步骤

（1）训练阶段：计算每个类别的先验概率 $P(C)$。对于每个特征 x_i，计算在类别 C 的条件下的条件概率 $P(x_i|C)$。

（2）分类阶段：对于一个新的样本 $X=(x_1, x_2, \cdots, x_n)$，根据贝叶斯定理计算每个类别的后验概率 $P(C|X)$。选择后验概率最大的类别作为样本的分类结果。

朴素贝叶斯算法的具体描述如算法 7-4 所示。

算法 7-4　朴素贝叶斯算法描述

```
Input：训练数据集 D = {(x₁, y₁), (x₂, y₂), …, (xₙ, yₙ)}，其中 xᵢ是样本特征
向量，yᵢ是类别标签
      假设类别标签共有 K 种 {C₁, C₂, …, C_K}，特征共有 M 个
Output：每个类别的先验概率 P(C_k)，以及在每个类别条件下的特征条件概率 P(xᵢ | C_k)
1. 计算先验概率 P(C_k) 对于每个类别 C_k：
    For 每个类别 C_k ∈ {C₁, C₂, …, C_K}：
        P(C_k) = 样本属于 C_k 的数量 / 样本总数

2. 计算条件概率 P(xᵢ | C_k) 对于每个特征 xᵢ 和类别 xᵢ | C_k：
    For 每个类别 C_k ∈ {C₁, C₂, …, C_K}：
        For 每个特征 xᵢ ∈ {x₁, x₂, …, x_M}：
            计算 P(xᵢ | C_k) = 属于 C_k 类的样本中 xᵢ 出现的频率

3. 分类（对于新样本 x = {x₁, x₂, …, xₙ}）：
    For 每个类别 C_k ∈ {C₁, C₂, …, C_K}：
        计算后验概率 P(C_k | x) ∝ P(C_k) * Π P(xᵢ | C_k)    # 按照朴素贝叶斯公式
```

计算

　　选择具有最大后验概率的类别作为预测结果

4. Return 预测的类别

4. 朴素贝叶斯分类器的特点

朴素贝叶斯分类器的优点在于其计算效率高，由于引入了特征条件独立假设，使得计算简单快速，适合大规模数据处理。同时，即使在小样本下也能提供较为可靠的结果，并且算法实现简单，易于扩展。

然而，朴素贝叶斯的主要缺点是假设特征独立，当特征之间存在较强关联时，分类性能可能会下降。此外，算法对数据稀疏性较为敏感，当某些特征在训练集中未出现时，可能会导致零概率问题，但可以通过拉普拉斯平滑来缓解。

7.4.4　分类算法小结与示例

不同的分类算法各有优缺点，通常需要根据数据特点和应用场景选择。表 7-3 对几种常用的分类算法进行了总结。

表7-3　不同分类算法的比较

算　　法	特　　点	优　　点	缺　　点
决策树	基于树形结构，递归地进行分割，叶结点表示类别	简单直观，易解释；可以处理分类和回归；不需要特征标准化	容易过拟合，尤其是深树；对小数据集敏感
随机森林	通过集成多个决策树，减少过拟合现象，提高模型稳健性	减少过拟合；适用于大数据集；对数据噪声不敏感	训练速度慢；难以解释模型内部结构
支持向量机	寻找最大化类别间隔的超平面，适合高维数据	在高维数据上表现出色；具有强大的分类能力	对超参数敏感；对于大数据集训练较慢
贝叶斯分类器	基于贝叶斯定理和条件独立假设进行分类	高效，适合小数据集；实现简单	特征之间强关联时效果不好；假设独立性可能与实际情况不符

在 IT 运维中，预测服务器是否会在未来 24 小时内发生故障非常重要。这可以帮助运维团队提前采取措施，避免服务中断。示例 7-3 为基于服务器的各项指标（CPU 使用率、内存使用率、磁盘 I/O、网络流量等），预测服务器在未来 24 小时内是否会发生故

障（二分类问题：0=正常，1=故障）。示例文件为demo/code/chapter7/classification.py。

【示例7-3】基于服务器指标的故障预测系统

```python
import numpy as np
import pandas as pd
from sklearn.model_selection import train_test_split
from sklearn.tree import DecisionTreeClassifier
from sklearn.ensemble import RandomForestClassifier
from sklearn.naive_bayes import GaussianNB
from sklearn.svm import SVC
from sklearn.metrics import classification_report, confusion_matrix, accuracy_score
from sklearn.preprocessing import StandardScaler

# 1. 模拟数据生成
np.random.seed(42)
n_samples = 10000

data = {
    'cpu_usage': np.random.normal(50, 20, n_samples).clip(0, 100),
    'memory_usage': np.random.normal(60, 15, n_samples).clip(0, 100),
    'disk_io_wait': np.random.exponential(10, n_samples).clip(0, 100),
    'network_error_rate': np.random.exponential(1, n_samples).clip(0, 10),
    'temperature': np.random.normal(60, 10, n_samples).clip(30, 90),
    'reboot_count': np.random.poisson(0.1, n_samples),
}

df = pd.DataFrame(data)
print(df.head())

def define_failure(row):
    if row['cpu_usage'] > 85 and row['memory_usage'] > 85:
```

```python
        return 1
    elif row['disk_io_wait'] > 50:
        return 1
    elif row['network_error_rate'] > 5:
        return 1
    elif row['temperature'] > 80:
        return 1
    elif row['reboot_count'] > 2:
        return 1
    else:
        return 0

df['failure'] = df.apply(define_failure, axis=1)

print("故障比例:")
print(df['failure'].value_counts(normalize=True))

# 2. 数据准备
X = df.drop('failure', axis=1)
y = df['failure']
X_train, X_test, y_train, y_test = train_test_split(X, y, test_size=0.3, random_state=42)

print("\n训练集形状:", X_train.shape)
print("测试集形状:", X_test.shape)

# 3. 数据标准化
scaler = StandardScaler()
X_train_scaled = scaler.fit_transform(X_train)
X_test_scaled = scaler.transform(X_test)

# 4. 模型训练和评估
models = {
    "Decision Tree": DecisionTreeClassifier(random_state=42),
```

```python
        "Random Forest": RandomForestClassifier(random_state=42),
        "Naive Bayes": GaussianNB(),
        "SVM": SVC(random_state=42)
}

results = {}
for name, model in models.items():
    if name in ["Naive Bayes", "SVM"]:
        X_tr, X_te = X_train_scaled, X_test_scaled
    else:
        X_tr, X_te = X_train, X_test
    
    model.fit(X_tr, y_train)
    y_pred = model.predict(X_te)
    
    accuracy = accuracy_score(y_test, y_pred)
    report = classification_report(y_test, y_pred)
    cm = confusion_matrix(y_test, y_pred)
    
    results[name] = {
        "model": model,
        "accuracy": accuracy,
        "report": report,
        "confusion_matrix": cm
    }
    
    print(f"\n{name} 结果:")
    print(f"准确率: {accuracy:.4f}")
    print("分类报告:")
    print(report)
    print("混淆矩阵:")
    print(cm)
```

代码解释：

1）数据生成

- 使用正态分布生成 CPU、内存和温度数据。
- 使用指数分布生成磁盘 I/O 等待和网络错误率（这些指标通常有长尾分布）。
- 使用泊松分布生成重启次数（模拟罕见事件）。
- 定义故障规则模拟真实场景。

2）数据预处理

- 对数据进行标准化（对 SVM 和朴素贝叶斯很重要）。
- 将数据分为训练集和测试集。

3）模型训练和评估

- 决策树：简单的树形分类器。
- 随机森林：多个决策树的集成方法。
- 朴素贝叶斯：基于贝叶斯定理的概率分类器。
- SVM：寻找最优超平面的分类器。
- 使用准确率、分类报告和混淆矩阵等指标评估模型性能。

运行示例 7-3，结果如下：

```
   cpu_usage  memory_usage  ...  temperature  reboot_count
0  59.934283     49.822579  ...    47.874526             0
1  47.234714     55.417508  ...    57.901883             0
2  62.953771     51.039284  ...    73.046566             0
3  80.460597     61.656271  ...    65.067691             0
4  45.316933     77.957678  ...    47.608381             0

[5 rows x 6 columns]
故障比例：
0    0.9637
1    0.0363
Name: failure, dtype: float64

训练集形状：(7000, 6)
测试集形状：(3000, 6)
```

Decision Tree 结果:
准确率: 0.9997
分类报告:

	precision	recall	f1-score	support
0	1.00	1.00	1.00	2888
1	1.00	0.99	1.00	112
accuracy			1.00	3000
macro avg	1.00	1.00	1.00	3000
weighted avg	1.00	1.00	1.00	3000

混淆矩阵:
[[2888   0]
 [1 111]]

Random Forest 结果:
准确率: 0.9997
分类报告:

	precision	recall	f1-score	support
0	1.00	1.00	1.00	2888
1	1.00	0.99	1.00	112
accuracy			1.00	3000
macro avg	1.00	1.00	1.00	3000
weighted avg	1.00	1.00	1.00	3000

混淆矩阵:
[[2888   0]
 [1 111]]

Naive Bayes 结果:

准确率：0.9520
分类报告：

```
              precision    recall  f1-score   support

           0       0.98      0.97      0.98      2888
           1       0.37      0.40      0.38       112

    accuracy                           0.95      3000
   macro avg       0.67      0.69      0.68      3000
weighted avg       0.95      0.95      0.95      3000
```

混淆矩阵：
[[2811   77]
 [67   45]]

SVM 结果：
准确率：0.9890
分类报告：

```
              precision    recall  f1-score   support

           0       0.99      1.00      0.99      2888
           1       0.95      0.74      0.83       112

    accuracy                           0.99      3000
   macro avg       0.97      0.87      0.91      3000
weighted avg       0.99      0.99      0.99      3000
```

混淆矩阵：
[[2884   4]
 [29   83]]

运行结果显示决策树和随机森林模型的准确率最高，适合此类问题。在实际应用中，需要根据真实数据和业务需求调整数据生成规则和模型参数。

7.5 聚类分析

聚类分析是一种无监督模式识别方法，它在没有先验知识指导的情况下，从数据集中发现潜在的相似模式，将数据对象分成若干簇，使同一簇内的对象之间的相似度尽可能高，而不同簇间的对象之间的相异度尽可能大。聚类算法主要有划分方法、层次方法、基于密度的方法、基于网格的方法和基于模型的方法。

7.5.1 划分聚类方法

对于数据集 D 中的 n 个对象，要生成的簇的个数为 k，基于划分的聚类方法是将对象组织为 k 个划分（$k \leq n$），即 k 个簇。最常用的基于划分的聚类算法是 K-means 算法和 K-medoids 算法。

K-means 算法是一个非常经典的聚类算法，它的基本思想是以 k 作为输入参数，选择 k 个数据点作为初始质心，将每个点指派到最近的质心，从而将所有点形成 k 个簇；然后重新计算每个簇的质心，再将所有点重新指派，这个过程将被反复执行，直到质心不再发生变化。K-means 算法的描述如算法 7-5 所示。

算法 7-5　K-means 算法描述

输入：数据集 D = {x₁, x₂, …, xₙ}，簇的数量 K
输出：K 个簇及其中心点

1. 初始化：
   a. 随机选择 K 个数据点作为初始中心点 μ₁, μ₂, …, μ_K

2. 重复直到收敛（中心点不再变化或达到最大迭代次数）：
   a. 簇分配：
      对于每个数据点 xᵢ ∈ D：
         计算 xᵢ 到每个中心点 μⱼ（j = 1, 2, …, K）的距离
         将 xᵢ 分配到距离最近的中心点 μⱼ 所属的簇 Cⱼ

   b. 更新中心点：
      对于每个簇 Cⱼ（j = 1, 2, …, K）：
         重新计算中心点 μⱼ，其值为簇 Cⱼ 中所有点的均值

3．返回 K 个簇及其中心点

计算某点与质心的距离时，通常对欧氏空间中的点使用欧几里得距离，其定义为：

$$d(x,y) = \sqrt{\sum_{k=1}^{n}(x_k - y_k)^2} \qquad (7\text{-}21)$$

其中，n 是维数，x_k 和 y_k 分别是点 x 和点 y 的第 k 个属性值。

用误差的平方和（Sum of the Squared Error，SSE）作为度量聚类质量的目标函数，其定义为：

$$\text{SSE} = \sum_{i=1}^{k}\sum_{x \in C_i} d(o_i, x)^2 \qquad (7\text{-}22)$$

其中，x 是指派给簇 C_i 空间中的点，o_i 是簇 C_i 的质心，$o_i = \dfrac{1}{m_i}\sum_{x \in C_i} x$，$m_i$ 是簇 C_i 中对象的个数。

通常使用夹角余弦来衡量两个向量的相似性，其定义为：

$$d_{ij} = \cos\theta = \frac{x_i \cdot x_j}{\|x_i\|\|x_j\|} = \frac{\sum_{k=1}^{d} x_{ik}x_{jk}}{\sqrt{\sum_{k=1}^{d} x_{ik}^2}\sqrt{\sum_{k=1}^{d} x_{jk}^2}} \qquad (7\text{-}23)$$

余弦值越接近 1，说明两个向量越相似。

示例 7-4 是对鸢尾花数据集 Iris 进行聚类的实现代码，示例文件为 demo/code/chapter7/Kmeans.py。该示例使用 load_iris()加载鸢尾花数据集，X 包含特征数据，Y 包含真实标签。创建一个 K-means 对象，指定簇的数量为 3（因为鸢尾花数据集有 3 个品种）。使用 fit 方法对数据进行聚类。predict 方法用于获取每个数据点的簇标签。使用主成分分析（Principal Component Analysis，PCA）将数据从四维降到二维，以便可视化。使用 fit_transform 方法将特征降维，使用 transform 方法将簇中心转换到二维空间。使用 Matplotlib 绘制数据点和聚类中心。数据点根据其簇标签着色，聚类中心用红色 X 标记。通过聚类，我们可以看到数据点如何被分组到不同的簇中，并且观察到 K-means 算法找到的簇中心位置。K-means 聚类的效果如图 7-6 所示。

【示例 7-4】对鸢尾花数据集 Iris 的 K-means 聚类

```
import numpy as np
import matplotlib.pyplot as plt
from sklearn.datasets import load_iris
from sklearn.cluster import KMeans
from sklearn.decomposition import PCA

# 加载 Iris 数据集
iris = load_iris()
X = iris.data
y = iris.target

# 使用 K-means 进行聚类
kmeans = KMeans(n_clusters=3, random_state=42)
kmeans.fit(X)

# 获取聚类结果
y_kmeans = kmeans.predict(X)
centers = kmeans.cluster_centers_

# 使用 PCA 将数据降到二维，以便可视化
pca = PCA(n_components=2)
X_pca = pca.fit_transform(X)
centers_pca = pca.transform(centers)

# 绘制聚类结果
plt.figure(figsize=(10, 6))

# 绘制数据点
plt.scatter(X_pca[:, 0], X_pca[:, 1], c=y_kmeans, s=50, cmap='viridis', alpha=0.6, edgecolors='k')

# 绘制聚类中心
plt.scatter(centers_pca[:, 0], centers_pca[:, 1], c='red', s=200,
```

```
marker='x', label='Centroids')

    plt.title('K-means Clustering on Iris Dataset')
    plt.xlabel('PCA Component 1')
    plt.ylabel('PCA Component 2')
    plt.legend()
    plt.show()
```

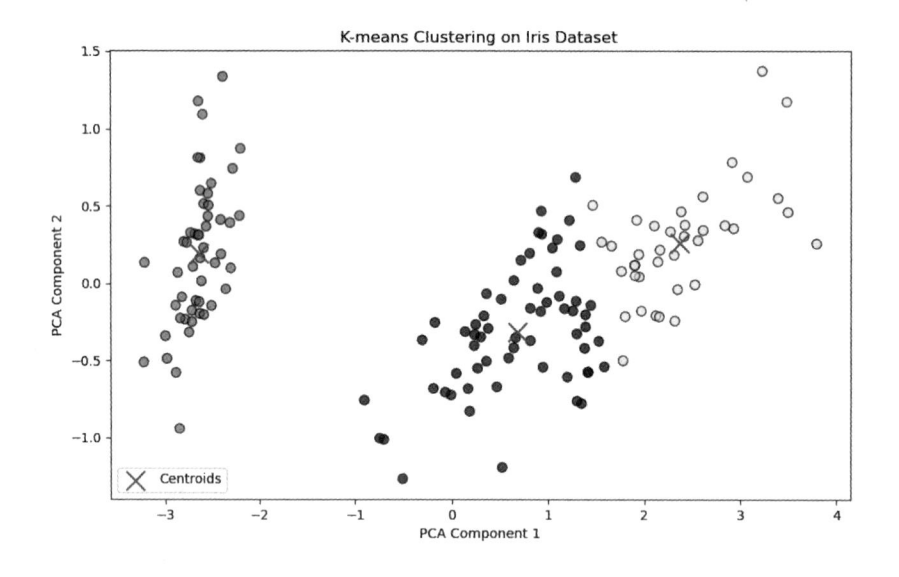

图 7-6　K-means 算法对 Iris 数据集的聚类效果

K-means 算法只需要存放数据点和质心，其空间复杂度为 $O((m+k)n)$，其中 m 是数据点的个数，n 是属性数。该算法的时间复杂度为 $O(I×k×m×n)$，其中 I 是收敛所需要的迭代次数，基本和数据点的个数线性相关，所以使用该算法处理大数据是简单和有效的。

但是，K-means 算法存在一些问题。首先，该算法要求指定生成簇的个数 k，而且通常初始质心是被随机选取的，k 值的指定及初始质心的选择会影响聚类的质量。其次，K-means 算法对噪声数据或离群点是敏感的，少量的极端数据会使真正的簇质心偏移，从而影响簇的质量。最后，K-means 算法是基于距离的聚类，不能处理非球形的簇。

K-medoids 算法与 K-means 算法的不同之处是，它不再采用簇中对象的均值作为质心，而是将每个簇中的某个实际对象作为参考点，其余的对象按照其与各个簇中心对象的距离指派到相应的簇中。该算法重复迭代，直到每个代表对象都成为该簇的实际中心点。

因为中心点不像均值那么容易受离群点和极端数据影响，所以当存在噪声数据或离群点时，K-medoids 算法比 K-means 算法的聚类质量高。然而，K-medoids 算法每次迭代的时间复杂度为 $O(k(n-k)^2)$，计算代价比 K-means 算法高。这两种方法都需要用户事先指定簇的个数。

7.5.2 基于密度的聚类方法及示例

基于密度的聚类方法（Density-Based Spatial Clustering of Applications with Noise，DBSCAN）是一种以数据点的密度为目标的聚类算法，其目的是将数据中某些较为明显的簇或类的数据点聚集起来，而较少的或者稀少的簇则被分到一起。基于密度的聚类算法的主要思想是：只要邻近区域的密度（对象或数据点的数目）超过某个阈值，就把它加到与之相近的聚类中。也就是说，对给定类中的每个数据点，在一个给定范围的区域中必须至少包含某个数目的点。

DBSCAN 是一种简单有效的基于密度的聚类算法，根据基于密度的连通性分析实现聚类，其算法描述如算法 7-6 所示。

算法 7-6　DBSCAN 算法描述

输入：数据集 D，邻域半径 ϵ，最小邻域点数 MinPts
输出：簇集合 Clusters，噪声点集合 Noise

1. 初始化：
   将所有点标记为"未访问"。
   初始化空的簇集合 Clusters =∅。
   初始化空的噪声点集合 Noise =∅。

对每个点 p ∈ D 执行以下操作：
如果 p 已被访问，则跳过。
标记 p 为"已访问"。
计算 p 的 ϵ-邻域 $N_\epsilon(p)$，即距离 p 小于或等于 ϵ 的点集合。

如果 |N_ϵ(p)| < MinPts：
　　将 p 标记为噪声点，并将其加入 Noise。
否则：
　　创建一个新簇 C，并将 p 加入 C。
　　将 N_ϵ(p) 中的所有点加入队列 Seeds。
扩展簇：
　　当 Seeds 非空时：
　　　　从 Seeds 中取出一个点 q。
　　　　如果 q 未被访问：
　　　　　　标记 q 为"已访问"。
　　　　　　计算 q 的 ϵ 邻域 N_ϵ(p)。
　　　　　　如果 |N_ϵ(p)| ≥MinPts：
　　　　　　　　将 N_ϵ(p) 中的所有点加入 Seeds。
　　　　如果 q 不属于任何簇：
　　　　　　将 q 加入簇 C。
　　将簇 C 加入 Clusters。
3. **返回结果：**
　　返回簇集合 Clusters 和噪声点集合 Noise。

算法说明：

- 核心点：如果一个点的 ϵ-邻域中包含至少 MinPts 个点，则该点为核心点。
- 边界点：如果一个点不是核心点，但位于某个核心点的 ϵ-邻域内，则该点为边界点。
- 噪声点：既不是核心点，也不是边界点的点。
- 簇扩展：通过核心点的密度连接关系，逐步扩展簇。

DBSCAN 算法如果采用空间索引，时间复杂度为 $O(n\log n)$，其中 n 是数据集中的对象数；否则，时间复杂度为 $O(n^2)$。该算法的空间复杂度为 $O(n)$。DBSCAN 算法是抗噪声的，并且能够产生任意形状和大小的簇。示例 7-5 是分别使用 K-means 算法和 DBSCAN 算法对具有任意形状的数据集进行聚类，示例文件为 demo/code/chapter7/Cluster.py。运行结果如图 7-7 所示，与 K-means 算法相比，DBSCAN 算法在处理非球形簇和噪声点时更有优势。

【示例 7-5】对任意形状数据集的聚类

```
import numpy as np
```

```python
import matplotlib.pyplot as plt
from sklearn.cluster import DBSCAN, KMeans
from sklearn.datasets import make_blobs, make_moons
from sklearn.preprocessing import StandardScaler
# 生成数据
# 第一个数据集：包含不同形状和密度的簇
X, _ = make_moons(n_samples=300, noise=0.1, random_state=42)

# 标准化数据
scaler = StandardScaler()
X_scaled = scaler.fit_transform(X)

# 使用DBSCAN算法进行聚类
dbscan = DBSCAN(eps=0.3, min_samples=10)
dbscan_labels = dbscan.fit_predict(X_scaled)

# 使用K-means算法进行聚类
kmeans = KMeans(n_clusters=2, random_state=42)
kmeans_labels = kmeans.fit_predict(X_scaled)

# 可视化结果
plt.figure(figsize=(12, 6))

# DBSCAN算法结果
plt.subplot(1, 2, 1)
plt.scatter(X_scaled[:, 0], X_scaled[:, 1], c=dbscan_labels, cmap='viridis', edgecolor='k')
plt.title("DBSCAN Clustering")
plt.xlabel("Feature 1")
plt.ylabel("Feature 2")

# K-means算法结果
plt.subplot(1, 2, 2)
plt.scatter(X_scaled[:, 0], X_scaled[:, 1], c=kmeans_labels,
```

```
cmap='viridis', edgecolor='k')
    plt.title("K-means Clustering")
    plt.xlabel("Feature 1")
    plt.ylabel("Feature 2")
    plt.tight_layout()
    plt.show()
```

代码解释：

- 数据生成：使用 make_moons 生成一个包含两个不同形状簇的数据集。这些数据点被设计成类似月牙的形状，以展示 DBSCAN 算法能够处理非球形簇的能力。
- 数据标准化：使用 StandardScaler 对数据进行标准化，以确保特征之间的量纲一致。
- DBSCAN 聚类：使用 DBSCAN 算法进行聚类，设置 eps=0.3 和 min_samples=10。eps 是邻域的大小，min_samples 是形成一个密集区域所需要的样本数（包括核心点本身）。
- K-means 聚类：使用 K-means 算法进行聚类，设置 n_clusters=2，因为数据有两个簇。
- 可视化：使用 Matplotlib 绘制聚类结果。DBSCAN 的结果显示它能够正确识别两个不同形状的簇，并且将噪声点标记为-1（黑色点）。而 K-means 算法的结果则无法识别非球形簇，并且簇的形状被强制为球形。

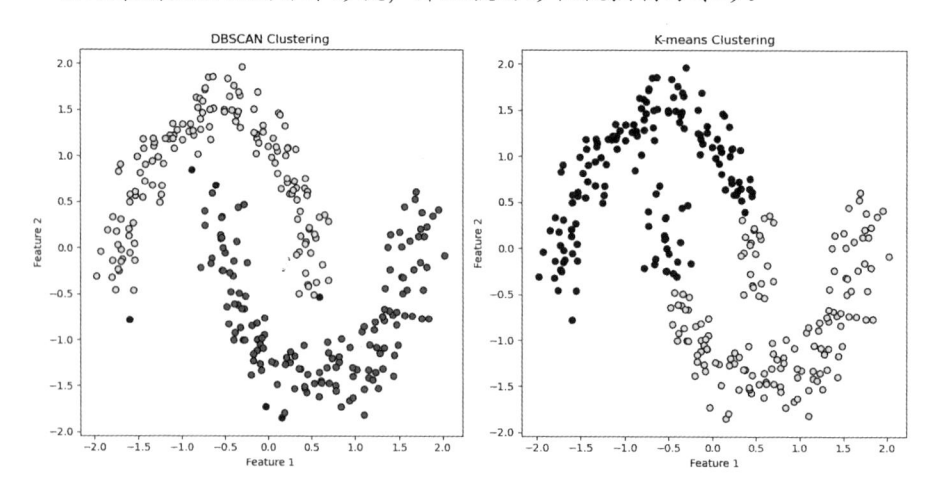

图 7-7　对任意形状数据集的聚类效果

7.5.3 层次聚类方法

层次聚类技术与 K-means 算法一样，虽然相对较老，但与其他聚类方法相比，这些算法仍然被广泛使用。层次聚类方法可以分为凝聚层次聚类和分裂层次聚类两类。凝聚层次聚类的基本思想是：从每个点作为一个独立簇开始，每一步合并最接近的两个簇，直到所有对象都归入一个簇内或满足预先设定的终止条件。分裂层次聚类的基本思想则是：从将所有点作为一个单一簇开始，每一步按照一定规则将该簇分裂成多个较小的簇，直到每个对象自成一簇或满足预定的终止条件。

层次聚类方法虽然简单，但是合并或分裂点选择困难。当一组对象被合并或者分裂后，下一步的处理将对新生成的簇进行，且不能撤销，所以如果一旦某一步没有选择好，就会导致聚类质量较低。改进层次聚类方法的一个方向是集成层次聚类和其他聚类方法，采用多阶段聚类方式。例如，用树结构对对象进行层次划分的 BIRCH 算法，基于簇间的互联性进行合并的 ROCK 算法，以及利用动态建模的 Chameleon 层次算法。

当数据集中包含布尔或分类属性的数据时，使用基于距离函数的聚类不能产生高质量的簇。ROCK 算法对具有分类属性的数据使用了共同近邻数，根据成对点的邻域情况进行聚类，如果两个点的共同近邻个数很大，则它们很可能属于相同的簇。ROCK 算法关注了簇的互连性，但是忽略了簇的邻近度情况。该算法在最坏情况下的时间复杂度为 $O(n^2+nm_m m_a+n^2\log n)$，其中 m_m 和 m_a 分别是近邻数目的最大值和平均值，n 是对象数。

Chameleon 层次算法根据簇中对象的互连度和簇的邻近度来判断簇的相似度。如果两个簇的互连度很高并且簇间的邻近度也很高，则将这两个簇合并。Chameleon 算法聚类的基本过程是，先将数据集转换为 k 近邻图，使用图划分算法将 k 最近邻图划分成若干相对较小的子簇，然后使用凝聚层次聚类算法反复地合并子簇，从而发现真正的簇。与基于密度的聚类算法 DBSCAN 相比，Chameleon 算法能够产生更高质量的、任意形状的簇。但是该算法在最坏情况下的时间复杂度为 $O(n^2)$，其中 n 是对象数。

7.5.4 基于网格的聚类方法

网格的基本思想是将对象空间分割成有限数目的相邻区间，创建网格单元集合。

扫描一遍数据集就可以把对象指派到合适的网格单元中，并且可以同时收集每个单元的信息。比较有代表性的基于网格的聚类算法有统计信息网格聚类算法 STING、利用小波变换聚类算法 WaveCluster 和增长子空间聚类算法 CLIQUE。

基于网格的聚类非常有效，时间复杂度为 $O(m\log m)$，其中 m 是点的个数。但是和大多数基于密度的聚类方法一样，基于网格的聚类对密度阈值依赖性强。如果密度阈值过低，则可能将两个本来独立的簇合并。而如果密度阈值过高，则簇可能丢失。另外，随着维度的增加，网格单元数量会迅速增多，很容易出现大量只包含单个对象的网格单元，所以对于高维数据，基于网格的聚类效果会很差。

7.6 关联分析

关联分析（Association Analysis）主要用于发现数据集中变量之间的有趣关系或模式，被广泛应用于购物篮分析、推荐系统、网络安全、医疗诊断等领域。关联分析的核心目标是识别出哪些项目（或变量）经常一起出现，并量化这些关系的强度。

7.6.1 关联分析相关概念

1. 项

项（Item）是指数据集中的基本元素，例如超市中的商品（牛奶、面包、啤酒等）。

2. 项集

项集（Itemset）是一组项的集合，例如{牛奶, 面包}。包含 k 个项的项集称为 k-项集。

3. 支持度

支持度（Support）用于衡量项集出现的频率，表示项集在数据集中出现的概率，计算方法为：

$$\text{Support}(X) = \frac{\text{包含}X\text{的交易数}}{\text{总交易数}} \qquad (7\text{-}24)$$

例如，如果 100 笔交易中有 30 笔包含{啤酒}，则其支持度为 30%。

4. 置信度

置信度（Confidence）用于衡量关联规则的可信度，表示在包含项集 X 的交易中，也包含项集 Y 的概率，公式为：

$$\text{Confidence}(X \rightarrow Y) = \frac{\text{Support}(X \cup Y)}{\text{Support}(X)} \qquad (7\text{-}25)$$

例如，规则 {啤酒} → {尿布} 的置信度为 70%，意味着购买啤酒的顾客中有 70% 也会购买尿布。

5. 提升度

提升度（Lift）用于衡量规则的相关性，表示包含 X 的事务中，Y 出现的概率与 Y 在整个数据集中出现的概率之比。公式为：

$$\text{Lift}(X \rightarrow Y) = \frac{\text{Confidence}(X \rightarrow Y)}{\text{Support}(Y)} \qquad (7\text{-}26)$$

如果提升度大于 1，说明 X 和 Y 之间存在正相关；如果等于 1，则两者独立；如果小于 1，则存在负相关。

频繁模式是频繁出现在数据集中的模式，如果某个模式（项集、子序列或子结构）的计数大于用户指定的阈值，则这个模式被认为是频繁的。

Agrawal 等于 1994 年首先提出了为布尔关联规则挖掘频繁项集的原始算法，即著名的 Apriori 算法。Apriori 算法通过多次迭代产生频繁项集，每次迭代过程都会删除非频繁项集，显著压缩了候选项集的大小，然而还是会产生大量候选项集，并需要重复地扫描数据库，开销很大。Han 等提出了一种无须产生候选项集的算法 FP-Growth，该算法只需要扫描数据集两次，比 Apriori 算法快一个数量级。

7.6.2　FP-Growth 算法

FP-Growth 算法通过构建一种特殊的树结构——FP 树（Frequent Pattern Tree），来压缩事务数据库中的信息，并直接从该树中挖掘频繁项集，从而避免了生成候选集的过程。FP-Growth 的算法描述如算法 7-7 所示。

算法 7-7　FP-Growth 算法描述

输入：事务数据库 D，最小支持度阈值 min_sup

输出：完整的频繁项集集合

1. 扫描 D, 收集频繁 1-项集及其支持度
2. 按支持度降序排列频繁 1-项集, 得到列表 L
3. 构建 FP 树:
    a. 创建根结点 T, 标记为 "null"
    b. 对 D 中的每个事务 trans:
        i. 按 L 中的顺序选择并排序 trans 中的项
        ii. 调用 insert_tree([p|P], T) // p 是第一个项, P 是剩余项
4. 调用 FP-Growth(Tree, null)

insert_tree([p|P], T):
1. 如果 T 有子结点 N 且 N.item-name = p.item-name:
    a. N 的计数增加 1
2. 否则:
    a. 创建新结点 N
    b. 设置 N 的父结点为 T
    c. 设置 N 的项名为 p
    d. 设置 N 的计数为 1
    e. 通过结点链接将 N 链接到具有相同项名的其他结点
3. 如果 P 非空, 递归调用 insert_tree(P, N)

FP-Growth(Tree, α):
1. 如果 Tree 包含单一路径 P:
    a. 对路径 P 中结点的每个组合 β
    b. 生成模式 $\beta \cup \alpha$, 支持度为 β 中结点的最小支持度
2. 否则:
    a. 对 Tree 头表中的每个项 a_i:
        i. 生成模式 $\beta = a_i \cup \alpha$, 支持度为 a_i 的支持度
        ii. 构造 β 的条件模式基和条件 FP 树 Tree_β
        iii. 如果 Tree_β 非空, 递归调用 FP-Growth(Tree_β, β)

7.6.3 关联分析示例

在大型系统的运行过程中, 会产生大量的告警信息。这些告警通常不是孤立出现

的，而是彼此之间存在一定的关联。通过分析并挖掘频繁一同出现的告警组合模式，可以帮助识别潜在的系统性问题根源、优化告警规则，从而减少冗余告警，预测可能发生的一连串级联故障，并建立更加有效的故障处理流程。这样不仅能提升系统的稳定性与可靠性，还能提高运维效率，确保快速响应和解决问题。

示例 7-6 模拟生成了一个数据中心运维系统产生的告警数据集，包含 CPU_high、Memory_low、Disk_full、Network_latency 等类型的告警，使用 FP-Growth 算法挖掘频繁告警组合模式。示例文件为 demo/code/chapter7/FP-Growth.py。

【示例 7-6】挖掘频繁告警组合模式

```python
import random
import pandas as pd
from datetime import datetime, timedelta
from mlxtend.preprocessing import TransactionEncoder
from mlxtend.frequent_patterns import fpgrowth
import matplotlib.pyplot as plt

# 设置 Matplotlib 中文字体
plt.rcParams['font.sans-serif'] = ['SimHei']  # Windows 系统
plt.rcParams['axes.unicode_minus'] = False

# 定义告警类型
alert_types = ['CPU_high', 'Memory_low', 'Disk_full',
'Network_latency', 'Service_down', 'Database_slow', 'Cache_miss',
'API_timeout']

# 引入一些常见的关联规则（二项集）
common_pairs = [('CPU_high', 'Memory_low'), ('Network_latency',
'Service_down'), ('Database_slow', 'Cache_miss'), ('Disk_full', 'API_timeout')]

# 生成时间序列
start_time = datetime(2023, 1, 1)
end_time = datetime(2023, 1, 31)
time_windows = [start_time + timedelta(minutes=i) for i in range(0,
int((end_time - start_time).total_seconds() / 60))]
```

```python
# 生成模拟告警数据 - 每个时间窗口可能有多个告警
alert_data = []
for window in time_windows:
    # 随机决定这个时间窗口是否有告警
    if random.random() < 0.3:  # 30%的时间窗口有告警
        # 随机选择是否生成常见告警组合
        if random.random() < 0.5:  # 50%的概率生成常见告警组合
            pair = random.choice(common_pairs)
            alerts = list(pair)  # 将选定的常见组合作为基础告警
            # 随机添加额外的告警（最多再加一个）
            if random.random() < 0.3:  # 30%的概率添加额外告警
                extra_alert = random.choice([a for a in alert_types if a not in alerts])
                alerts.append(extra_alert)
        else:
            # 随机选择 1~3 个告警类型
            num_alerts = random.randint(1, 3)
            alerts = random.sample(alert_types, num_alerts)

        alert_data.append({'timestamp': window, 'alerts': alerts})

# 转换为 DataFrame
df_alerts = pd.DataFrame(alert_data)

# 准备事务数据
transactions = df_alerts['alerts'].tolist()

# 使用 TransactionEncoder 进行 One-Hot 编码
te = TransactionEncoder()
te_ary = te.fit(transactions).transform(transactions)
df_encoded = pd.DataFrame(te_ary, columns=te.columns_)

# 使用 FP-Growth 算法挖掘频繁项集
min_support = 0.1  # 设置最小支持度阈值
frequent_itemsets = fpgrowth(df_encoded, min_support=min_support, use_colnames=True)
```

```
# 按支持度降序排序
frequent_itemsets = frequent_itemsets.sort_values(by='support', ascending=False)

# 显示频繁项集
print("频繁告警组合模式：")
print(frequent_itemsets)

# 可视化所有频繁项集的支持度
plt.figure(figsize=(10, 6))
frequent_itemsets['support'].plot(kind='bar')
plt.xticks(range(len(frequent_itemsets)), [", ".join(items) for items in frequent_itemsets['itemsets']], rotation=45, ha='right')
plt.title('频繁告警模式支持度')
plt.ylabel('支持度')
plt.tight_layout()
plt.show()
```

代码解释：

1）数据准备

- 首先生成了模拟的告警数据，每个时间窗口可能有 1~3 个同时出现的告警。
- 如果生成常见组合，则从 common_pairs 中随机选择一组告警。
- 数据被转换为事务格式，每个事务代表一个时间窗口内的告警集合。

2）数据编码

- 使用 TransactionEncoder 将事务数据转换为 One-Hot 编码格式，这是 FP-Growth 算法需要的输入格式。

3）FP-Growth 算法

- 设置最小支持度阈值（min_support 为 0.1，表示只关注在至少 10%的时间窗口中出现的告警组合。
- 算法会自动挖掘所有满足最小支持度阈值的频繁项集。

运行示例 7-6 后，图 7-8 展示了不同告警组合支持度的可视化条形图，控制台输出按支持度降序排列的频繁项集，结果如下：

频繁告警组合模式：

```
    support                         itemsets
4   0.277182                       (CPU_high)
6   0.270314                      (Cache_miss)
2   0.269620                    (Service_down)
5   0.269234                     (API_timeout)
1   0.267690                      (Memory_low)
7   0.266687                   (Database_slow)
3   0.265761                 (Network_latency)
0   0.264604                       (Disk_full)
9   0.151941            (Memory_low, CPU_high)
11  0.151169       (Cache_miss, Database_slow)
10  0.150475   (Service_down, Network_latency)
8   0.145922        (API_timeout, Disk_full)
```

运行结果表明，CPU 使用率高（CPU_high）是最常见的单告警，支持度约 0.277，缓存未命中（Cache_miss）次之，支持度约 0.270。CPU 高和内存低经常同时出现（支持度约 0.152），这可能表明系统资源普遍不足。

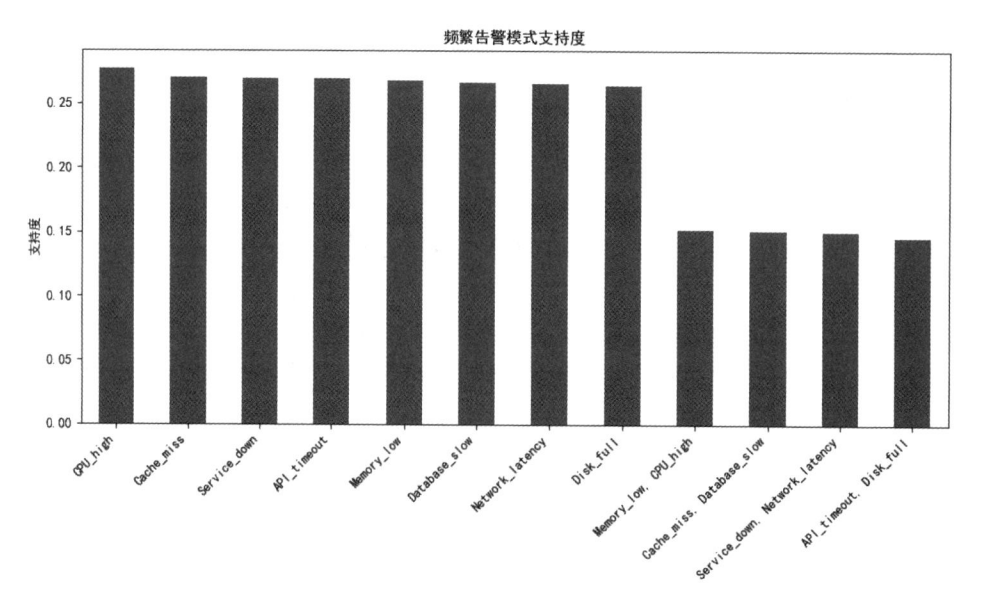

图 7-8　频繁告警模式

7.7 时间序列分析

7.7.1 时间序列的基本概念

时间序列是指按照时间顺序排列的一组数据点，通常用于描述某个变量在不同时间点上的变化情况。例如，股票价格的每日收盘价、气温的逐日记录、商品的月度销售量等都可以构成时间序列。时间序列分析的目标是通过对历史数据的建模和分析，揭示其内在规律，从而对未来数据进行预测或对相关问题进行解释。

时间序列的主要特点如下：

（1）时间依赖性：时间序列中的数据点之间通常存在时间上的依赖关系，即当前数据点的值可能受到之前数据点的影响。

（2）趋势性：时间序列可能表现出长期的上升或下降趋势，如经济增长趋势、人口增长趋势等。

（3）季节性：某些时间序列会呈现出周期性的波动，这种周期性可能是由季节、月份、星期等因素引起的，例如零售业的销售数据通常在节假日和季节性促销期间会出现明显的波动。

（4）随机性：时间序列中还可能包含随机噪声，这些噪声是由各种不可预测的因素引起的，增加了时间序列分析的复杂性。

7.7.2 时间序列的平稳性

平稳性是时间序列分析中的一个重要概念。一个平稳时间序列是指其统计特性（如均值、方差、自协方差等）在时间上保持不变。平稳性对于时间序列建模至关重要，因为许多经典的时间序列模型都假设数据是平稳的。

如果一个时间序列的联合概率分布与时间无关，则称该时间序列为严格平稳。严格平稳的条件较为苛刻，实际应用中较少使用。如果一个时间序列的均值和方差在时间上保持不变，并且其自协方差只依赖于时间间隔而与具体的时间起点无关，则称该时间序列为弱平稳。弱平稳是实际应用中常用的平稳性定义。

判断时间序列是否平稳的方法如下：

（1）观察法：通过绘制时间序列图，直观判断序列是否存在明显的趋势或季节性变化。如果序列的波动范围大致稳定,且没有明显的趋势或周期性变化,则可能是平稳的。

（2）单位根检验：单位根检验是一种统计检验方法,用于判断时间序列是否存在单位根。常见的单位根检验方法有 ADF 检验（Augmented Dickey-Fuller Test）、PP 检验（Phillips-Perron Test）等。如果检验结果拒绝了单位根的存在,则可以认为时间序列是平稳的。

7.7.3 时间序列的建模方法

1. 自回归模型

自回归（Autoregressive,AR）模型是一种线性模型,它假设当前时间点的值与之前若干时间点的值存在线性关系。AR 模型的一般形式为：

$$X_t = c + \phi_1 X_{t-1} + \phi_2 X_{t-2} + \cdots + \phi_p X_{t-p} + \varepsilon_t \tag{7-27}$$

其中,X_t 是当前时间点的值,c 是常数项,$\phi_1, \phi_2, \cdots, \phi_p$ 是模型参数,p 是自回归阶数,ε_t 是随机误差项,通常假设为白噪声。

AR 模型的阶数 p 的选择可以通过信息准则（如 AIC、BIC）来确定。AIC（Akaike Information Criterion）和 BIC（Bayesian Information Criterion）是两种常用的模型选择准则,它们通过平衡模型的拟合优度和复杂度来选择最优的模型阶数。

2. 移动平均模型

移动平均（Moving Average,MA）模型是一种通过当前和过去的随机误差项来预测当前值的模型。MA 模型的一般形式为：

$$X_t = \mu + \varepsilon_t + \theta_1 \varepsilon_{t-1} + \theta_2 \varepsilon_{t-2} + \cdots + \theta_q \varepsilon_{t-q} \tag{7-28}$$

其中,μ 是常数项,$\theta_1, \theta_2, \cdots, \theta_q$ 是模型参数,q 是移动平均阶数,ε_t 是随机误差项,假设为白噪声。

MA 模型的阶数 q 同样可以通过信息准则来选择。与 AR 模型不同,MA 模型的阶数选择通常需要考虑误差项的自相关性。通过观察自相关函数（Autocorrelation Function,ACF）图,可以初步判断 MA 模型的阶数。

3. 自回归移动平均模型

自回归移动平均（Autoregressive Moving Average，ARMA）模型是 AR 模型和 MA 模型的结合，它同时考虑了时间序列的自回归特性和移动平均特性。ARMA 模型的一般形式为：

$$X_t = c + \sum_{i=1}^{p} \phi_i X_{t-i} + \varepsilon_t + \sum_{j=1}^{q} \theta_j \varepsilon_{t-j} \tag{7-29}$$

其中，p 是自回归阶数，q 是移动平均阶数。ARMA 模型的参数估计通常采用最大似然估计（MLE）方法。

4. 自回归差分整合移动平均模型

自回归差分整合移动平均（Autoregressive Integrated Moving Average，ARIMA）模型是 ARMA 模型的扩展，它适用于非平稳时间序列的建模。ARIMA 模型通过差分运算将非平稳时间序列转换为平稳时间序列，然后应用 ARMA 模型进行建模。

（1）差分运算：

$$\Delta^d X_t = (1-L)^d X_t \tag{7-30}$$

其中，L 是滞后算子，$LX_t = X_{t-1}$；d 是差分阶数，通常 $d=1$ 或 $d=2$；$\Delta^d X_t$ 是指 d 阶差分后的序列。

（2）对差分后的序列应用 ARMA(p,q)，则：

$$\Delta^d X_t = c + \sum_{i=1}^{p} \phi_i \Delta^d X_{t-i} + \varepsilon_t + \sum_{j=1}^{q} \theta_j \varepsilon_{t-j} \tag{7-31}$$

其中，p 是自回归阶数，q 是移动平均阶数。ARIMA 模型的参数选择和估计方法与 ARMA 模型类似，但需要额外确定差分阶数 d。差分阶数的选择通常通过观察时间序列的单位根检验结果和自相关函数图来确定。

7.7.4 时间序列的预测

时间序列预测是时间序列分析的重要应用之一。基于上述建模方法，可以通过拟合好的模型对未来数据进行预测。预测的基本步骤如下：

（1）模型选择与拟合：根据时间序列的特性选择合适的模型（如 ARIMA 模型），并利用历史数据估计模型参数。

（2）预测未来值：利用拟合好的模型对未来时间点的值进行预测。

（3）预测误差评估：通过计算预测值与实际值之间的误差来评估模型的预测性能。常用的误差评估指标包括均方误差（MSE）、均方根误差（RMSE）、平均绝对误差（MAE）等。

7.7.5 时间序列分析示例

在运维工作中，服务器网络流量监控是保障服务稳定性的重要环节。异常流量可能预示着 DDoS 攻击、爬虫扫描、业务突发高峰或系统故障。传统阈值告警方式容易产生误报或漏报，而基于时间序列分析的方法能够更好地捕捉流量模式的异常变化。

示例 7-7 模拟生成了服务器网络流量数据，并进行了平稳性分析，示例文件为 demo/code/chapter7/traffic_data_generation.py。

【示例 7-7】服务器网络流量数据生成

```python
import numpy as np
import pandas as pd
import matplotlib.pyplot as plt
from statsmodels.tsa.stattools import adfuller

# 设置中文显示（Windows 系统）
plt.rcParams['font.sans-serif'] = ['SimHei']
plt.rcParams['axes.unicode_minus'] = False

# 生成模拟数据
def generate_data():
    np.random.seed(42)
    n_points = 500
    time = pd.date_range('2023-01-01', periods=n_points, freq='H')

    # 基础流量模式：周期性趋势+噪声
    base = 100 + 20 * np.sin(np.linspace(0, 10*np.pi, n_points))
    traffic = base + 10 * np.random.randn(n_points)

    # 注入异常点（突增/突降）
    anomalies = {
        100: 180, 150: 220, 200: 50,
```

```
            300: 190, 350: 230, 400: 40
        }
        for idx, val in anomalies.items():
            traffic[idx] = val

        df = pd.DataFrame({'timestamp': time, 'traffic': traffic})
        df.set_index('timestamp', inplace=True)
        return df, anomalies.keys()

# 平稳性检验
ef check_stationarity(series):
    adf_result = adfuller(series)
    print(f"ADF 统计量：{adf_result[0]:.3f}, p 值：{adf_result[1]:.3f}")
    return adf_result[1] < 0.05  # 返回是否非平稳

# 执行
df, true_anomalies = generate_data()
print("原始数据示例：")
print(df.head())

is_non_stationary = check_stationarity(df['traffic'])
print(f"数据是否非平稳：{is_non_stationary}")

# 可视化
plt.figure(figsize=(12, 5))
plt.plot(df.index, df['traffic'], label='流量数据')
plt.scatter(df.index[list(true_anomalies)],
f.iloc[list(true_anomalies), 0],
color='red', label='真实异常')
plt.title("网络流量时序数据（含人工异常）")
plt.legend()
plt.grid()
plt.show()

# 保存数据
df.to_csv('data/network_traffic.csv')
print("数据已保存为 data/network_traffic.csv")
```

代码解释：

1）数据生成

- 模拟生成包含周期性趋势、随机噪声和人工异常点的网络流量数据。

- 时间范围：从 2023-01-01 开始，每小时一个数据点，共 500 个点。
- 流量模式：基础流量由正弦波（周期性趋势）和随机噪声组成。在特定位置注入异常值（如流量突然增加或减少），以模拟真实场景中的异常事件。

2）平稳性检验

- ADF 检验：对时间序列进行 ADF 检验，判断其是否平稳。
- ADF 统计量：数值越小，表明序列越可能平稳。
- p 值：若 p 值小于显著性水平（如 0.05），认为序列是平稳的，否则是非平稳的。

3）可视化

- 绘制流量数据的时间序列图。
- 使用红色散点标注出人工注入的异常点，便于观察。

运行示例 7-7 后，图 7-9 为网络流量数据的时间序列图，其中红色散点为异常点。

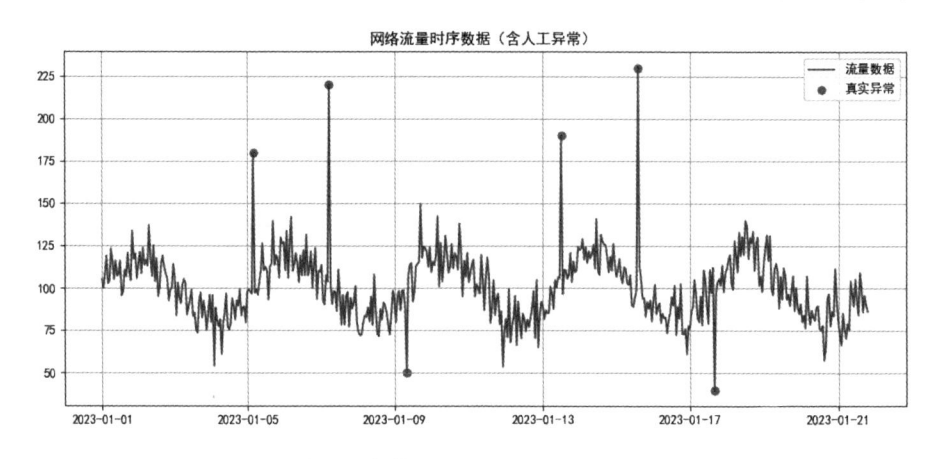

图 7-9 网络流量时序数据（参见下载资源中的配图文件）

控制台输出结果如下，可以看到 p 值小于 0.05，表明该序列数据是平稳的。

原始数据示例：

```
                      traffic
timestamp
2023-01-01 00:00:00  104.967142
2023-01-01 01:00:00   99.875681
```

```
2023-01-01 02:00:00   108.988547
2023-01-01 03:00:00   118.985346
2023-01-01 04:00:00   102.642020
ADF 统计量: -3.379, p 值: 0.012
数据是否非平稳: True
数据已保存为 data/network_traffic.csv
```

对于非平稳时间序列，必须首先通过差分使其变为平稳序列，这是 ARIMA 中 I（差分整合）的含义。选择适当的差分阶数 d 是关键步骤。一般情况下，通过对原始序列进行一次或多次差分操作，可以去除趋势和季节性成分，使得处理后的序列趋于平稳。例如，如果原序列有一个明显的线性趋势，通常需要进行一次差分 (d=1)；如果存在二次趋势，则可能需要进行两次差分（d=2）。差分后的序列可以用 AR 和 MA 部分进行建模。因此，在处理非平稳数据时，ARIMA 模型实际上是对差分后得到的平稳序列进行建模。

对于严格平稳的时间序列，可以直接应用 ARIMA 模型中的 AR（自回归）和 MA（移动平均）部分，因为不需要进行差分操作来消除趋势或季节性成分。在这种情况下，d 参数（差分阶数）通常设置为 0，即不需要进行差分处理。在选择 ARIMA 模型的 (p, d, q) 参数时，由于 d=0，只需关注 AR (p) 和 MA (q) 参数的选择。可以通过 AIC/BIC 等准则来优化这些参数。

示例 7-8 利用 ARIMA 模型对这些数据进行建模，通过自动选择最佳的 ARIMA 参数(p, d, q)来优化模型的拟合度。此外，基于动态阈值的方法，能够有效地识别网络流量中的异常点。最终，通过直观的可视化展示，呈现了实际流量、预测值以及检测出的异常点，方便用户的分析与决策过程。示例文件为 demo/code/chapter7/anomaly_detection.py。

【示例 7-8】服务器网络流量异常检测

```
import pandas as pd
import numpy as np
import matplotlib.pyplot as plt
from statsmodels.tsa.arima.model import ARIMA
import warnings

# 忽略警告信息
warnings.filterwarnings("ignore")
```

```python
# Windows 中文显示设置
plt.rcParams['font.sans-serif'] = ['SimHei']  # 设置中文字体
plt.rcParams['axes.unicode_minus'] = False

# 加载数据
df = pd.read_csv('data/network_traffic.csv',
parse_dates=['timestamp'], index_col='timestamp')

# 显式设置时间序列频率
df = df.asfreq('H')  # 假设数据是按小时采样的

# 检查并处理缺失值
if df.isnull().values.any():
    print("数据中存在缺失值,正在填充...")
    df = df.fillna(method='ffill')  # 使用前向填充法填充缺失值

# 网格搜索优化 ARIMA 参数
def optimize_arima(series, p_values, d_values, q_values):
    best_aic = float("inf")
    best_order = None
    for p in p_values:
        for d in d_values:
            for q in q_values:
                try:
                    model = ARIMA(series, order=(p, d, q))
                    fitted = model.fit()
                    aic = fitted.aic
                    if aic < best_aic:
                        best_aic = aic
                        best_order = (p, d, q)
                    print(f"ARIMA({p}, {d}, {q}) - AIC: {aic}")
                except Exception as e:
                    print(f"ARIMA({p}, {d}, {q}) - 错误: {e}")
                    continue
    print(f"\n最佳参数: {best_order} - 最佳 AIC: {best_aic}")
    return best_order

# 动态阈值异常检测
def detect_anomalies(actual, predicted, window=24, n_sigma=3):
```

```python
    residual = actual - predicted
    std = residual.rolling(window).std()
    threshold = n_sigma * std
    return (abs(residual) > threshold).astype(int)

# 执行流程
p_values = range(0, 4)    # p 的候选值范围
d_values = range(0, 2)    # d 的候选值范围
q_values = range(0, 4)    # q 的候选值范围

print("开始优化 ARIMA 模型参数...")
best_order = optimize_arima(df['traffic'], p_values, d_values, q_values)

# 使用最佳参数训练模型
model = ARIMA(df['traffic'], order=best_order)
fitted_model = model.fit()

# 预测
df['predicted'] = fitted_model.predict(start=0, end=len(df)-1)

# 异常检测
df['is_anomaly'] = detect_anomalies(df['traffic'], df['predicted'])

# 结果评估
detected = df[df['is_anomaly'] == 1]
print(f"\n检测到异常点数量：{len(detected)}")

# 可视化
plt.figure(figsize=(12, 6))

# 实际流量：实线
plt.plot(df.index, df['traffic'], label='实际流量', linestyle='-', linewidth=1.5)

# 预测值：虚线
plt.plot(df.index, df['predicted'], label='预测值', linestyle='--', linewidth=1.5, alpha=0.8)

# 异常点：红色散点
```

```
plt.scatter(detected.index, detected['traffic'],
    color='red', label='检测异常', zorder=3)

plt.title("ARIMA 异常检测结果")
plt.legend()
plt.grid()
plt.show()
```

代码解释：

1）数据加载与预处理

- 数据加载：使用 Pandas 的 read_csv 函数从 CSV 文件中读取网络流量数据。将时间戳列解析为日期时间格式，并设置为索引，确保数据以时间序列形式存储。
- 显式设置时间频率：使用 asfreq('H')方法显式指定时间序列的采样频率（假设为每小时一次）。这一步可以确保时间序列的连续性，避免因缺失时间点导致的问题。
- 缺失值处理：检查数据是否存在缺失值。如果存在，使用前向填充法（ffill）填补缺失值。前向填充是一种简单有效的插值方法，适用于时间序列数据。

2）ARIMA 参数优化

- 网格搜索：遍历(p, d, q)的候选值范围，训练多个 ARIMA 模型。对每个模型计算 AIC（Akaike Information Criterion，赤池信息准则）值，AIC 是衡量模型拟合优度的指标，数值越小表示模型越好。
- 最佳参数选择：记录具有最低 AIC 值的(p, d, q)组合作为最佳参数。这种基于 AIC 的参数优化方法能够自动找到适合数据的最优 ARIMA 模型。

3）ARIMA 模型训练与预测

- 模型训练：使用优化后的(p, d, q)参数重新训练 ARIMA 模型。ARIMA 类来自 statsmodels 库，用于构建自回归积分移动平均模型。
- 预测：利用训练好的模型对整个时间序列进行预测，生成预测值。预测值是模型对输入数据的最佳拟合结果，用于后续异常检测。

4）动态阈值异常检测

- 残差计算：计算实际值与预测值之间的残差（误差）。

- 动态阈值：使用滚动窗口（默认窗口大小为24）计算残差的标准差。根据设定的倍数（默认3倍标准差）动态确定异常检测的阈值。
- 异常点标记：判断哪些时间点的残差超过动态阈值，并将其标记为异常点。异常点通常表示数据中的突变或异常波动，可能对应于网络流量中的异常事件。

5）结果评估与可视化
- 结果评估：统计检测到的异常点数量并输出，便于用户了解异常检测的效果。
- 可视化：使用 Matplotlib 库绘制时间序列图，展示实际流量、预测值以及检测到的异常点。实际流量用实线表示，预测值用虚线表示，异常点用红色散点标注。

运行示例 7-8 后，图 7-10 为网络流量异常检测结果图，其中红色散点为异常点，实线为真实值，虚线为预测值。控制台输出结果如下：

```
开始优化 ARIMA 模型参数...
ARIMA(0, 0, 0) - AIC: 4409.151240950223
ARIMA(0, 0, 1) - AIC: 4326.165396107233
ARIMA(0, 0, 2) - AIC: 4282.682993602513
ARIMA(0, 0, 3) - AIC: 4258.388532911591
ARIMA(0, 1, 0) - AIC: 4399.3386485519695
ARIMA(0, 1, 1) - AIC: 4153.83781337423
ARIMA(0, 1, 2) - AIC: 4155.566790181493
ARIMA(0, 1, 3) - AIC: 4157.179214885204
ARIMA(1, 0, 0) - AIC: 4267.791766815753
ARIMA(1, 0, 1) - AIC: 4158.096317580896
ARIMA(1, 0, 2) - AIC: 4159.690532219838
ARIMA(1, 0, 3) - AIC: 4161.170503748094
ARIMA(1, 1, 0) - AIC: 4264.529114199249
ARIMA(1, 1, 1) - AIC: 4155.582271449488
ARIMA(1, 1, 2) - AIC: 4157.667400012993
ARIMA(1, 1, 3) - AIC: 4147.386135022794
ARIMA(2, 0, 0) - AIC: 4215.976819823645
ARIMA(2, 0, 1) - AIC: 4159.717741666S745
ARIMA(2, 0, 2) - AIC: 4161.888037547496
ARIMA(2, 0, 3) - AIC: 4092.4302601931035
ARIMA(2, 1, 0) - AIC: 4220.314105044508
```

```
ARIMA(2, 1, 1) - AIC: 4157.337354976735
ARIMA(2, 1, 2) - AIC: 4147.14624916486
ARIMA(2, 1, 3) - AIC: 4157.0467261509875
ARIMA(3, 0, 0) - AIC: 4196.076806163275
ARIMA(3, 0, 1) - AIC: 4161.4062494519185
ARIMA(3, 0, 2) - AIC: 4163.707245223073
ARIMA(3, 0, 3) - AIC: 4095.1494467584853
ARIMA(3, 1, 0) - AIC: 4196.454027167603
ARIMA(3, 1, 1) - AIC: 4157.804624040212
ARIMA(3, 1, 2) - AIC: 4147.683725411931
ARIMA(3, 1, 3) - AIC: 4156.209542475254
```

最佳参数：(2, 0, 3) - 最佳 AIC: 4092.4302601931035

检测到异常点数量：7

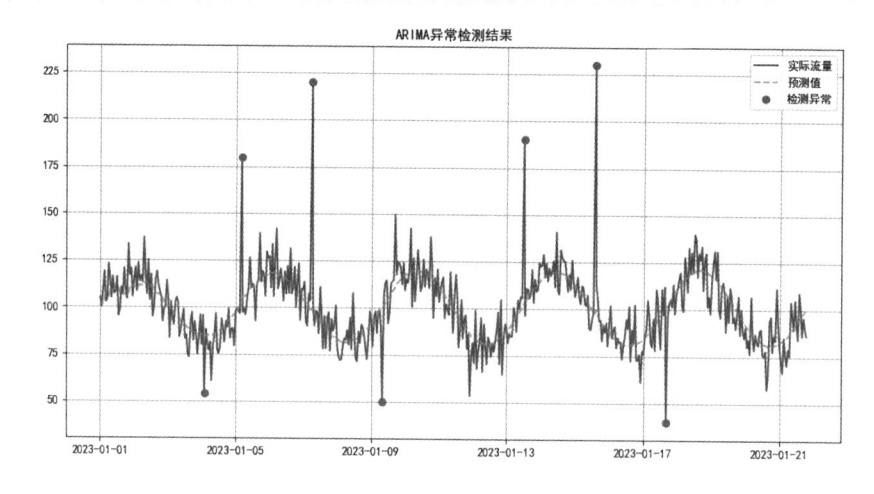

图 7-10 异常检测结果图

7.8 异常点检测

7.8.1 异常点检测概述

异常点检测（又称为离群点检测，Anomaly Detection）是找出其行为不同于预期对象的一个检测过程。这些对象被称为异常点或者离群点。异常点检测在实际的生产生活中都有着广泛的应用场景，例如信用卡欺诈检测、工业损毁检测、图像检测等。

异常点是一个数据对象，它明显不同于其他的数据对象。在统计学和机器学习中，异常点通常被定义为与大多数数据点显著不同的点，这些点可能是由于测量错误、数据输入错误或某些特殊事件而产生的。

7.8.2 异常点检测方法

异常点检测方法可以分为多种，以下介绍一些常见的方法。

（1）标准差法：根据数据的分布特性，通常认为数据在 3 个标准差之外的是异常数据。这种方法简单易懂，但在非正态分布或数据分布不均匀的情况下可能效果不佳。

（2）箱型图法：箱型图是一种用于描述数据分布情况的图形方法。在箱型图中，超出上下边界（或者说上下须，whisker）范围的数据点被认为是异常点。这种方法直观易懂，但对于异常点较多的情况可能不够敏感。

（3）基于密度的聚类方法：如 DBSCAN 算法，通过将数据点划分到不同的聚类中，如果某个数据点无法被划分到任何一个聚类中，则被认为是异常点。这种方法对于处理具有不同密度分布的数据集效果较好，但对于数据集中的噪声点可能较为敏感。

（4）孤立森林（Isolation Forest）：孤立森林是一种基于决策树的异常点检测算法。它利用决策树的分裂过程来隔离数据中的异常点，因为异常点与大多数正常样本的差距较大，所以更容易被孤立出来。孤立森林算法在处理海量数据时具有较高的效率，但可能不适用于异常点较少且特征不明显的情况。

（5）单类支持向量机（One-Class Support Vector Machine，One-Class SVM）：One-Class SVM 是一种基于支持向量机的异常点检测方法。它采用一个超球体而不是超平面来进行划分，期望最小化超球体的体积，从而最小化异常点数据的影响。如果新的数据点到中心的距离大于超球体的半径，则被认为是异常点。这种方法在处理非线性数据时效果较好，但可能需要较长的训练时间。

7.8.3 异常点检测示例

示例 7-9 展示了异常点检测在流量异常检测中的应用，示例文件为 demo/code/

chapter7/outlier.py。该示例使用了基于孤立森林的无监督学习方法来检测网络流量中的异常行为，包括数据预处理、模型训练、预测和结果分析等步骤。

【示例 7-9】异常点检测在流量异常检测中的应用

```
# 导入必要的库
import pandas as pd
import numpy as np
from sklearn.ensemble import IsolationForest
from sklearn.preprocessing import StandardScaler
import matplotlib.pyplot as plt
import seaborn as sns

# 1. 数据加载与预处理
np.random.seed(42)   # 确保可重复性

# 生成1000条记录
num_records = 1000
base_ips = ['192.168.1.{}', '10.0.0.{}']

# 生成正常网络流量数据
normal_data = {
    # 泊松分布模拟请求频率
    'request_frequency': np.random.poisson(lam=15, size=num_records),
    'packet_size': np.random.normal(loc=150, scale=30,
size=num_records).astype(int),   # 正态分布模拟包大小
    # 指数分布模拟响应时间
    'response_time':np.random.exponential(scale=0.2,size=num_records)
}

# 添加一些异常点（约10%）
anomaly_indices = np.random.choice(num_records,
size=int(num_records*0.1), replace=False)
    normal_data['request_frequency'][anomaly_indices] =
np.random.randint(300, 1000, size=len(anomaly_indices))
    normal_data['packet_size'][anomaly_indices] = np.random.randint(800,
1500, size=len(anomaly_indices))
```

```python
    normal_data['response_time'][anomaly_indices] =
np.random.uniform(2.0, 10.0, size=len(anomaly_indices))

    # 创建DataFrame
    df = pd.DataFrame(normal_data)

    # 生成IP地址
    df['source_ip'] = ['192.168.1.{}'.format(i%50+1) for i in
range(num_records)]   # 50个不同源IP
    df['destination_ip'] = ['10.0.0.{}'.format(i%20+1) for i in
range(num_records)]   # 20个不同目的IP

    # 将非数值特征转换为数值特征
    df['source_ip'] = df['source_ip'].apply(lambda x:
int(x.split('.')[-1]))
    df['destination_ip'] = df['destination_ip'].apply(lambda x:
int(x.split('.')[-1]))

    # 2. 特征工程
    features = df[['request_frequency', 'packet_size', 'response_time']]

    # 数据标准化
    scaler = StandardScaler()
    scaled_features = scaler.fit_transform(features)

    # 3. 模型训练
    model = IsolationForest(contamination=0.1, random_state=42)   # 假设约
10%的异常
    model.fit(scaled_features)
    # 4. 预测
    df['anomaly'] = model.predict(scaled_features)
    df['anomaly'] = df['anomaly'].apply(lambda x: 'Normal' if x == 1 else
'Anomaly')

    # 5. 结果分析
    print("检测结果统计:")
    print(df['anomaly'].value_counts())
```

```python
# 6. 可视化 - 使用不同形状和颜色区分
plt.figure(figsize=(12, 8))

# 正常点 - 蓝色圆形
normal = df[df['anomaly'] == 'Normal']
plt.scatter(normal['request_frequency'], normal['response_time'],
c='blue', marker='o', s=30, alpha=0.6, label='Normal')

# 异常点 - 红色三角形
anomalies = df[df['anomaly'] == 'Anomaly']
plt.scatter(anomalies['request_frequency'],
anomalies['response_time'], c='red', marker='^', s=60, label='Anomaly')

plt.title('Network Traffic Anomaly Detection ({} records)'.format(num_records))
plt.xlabel('Request Frequency (per minute)')
plt.ylabel('Response Time (seconds)')
plt.legend()
plt.grid(True)
plt.show()

# 7. 输出部分异常点详情
print("\n部分检测到的异常点示例:")
print(anomalies[['request_frequency', 'packet_size', 'response_time']].head(10))
```

代码解释：

1）数据加载与预处理

- 模拟数据集：这里构造了一个简单的数据集，包含网络流量的基本特征（如请求频率、数据包大小、响应时间等）。在实际应用中，可以从日志文件或网络监控工具中获取真实数据。
- IP 地址编码：将源 IP 和目标 IP 地址的最后一位提取出来作为数值特征。更复杂的场景可以使用哈希编码或其他特征提取方法。
- 特征选择：选取了 request_frequency（请求频率）、packet_size（数据包大小）

和 response_time（响应时间）作为输入特征，因为这些特征通常能反映网络行为的异常。
- 数据标准化：使用 StandardScaler 对数据进行标准化处理，以消除特征之间的量纲差异，提升模型性能。

2）模型训练
- 孤立森林（Isolation Forest）：这是一种高效的无监督学习算法，适合高维数据中的异常点检测。它通过随机分割数据来构建树结构，异常点通常会被更快地隔离。
- contamination 参数：控制异常点的比例。例如，contamination=0.1 表示假设数据集中有 10% 的异常点。

3）预测
- 预测结果：模型输出的预测值为 1（正常）或 -1（异常）。为了方便理解，我们将结果映射为 Normal 和 Anomaly。
- 标记异常点：将预测结果添加到原始数据框中，用于后续分析。

4）结果分析
- 打印结果：查看整个数据集中哪些记录被标记为异常点。
- 可视化：通过散点图展示请求频率和响应时间的关系，并用不同颜色的形状区分正常点和异常点。这种可视化方法有助于直观理解异常点的分布。
- 异常点详情：单独打印出所有被标记为异常的记录，供进一步调查。

运行示例 7-9，结果如图 7-11 所示，控制台数据结果如下：

检测结果统计：
Normal   900
Anomaly   100
Name: anomaly, dtype: int64

部分检测到的异常点示例：
	request_frequency	packet_size	response_time
21	396	1141	3.577464
23	509	841	8.388447
30	480	1477	8.038620

52	599	1060	3.407122
59	363	1391	8.364627
63	858	998	4.018582
76	808	857	9.281569
88	478	1465	3.150944
90	880	1336	5.062667
112	523	1063	3.349996

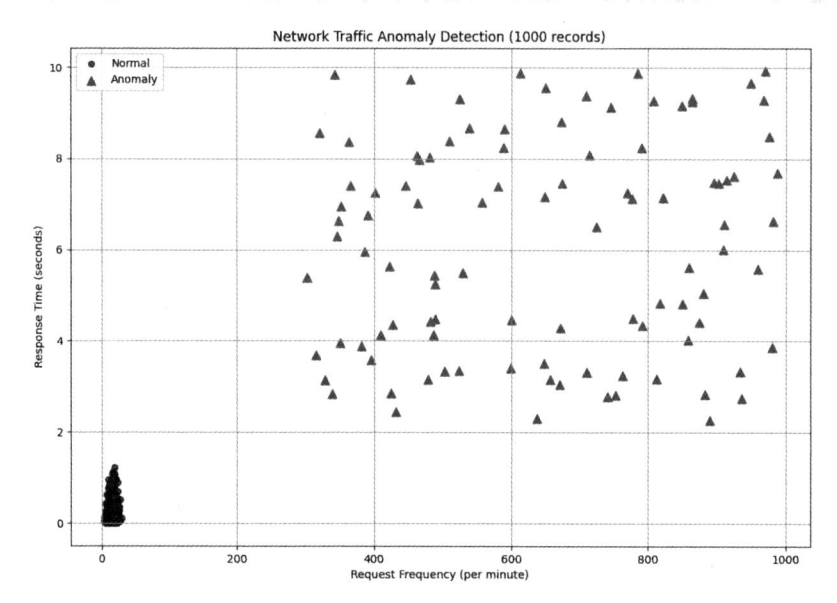

图 7-11　流量异常点

第 8 章

深度学习

深度学习作为人工智能领域的核心技术,近年来取得了革命性的进展。通过神经网络模型对海量日志、指标和事件数据进行特征提取与模式识别,能够实现高精度的异常检测(如 LSTM 分析时序数据预测故障)、日志语义理解(如 BERT 模型解析错误日志)以及根因分析。相比传统机器学习,深度学习能够自动学习数据中的深层关联,尤其适合处理非结构化运维数据(如文本、图像化监控),大幅降低误报率并提升自动化处理效率。本章将介绍深度学习的基础理论和常见模型,包络卷积神经网络(CNN)、循环神经网络(RNN)、注意力机制和 Transformer 模型。

8.1 深度学习基础

深度学习中一种常见的模型为神经网络,它是一种受生物神经网络(即动物中枢神经系统,尤指大脑)启发而设计的数学模型。它旨在通过模拟人脑对外界信号的处理机制,来实现对复杂函数的估计或近似。这种网络内部布满了大量的神经元,赋予了它非线性处理能力。与传统的单一建模的回归方法相比,人工神经网络能够采用并行处理技术,对复杂的非线性关系进行有效建模,并以更快的速度执行深度信息处理,显示出其在处理复杂问题上的显著优势。20 世纪 40 年代初，著名的心理学家 McCulloch 和数学家 Pitts 构建了一个生物神经元模型，称为 MP 模型，如图 8-1 所示。

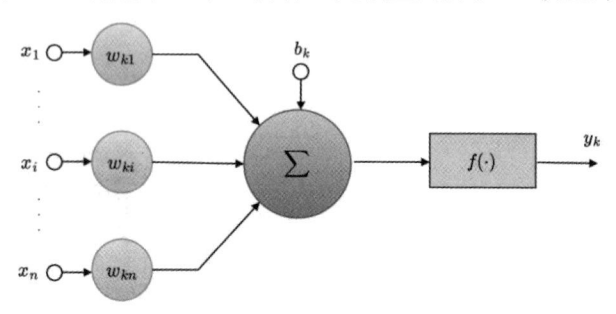

图 8-1 MP 神经元模型

其中，$x_1,\cdots,x_i,\cdots,x_n$ 表示来自前一层 n 个神经元的信号，也被称为输入信号；$w_{k1},\cdots,w_{ki},\cdots,w_{kn}$ 对应每个输入信号收到该神经元 K 的权重，b_k 为该神经元的偏置；$f(\cdot)$ 为激活函数；y_k 为输出。公式 8-1 描述图神经元的数学模型，通过接收输入信号 $x_1,x_2,\cdots,x_n$ 产生输出信号 y_k，以模拟响应外部刺激的人脑神经元的活动。

$$y_k = f(\sum_{i}^{n}(x_i \times w_{ki}) + b_k) \qquad (8\text{-}1)$$

受到 Warren McCulloch 和 Walter Pitts 工作的影响，Frank Rosenblatt 等提出感知器网络结构。感知器只有两层神经元。外界信号通过输入层输入后，传递给输出层，输出层为 MP 神经元，如图 8-2（a）所示。这种结构虽然在理论上简洁明了，但在实际应用中，单个感知器处理复杂信号的能力有限，表现出其表征能力不足的缺点。为了克服这一缺陷，研究者们通过将多个感知器相互连接，构建了更为复杂的信息表达系统，即神经网络，如图 8-2（b）所示。在这样的网络中，每个神经元可以接收多个输入信号，通过这种方式连接起来的网络被称作多层神经网络或深度神经网络。神经网络的基本结构包括输入层、隐藏层以及输出层。输入层负责接收外界的信号，而输出层则负责生成最终的输出结果。位于输入层和输出层之间的是一个或多个隐藏层，这些隐藏层由多层神经元组成，使得神经网络能够捕捉到更加复杂的数据特征和模式。正是由于这种复杂的内部结构，使得神经网络在表征信号方面具有更强大的功能。

(a) 感知器网络　　　　　　(b) 深度神经网络

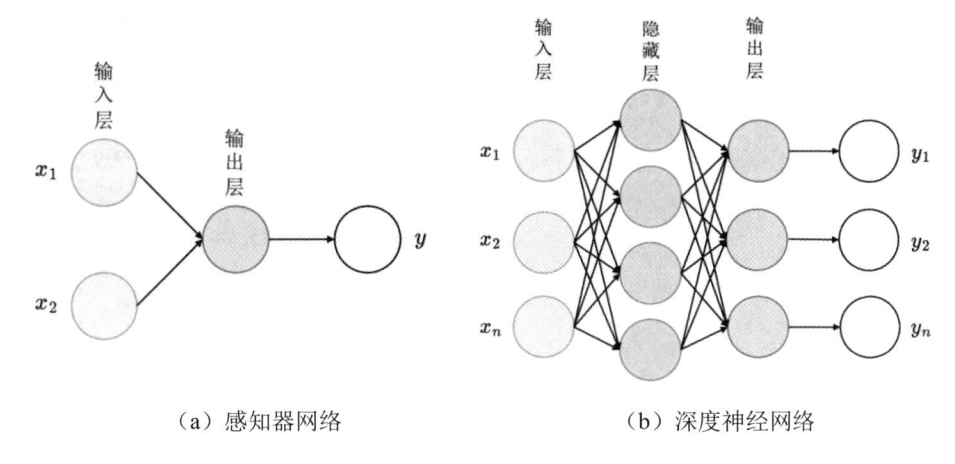

图 8-2　感知器网络与多层神经网络

与 MP 模型事先确定输入权重相比，感知器可以根据监督学习自动确定权值。设定训练样本和期望输出，以误差修正方法来调整实际权值。但是，当时的误差修正方法主要适用于输出层的权重调整，而没有一种直接的方法来调整隐藏层和输入层之间的参数，导致多层网络的训练效率低下。为了解决这个问题，误差反向传播（Backpropagation，BP）算法被引入。作为一种高效的多层网络训练方法，BP 算法基于链式法则，能够计算每一层权重对最终输出误差的影响，然后将这些误差沿网络反向传播，从而实现对所有层权重的有效调整。通过这种方式，BP 算法使得多层感知器的训练成为可能，大大提升了网络的学习能力和表现。

为了让网络能够学习和模拟复杂的输入与输出之间的关系，增加模型的表达能力以及控制信息的流动，不断有新的激活函数被提出。常见的激活函数有 Sigmoid 与 ReLU，其定义如公式 8-2 和公式 8-3 所示。

$$f(x) = \text{Sigmoid}(x) = \frac{1}{1+\exp(-x)} \tag{8-2}$$

$$f(x) = \text{ReLU}(x) = \max(0, x) \tag{8-3}$$

它们的函数图像如图 8-3（a）和图 8-3（b）所示。

(a) Sigmoid　　　　　　　　　　(b) ReLU

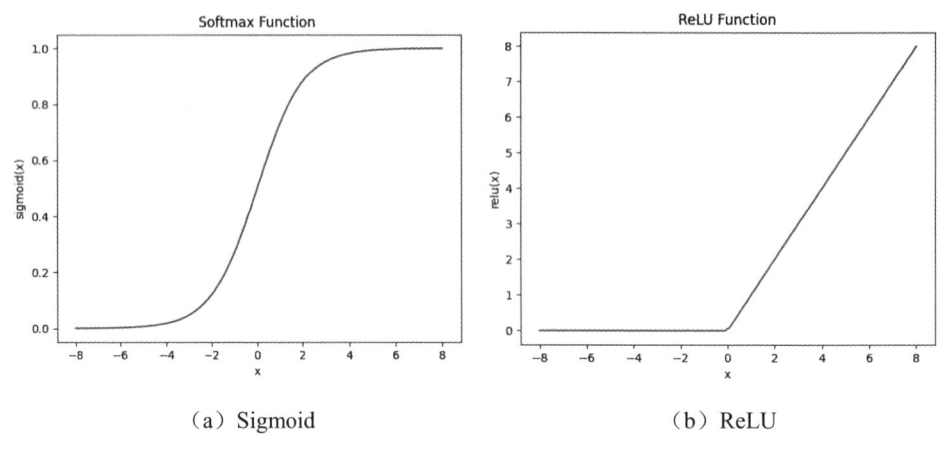

图 8-3　常见的激活函数

8.2　卷积神经网络

卷积神经网络（Convolutional Neural Network，CNN）是一种专门用来处理具有类似网格结构的数据的神经网络，例如时间序列数据（可以认为是在时间轴上有规律地采样形成的一维网格）和图像数据（可以看作二维的像素格）。Yann LeCun 设计的 LeNet-5 是一个开创性的卷积神经网络。它专为手写字符识别任务而构建，能够在不需对图像进行预处理的情况下自动识别图像中的字符。通过利用参数共享、局部连接和层次化特征学习等机制，CNN 能够以较少的参数数量高效地提取数据的局部特征和复杂模式。这种设计不仅显著减少了过拟合的风险，也使得 CNN 在图像识别、视频处理和自然语言处理等多个领域展现出卓越的性能，简化了模型训练流程，并充分挖掘了数据的固有结构特性。2014 年，Kim 等首次将 CNN 应用于 NLP 领域的文本分类任务中，并提出了文本卷积神经网络模型 Text CNN，该模型在 NLP 领域其他任务中也被广泛应用。

8.2.1　CNN 的基本原理

CNN 的架构主要由 4 个部分组成：输入层（Input Layer）、卷积层（Convolution Layer）、池化层（Pooling Layer）和全连接层（Full-connection Layer）。其中，卷积

层和池化层通常被称为隐藏层。在一个 CNN 模型中，可以根据任务的复杂度和需要，包含多个隐藏层。卷积操作如图 8-4 所示。

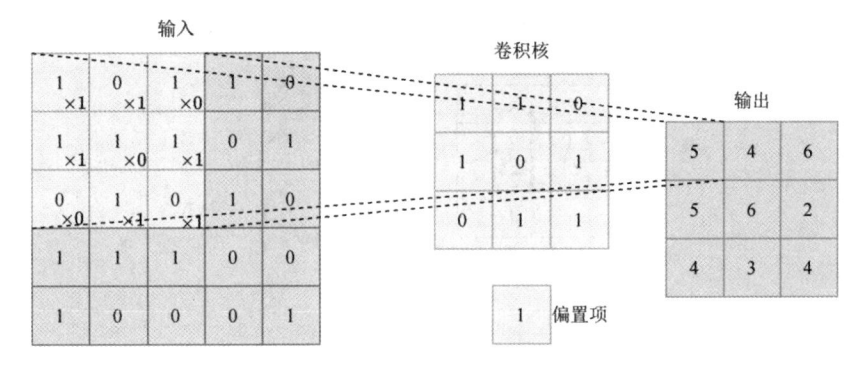

图 8-4 卷积操作

（1）输入层：输入层负责接收原始数据输入，如图像的像素值或文本的词向量。

（2）卷积层：卷积层操作首先需要定义一个卷积核（或称为滤波器），它是一个小的矩阵，用于在输入数据上进行滑动窗口的卷积操作，其大小可以根据任务需求进行设置。卷积操作的计算方式是将卷积核与输入数据的对应窗口位置上的元素逐个相乘。对于每个卷积操作，都会生成一个对应的输出值，将这些输出值按照它们在输入数据上的位置进行排列，就得到了一个特征图，如图 8-4 所示。此外，卷积核的个数决定了输出特征图的数量，也反映了模型能够学习到的不同类型的特征数量。输出特征图的宽高由填充与步长决定。假设输入特征图的宽度为 W，高度为 H，填充为 P，步长为 S，卷积核的宽高表示为 K_w 和 K_h，那么输出特征图的宽高计算过程如公式 8-4 和公式 8-5 所示。

$$\text{width} = \frac{W+2P-K_w}{S}+1 \quad (8\text{-}4)$$

$$\text{height} = \frac{H+2P-K_w}{S}+1 \quad (8\text{-}5)$$

其中，width 和 height 分别表示特征图的宽度与高度。

（3）池化层：池化的目的是将卷积层输出的新特征矩阵进行压缩降维。常用的池化方式为平均池化和最大池化，其中平均池化是将得到的局部特征采用求和平均的方式进行压缩降维。而最大池化只抽取局部特征中最显著的特征进行压缩降维。池化操作如图 8-5 所示。通过多次池化操作，可以逐渐减小特征图的尺寸，提取出更高级别的特征，并且减少了模型对位置的敏感度。池化层通常与卷积层交替使用，帮助网络在保留关键信息的同时，有效地减少特征图的尺寸和参数数量。

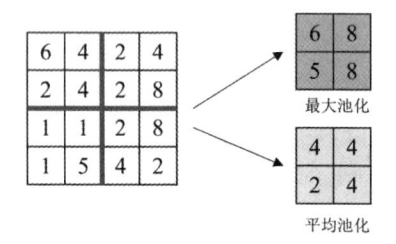

图 8-5　池化操作

（4）全连接层：全连接层位于网络的末端，将前面层次提取的特征进行整合，最终输出预测结果。在分类任务中，全连接层通常会通过 Softmax 函数将输出转换为概率分布。

8.2.2　CNN 应用示例

在现代数据中心、云计算平台和工业控制系统中，服务器的稳定运行至关重要。服务器故障可以通过监控其 LED 指示灯状态、屏幕显示或热成像图像来识别。LED 指示灯有 4 种基本状态：

- 绿色常亮：正常运行。
- 黄色闪烁：警告（如温度过高、负载过大）。
- 红色常亮：严重故障（如硬件错误）。
- 灯熄灭：离线或断电。

传统监控依赖人工巡检或简单阈值告警，存在实时性差、误报率高、扩展性低的问题。通过摄像头采集服务器 LED 面板图像，结合 CNN 等深度学习模型实现自动分类状态，可以有效改善以上问题。

本示例将模拟服务器前面板 LED 指示灯图像，构建一个 CNN 模型来分类 4 种状态。解决思路如下：

- 数据准备：含标签的服务器 LED 状态图像数据。
- 模型架构：构建轻量级 CNN 网络，包含卷积层、池化层和全连接层。

- 训练优化：采用交叉熵损失函数和 Adam 优化器。
- 模型评估：使用准确率、混淆矩阵和分类报告对模型进行评估。

首先，生成模拟的服务器 LED 面板图像数据集，包含 4 类服务器状态图像（正常、警告、故障和离线），每类 30 个样本示例，代码如示例 8-1 所示，参看 demo/code/chapter8/generate_dataset.py。生成的图像保存在当前目录下的 server_led_dataset 文件夹中，数据文件目录结构如下：

```
server_led_dataset/
├── class_0/
│   ├── sample_0.png
│   ├── sample_1.png
│   └── ...
├── class_1/
├── class_2/
├── class_3/
└── dataset.npz
```

【示例 8-1】生成模拟的服务器 LED 面板图像数据集

```python
import numpy as np
import cv2
import os
from matplotlib import pyplot as plt
from sklearn.model_selection import train_test_split


# 1. 生成单张模拟图像的函数
def generate_server_image(status, img_size=64):
    """生成服务器前面板 LED 状态的模拟图像
    Args:
        status: 0-正常(绿色), 1-警告(黄色), 2-故障(红色), 3-离线(无灯)
        img_size: 图像尺寸(默认 64×64)
    Returns:
        RGB 格式的 NumPy 数组图像
    """
    img = np.zeros((img_size, img_size, 3), dtype=np.uint8)  # 黑色背景
```

```python
    # 绘制服务器面板边框
    cv2.rectangle(img,(5,5),(img_size-5,img_size-5),(200,200,200), 2)
    # 根据状态绘制 LED 灯
    led_pos = (img_size//2, img_size//3)   # LED 中心位置
    if status == 0:    # 绿色常亮
        cv2.circle(img, led_pos, 8, (0, 255, 0), -1)
    elif status == 1:  # 黄色闪烁(用橙色模拟)
        cv2.circle(img, led_pos, 8, (255, 165, 0), -1)
    elif status == 2:  # 红色常亮
        cv2.circle(img, led_pos, 8, (255, 0, 0), -1)
    # 状态 3 不绘制 LED 表示离线
    # 添加噪声模拟真实环境
    noise = np.random.randint(0, 30, (img_size, img_size, 3), dtype=np.uint8)
    img = cv2.add(img, noise)
    return img
```

2. 生成完整数据集

```python
def generate_dataset(num_samples_per_class=500, save_dir="server_led_dataset"):
    """生成并保存数据集
    Args:
        num_samples_per_class: 每类样本数
        save_dir: 数据集保存路径
    Returns:
        (X, y): 图像数据和标签的 NumPy 数组
    """
    X, y = [], []
    # 创建保存目录结构
    os.makedirs(save_dir, exist_ok=True)
    for status in range(4):
        class_dir = os.path.join(save_dir, f"class_{status}")
        os.makedirs(class_dir, exist_ok=True)
```

```python
    # 生成样本
    for status in range(4):
        for i in range(num_samples_per_class):
            img = generate_server_image(status)
            X.append(img)
            y.append(status)
            # 保存图像到对应类别文件夹
            img_path = os.path.join(save_dir, f"class_{status}", f"sample_{i}.png")
            # OpenCV 使用 BGR 格式
            cv2.imwrite(img_path, cv2.cvtColor(img, cv2.COLOR_RGB2BGR))

    # 同时保存为 .npz 文件，方便快速加载
    np.savez(os.path.join(save_dir, "dataset.npz"),
             X=np.array(X),
             y=np.array(y))

    return np.array(X), np.array(y)

# 3. 生成并可视化数据集
if __name__ == "__main__":
    # 生成数据集（每类 30 个样本示例）
    X, y = generate_dataset(num_samples_per_class=30)

    # 设置 Matplotlib 中文字体
    plt.rcParams['font.sans-serif'] = ['SimHei']  # Windows 系统
    plt.rcParams['axes.unicode_minus'] = False

    # 显示样本示例
    plt.figure(figsize=(12, 6))
    class_names = ["正常(绿)", "警告(黄)", "故障(红)", "离线(无)"]

    for i in range(8):
```

```
        plt.subplot(2, 4, i+1)
        plt.imshow(X[i])
        plt.title(f"Label {y[i]}: {class_names[y[i]]}")
        plt.axis('off')
    plt.tight_layout()
    plt.show()

    # 打印数据集信息
    print("\n 数据集统计信息:")
    print(f"总样本数: {len(X)}")
    print("类别分布:")
    for status in range(4):
        print(f"  {class_names[status]}: {np.sum(y == status)}个样本")
```

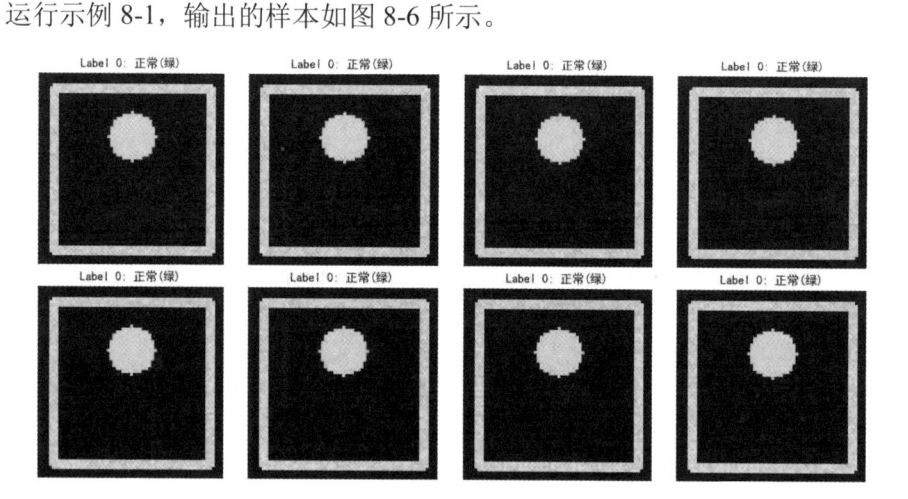

运行示例 8-1,输出的样本如图 8-6 所示。

图 8-6　服务器 LED 面板图像样本示例

控制台数据信息如下:

数据集统计信息:

总样本数: 120

类别分布:

　　正常(绿): 30 个样本

　　警告(黄): 30 个样本

故障(红)：30 个样本

离线(无)：30 个样本

构建分类模型、训练模型，并评估模型性能。使用 CNN 实现服务器故障图像识别的代码如示例 8-2 所示，代码参看 demo/code/chapter8/cnn.py。

【示例 8-2】使用 CNN 实现服务器故障图像识别

```python
import torch
import torch.nn as nn
import torch.optim as optim
from torch.utils.data import Dataset, DataLoader, random_split
from torchvision import transforms
import numpy as np
from PIL import Image
import matplotlib.pyplot as plt
from sklearn.metrics import confusion_matrix, classification_report
import seaborn as sns

# 1. 数据加载与预处理
class LEDDataset(Dataset):
    def __init__(self, npz_file, transform=None):
        data = np.load(npz_file)
        self.images = data['X']
        self.labels = data['y'].astype(np.int64)
        self.transform = transform

    def __len__(self):
        return len(self.images)

    def __getitem__(self, idx):
        image = self.images[idx]
        label = self.labels[idx]

        if self.transform:
            image = self.transform(image)
        # 确保返回 long 类型
        return image, torch.tensor(label, dtype=torch.long)
```

```python
# 数据增强转换
train_transform = transforms.Compose([
    transforms.ToPILImage(),
    transforms.RandomHorizontalFlip(),
    transforms.RandomRotation(10),
    transforms.ToTensor(),
    transforms.Normalize(mean=[0.5, 0.5, 0.5], std=[0.5, 0.5, 0.5])
])

test_transform = transforms.Compose([
    transforms.ToPILImage(),
    transforms.ToTensor(),
    transforms.Normalize(mean=[0.5, 0.5, 0.5], std=[0.5, 0.5, 0.5])
])

# 2. CNN模型定义
class ServerStatusCNN(nn.Module):
    def __init__(self, num_classes=4):
        super(ServerStatusCNN, self).__init__()
        self.features = nn.Sequential(
            nn.Conv2d(3, 32, kernel_size=3, padding=1),
            nn.ReLU(),
            nn.MaxPool2d(2, 2),

            nn.Conv2d(32, 64, kernel_size=3, padding=1),
            nn.ReLU(),
            nn.MaxPool2d(2, 2),

            nn.Conv2d(64, 128, kernel_size=3, padding=1),
            nn.ReLU(),
            nn.MaxPool2d(2, 2)
        )

        self.classifier = nn.Sequential(
            nn.Flatten(),
            nn.Linear(128 * 8 * 8, 256),
            nn.ReLU(),
            nn.Dropout(0.5),
```

```python
            nn.Linear(256, num_classes)
        )

    def forward(self, x):
        x = self.features(x)
        x = self.classifier(x)
        return x

# 3. 训练函数
def train_model(model, train_loader, val_loader, criterion, optimizer, epochs=15):
    train_loss, val_loss = [], []
    train_acc, val_acc = [], []

    for epoch in range(epochs):
        model.train()
        running_loss = 0.0
        correct = 0
        total = 0

        for images, labels in train_loader:
            images, labels = images.to(device), labels.to(device)

            optimizer.zero_grad()
            outputs = model(images)
            loss = criterion(outputs, labels)
            loss.backward()
            optimizer.step()

            running_loss += loss.item()
            _, predicted = torch.max(outputs.data, 1)
            total += labels.size(0)
            correct += (predicted == labels).sum().item()

        # 验证集评估
        model.eval()
        val_running_loss = 0.0
        val_correct = 0
```

```python
            val_total = 0

        with torch.no_grad():
            for images, labels in val_loader:
                images, labels = images.to(device), labels.to(device)
                outputs = model(images)
                loss = criterion(outputs, labels)

                val_running_loss += loss.item()
                _, predicted = torch.max(outputs.data, 1)
                val_total += labels.size(0)
                val_correct += (predicted == labels).sum().item()

        # 记录指标
        train_loss.append(running_loss/len(train_loader))
        train_acc.append(correct/total)
        val_loss.append(val_running_loss/len(val_loader))
        val_acc.append(val_correct/val_total)

        print(f'Epoch {epoch+1}/{epochs}: '
              f'Train Loss: {train_loss[-1]:.4f}, Acc: {train_acc[-1]:.4f} | '
              f'Val Loss: {val_loss[-1]:.4f}, Acc: {val_acc[-1]:.4f}')

    # 绘制训练曲线
    plt.figure(figsize=(12, 4))
    plt.subplot(1, 2, 1)
    plt.plot(train_loss, label='Train Loss')
    plt.plot(val_loss, label='Val Loss')
    plt.title('Loss Curve')
    plt.legend()

    plt.subplot(1, 2, 2)
    plt.plot(train_acc, label='Train Acc')
    plt.plot(val_acc, label='Val Acc')
    plt.title('Accuracy Curve')
    plt.legend()
    plt.show()
```

```python
    return model

# 4. 评估函数
def evaluate_model(model, test_loader, class_names):
    model.eval()
    y_true, y_pred = [], []
    
    with torch.no_grad():
        for images, labels in test_loader:
            images = images.to(device)
            labels = labels.to(device)
            
            outputs = model(images)
            _, predicted = torch.max(outputs, 1)
            
            y_true.extend(labels.cpu().numpy())
            y_pred.extend(predicted.cpu().numpy())
    
    # 混淆矩阵
    cm = confusion_matrix(y_true, y_pred)
    plt.figure(figsize=(8, 6))
    sns.heatmap(cm, annot=True, fmt='d', cmap='Blues',
                xticklabels=class_names,
                yticklabels=class_names)
    plt.title('Confusion Matrix')
    plt.xlabel('Predicted')
    plt.ylabel('Actual')
    plt.show()
    
    # 分类报告
    print(classification_report(y_true, y_pred, target_names=class_names))

# 主程序
if __name__ == "__main__":
    # 设置设备
    device = torch.device("cuda" if torch.cuda.is_available() else
```

```python
"cpu")
    print(f"Using device: {device}")

    # 加载数据集
    dataset = LEDDataset("server_led_dataset/dataset.npz")

    # 划分数据集 (60%训练, 20%验证, 20%测试)
    train_size = int(0.6 * len(dataset))
    val_size = int(0.2 * len(dataset))
    test_size = len(dataset) - train_size - val_size

    train_dataset, val_dataset, test_dataset = random_split(
        dataset, [train_size, val_size, test_size])

    # 应用不同的 transform
    train_dataset.dataset.transform = train_transform
    val_dataset.dataset.transform = test_transform
    test_dataset.dataset.transform = test_transform

    # 创建 DataLoader
    batch_size = 32
    train_loader = DataLoader(train_dataset, batch_size=batch_size, shuffle=True)
    val_loader = DataLoader(val_dataset, batch_size=batch_size)
    test_loader = DataLoader(test_dataset, batch_size=batch_size)

    # 初始化模型
    model = ServerStatusCNN(num_classes=4).to(device)

    # 定义损失函数和优化器
    criterion = nn.CrossEntropyLoss()
    optimizer = optim.Adam(model.parameters(), lr=0.001)

    # 训练模型
    trained_model = train_model(model, train_loader, val_loader, criterion, optimizer, epochs=15)

    # 评估模型
```

```
class_names = ["正常", "警告", "故障", "离线"]
evaluate_model(trained_model, test_loader, class_names)

# 保存模型
torch.save(trained_model.state_dict(), "server_status_cnn.pth")
print("Model saved as server_status_cnn.pth")
```

代码解释：

1）数据增强

- 训练集使用随机水平翻转和旋转增强。
- 验证/测试集仅进行标准化处理。

2）CNN 架构

CNN 架构的层次包括：Conv2d(3,32)→ReLU→MaxPool2d→Conv2d(32,64)→ReLU→MaxPool2d→Conv2d(64,128)→ReLU→MaxPool2d→Flatten→Linear(128*8*8, 256)→ReLU→Dropout→Linear(256,4)。

运行示例 8-2 的代码，结果包含如下 4 部分。

（1）每个 epoch 的训练/验证损失和准确率。

```
Using device: cpu
Epoch 1/15: Train Loss: 1.4983, Acc: 0.1806 | Val Loss: 1.4060, Acc: 0.1667
Epoch 2/15: Train Loss: 1.3523, Acc: 0.3472 | Val Loss: 1.3685, Acc: 0.1667
Epoch 3/15: Train Loss: 1.2738, Acc: 0.3750 | Val Loss: 1.2843, Acc: 0.1667
Epoch 4/15: Train Loss: 1.1873, Acc: 0.3750 | Val Loss: 1.0695, Acc: 0.5833
Epoch 5/15: Train Loss: 0.8658, Acc: 0.8056 | Val Loss: 0.7006, Acc: 1.0000
Epoch 6/15: Train Loss: 0.5973, Acc: 0.8056 | Val Loss: 0.4831, Acc: 0.5833
Epoch 7/15: Train Loss: 0.3721, Acc: 0.8194 | Val Loss: 0.1811, Acc: 1.0000
Epoch 8/15: Train Loss: 0.1649, Acc: 0.9028 | Val Loss: 0.0836, Acc: 1.0000
Epoch 9/15: Train Loss: 0.1175, Acc: 0.9861 | Val Loss: 0.0120, Acc: 1.0000
Epoch 10/15: Train Loss: 0.0478, Acc: 0.9583 | Val Loss: 0.0046, Acc: 1.0000
Epoch 11/15: Train Loss: 0.0065, Acc: 1.0000 | Val Loss: 0.0005, Acc: 1.0000
Epoch 12/15: Train Loss: 0.0048, Acc: 1.0000 | Val Loss: 0.0001, Acc: 1.0000
Epoch 13/15: Train Loss: 0.0026, Acc: 1.0000 | Val Loss: 0.0001, Acc: 1.0000
Epoch 14/15: Train Loss: 0.0027, Acc: 1.0000 | Val Loss: 0.0001, Acc: 1.0000
```

```
Epoch 15/15: Train Loss: 0.0059, Acc: 1.0000 | Val Loss: 0.0000, Acc: 1.0000
```

（2）训练/验证损失和准确率曲线如图 8-7 所示。

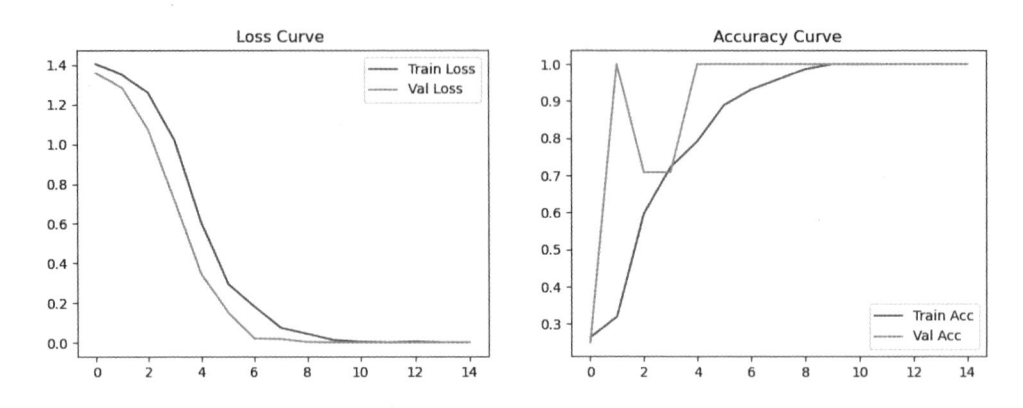

图 8-7　训练/验证损失和准确率曲线

（3）混淆矩阵如图 8-8 所示。

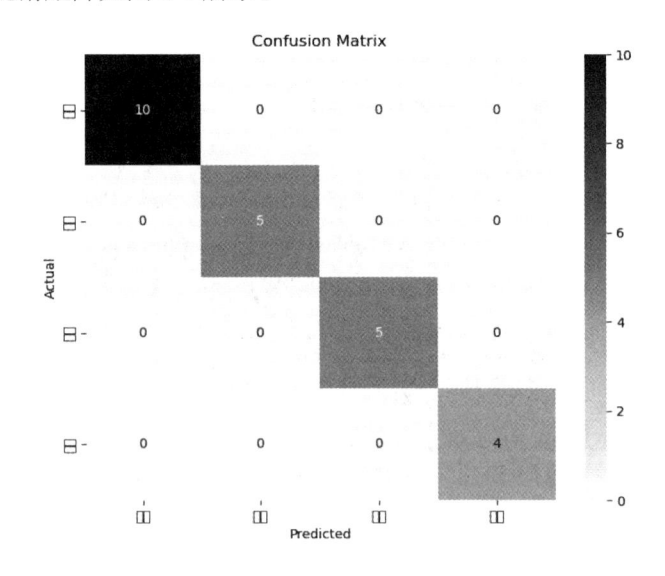

图 8-8　混淆矩阵

（4）精确率、召回率、F1 值数据列表如下：

```
           precision    recall  f1-score   support
```

```
        正常        1.00        1.00        1.00          6
        警告        1.00        1.00        1.00          6
        故障        1.00        1.00        1.00          5
        离线        1.00        1.00        1.00          7

    accuracy                                1.00         24
   macro avg        1.00        1.00        1.00         24
weighted avg        1.00        1.00        1.00         24


Model saved as server_status_cnn.pth
```

8.3　循环神经网络及其特殊架构

8.3.1　循环神经网络

循环神经网络（Recurrent Neural Network，RNN）作为序列建模领域的核心架构，其网络深度具有双重特性，在空间维度表现为单层结构，而在时间维度展开时则表现为深度网络。这种独特的结构特性使其具备序列数据的动态建模能力，通过隐藏状态（Hidden State）的递归传递机制，有效捕获目标的时序关联性和上下文逻辑特征。

RNN作为专门处理序列数据的神经网络模型，通过引入时序反馈机制以及使用递归式信息传递，将当前时刻的输入与前序状态相结合，形成动态记忆存储。RNN仅采用一个简约的层级架构，使用参数共享机制实现对序列信息的深度挖掘。RNN整体架构图如图8-9所示。

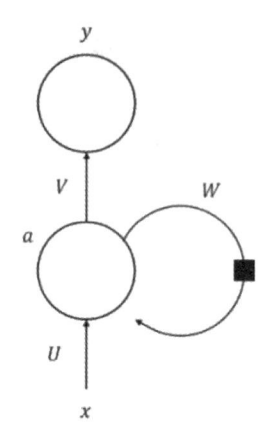

图 8-9　循环神经网络整体架构图

在上面的 RNN 网络架构图中，x 表示整个网络输入层的输入向量；y 表示整个网络输出层的输出向量；U 为输入隐藏权重矩阵，实现特征空间升维映射；a 为隐状态的演化方程，由输入向量以及参数矩阵共同作用；V 为隐藏输出权重矩阵，完成语义空间降维投影；W 为循环权重矩阵，利用网络的存储功能对序列中的每个数据进行处理，并记住各个位置上的隐藏向量，这样就可以将当前序列的输出向量和之前的全部位置向量连接起来，得到全局特征。RNN 也可展开为图 8-10 所示的样式。

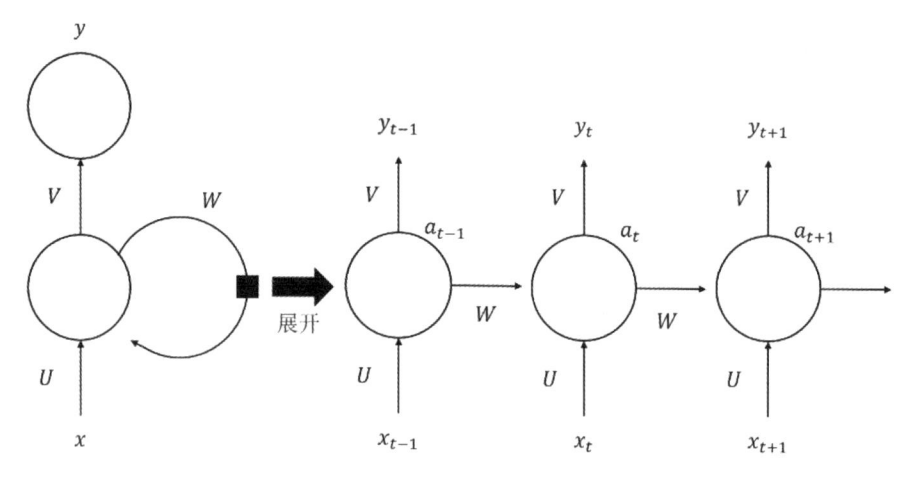

图 8-10　循环网络展开结构

其中，t 代表某一时刻的离散时间步或者位置序列索引，x_t 代表时刻 t 的输入特征向量；a_t 代表时刻 t 的隐藏单元，由前后元素共同决定；y_t 代表时刻 t 的输出向量，通过V实现隐藏空间到输出空间的线性映射。计算如公式 8-6 和 8-7 所示。

$$a_t = f(U * x_t + W * a_{t-1}) \tag{8-6}$$

$$y_t = g(V * a_t) \tag{8-7}$$

循环神经网络对序列输入具有很强的适用性，这是因为当前位置隐藏层的值依赖于前一位置隐藏层的值，同时也会影响下一位置隐藏层的计算结果。然而，一旦输入的序列信息过长，循环神经网络的时间步层数就会变得很大，形成一个非常深的网络结构。在进行反向传播时，这种极深的网络结构容易产生梯度消失或梯度爆炸的情况，使得内部参数无法有效更新，这一问题被称为长期依赖问题。

8.3.2 长短期记忆网络

长短期记忆（LSTM）网络是一种特殊的 RNN 架构，专门设计来解决标准 RNN 在处理长序列数据时遇到的梯度消失或梯度爆炸问题，能够捕捉长期依赖关系。LSTM 已经被广泛应用于语言模型、语音识别、机器翻译以及时间序列预测等多个领域。LSTM 网络结构如图 8-11 所示。

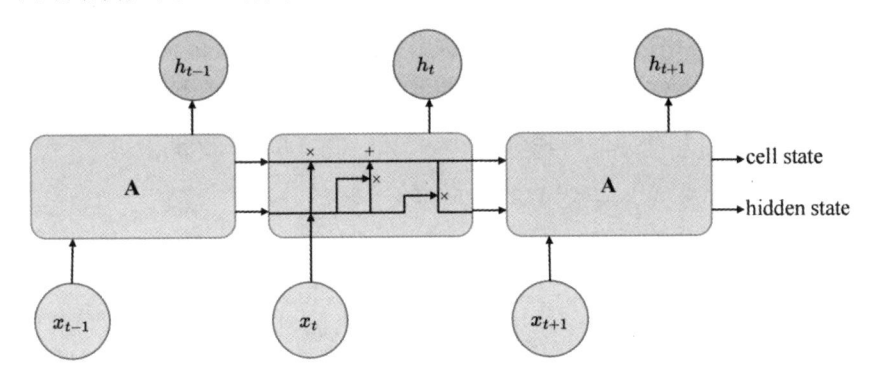

图 8-11　LSTM 网络结构

LSTM 的核心在于它的单元结构，每个 LSTM 单元包含 3 个主要的门控制器：输入门（Input Gate）、遗忘门（Forget Gate）和输出门（Output Gate）。这些门控制器协同工作，允许 LSTM 单元有选择地记住或忘记信息，从而有效地维护和更新单元状态。LSTM 单元结构如图 8-12 所示。

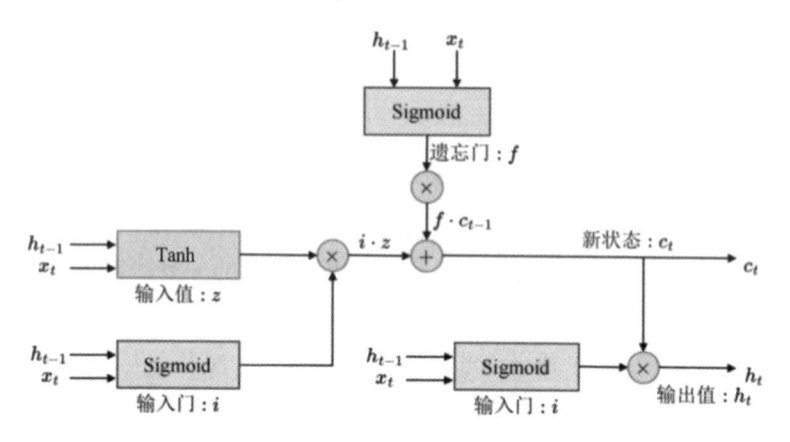

图 8-12　LSTM 单元结构

（1）输入门：输入门控制着决定将新信息添加到记忆单元的程度。它包括两个部分：一个 Sigmoid 层和一个 Tanh 层。前者决定哪些信息将被更新，后者计算新的候选值。

（2）遗忘门：遗忘门决定是否丢弃之前的记忆单元中的信息。与输入门类似，遗忘门也包括一个 Sigmoid 层，其输出范围在 0 和 1 之间，表示忘记和保留的程度。

（3）输出门：输出门控制了从单元状态到隐藏状态的信息流量，影响下一个隐藏状态的值。隐藏状态包含关于先前输入的信息，它不仅用于预测序列数据的下一步，也作为下一个 LSTM 单元处理的输入。

相关计算过程如公式 8-8~公式 8-13 所示。

$$输入值：z = \text{Tanh}(W_z[h_{t-1}, x_t]) \tag{8-8}$$

$$输入门：i = \text{Sigmoid}(W_i[h_{t-1}, x_t]) \tag{8-9}$$

$$遗忘门：f = \text{Sigmoid}(W_f, [h_{t-1}, x_t]) \tag{8-10}$$

$$输出门：o = \text{Sigmoid}(W_o[h_{t-1}, x_t]) \tag{8-11}$$

$$新状态：c_t = f \cdot c_{t-1} + i \cdot z \tag{8-12}$$

$$输出值：h_t = o \cdot \text{Tanh} c_t \tag{8-13}$$

传统的长短期记忆网络采用单向结构，仅能够捕捉到当前时刻之前的信息。为了克服这一限制，Graves 等提出了双向长短期记忆网络（BiLSTM）。该结构通过将两个独立的 LSTM 网络并行堆叠，分别负责处理时间序列的正向和反向信息流，从而使得每个时刻的输出都能同时考虑到前后文的信息。这两个 LSTM 网络的输出会被合并，形成最终的输出值。BiLSTM 网络结构如图 8-13 所示。在需要综合考量上下文信息的任务中，BiLSTM 展现出比传统 LSTM 更优秀的性能表现。

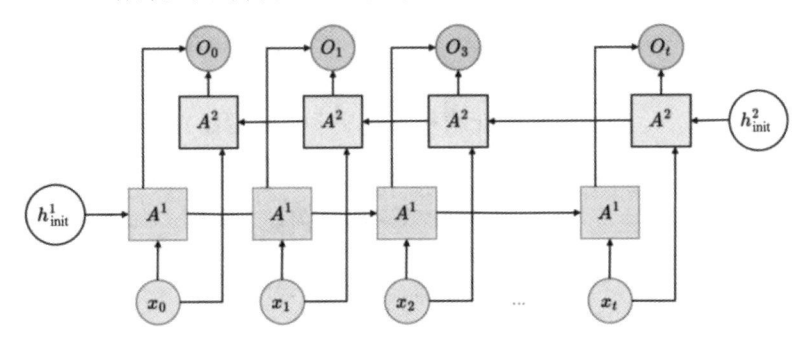

图 8-13　BiLSTM 网络结构

8.3.3　门控循环神经网络

门控循环神经网络（Gated Recurrent Neural Network，GRU）是一种特殊的 RNN，旨在解决长序列处理中的长期依赖问题。与长短期记忆网络相似，GRU 通过引入门控机制来控制信息的流动，从而实现对长期依赖关系的有效捕捉。但与 LSTM 相比，GRU 的结构更为简洁，参数更少，计算效率更高。GRU 结构如图 8-14 所示。

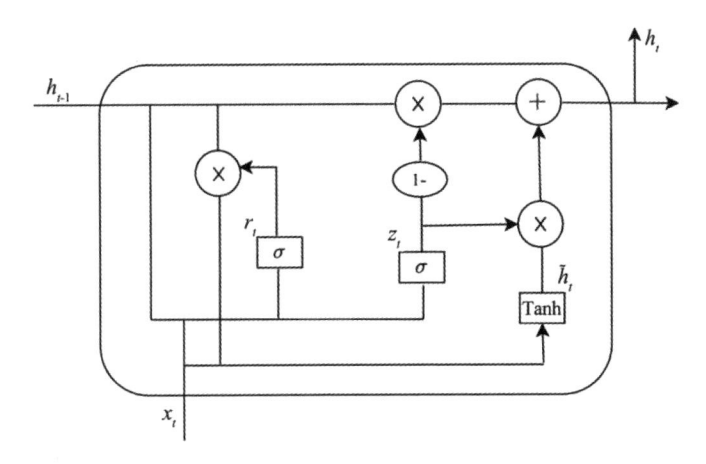

图 8-14　GRU 结构图

GRU 的核心思想在于引入了两个门控单元：重置门（Reset Gate）和更新门（Update Gate）。重置门用于控制前一时刻的隐藏状态对当前时刻候选隐藏状态的影响程度，如公式 8-14 和公式 8-15 所示。

$$r_t = \sigma(W_r x_t + U_r h_{t-1} + b_r) \tag{8-14}$$

$$\tilde{h}_t = \mathrm{Tanh}(W_h x_t + U_h(r_t \cdot h_{t-1}) + b_h) \tag{8-15}$$

更新门则用于决定当前时刻的隐藏状态是更多地依赖于前一时刻的隐藏状态，还是依赖于当前时刻的候选隐藏状态，如公式 8-16 和公式 8-17 所示。

$$z_t = \sigma(W_z x_t + U_z h_{t-1} + b_z) \tag{8-16}$$

$$h_t = z_t \cdot h_{t-1} + (1 - z_t) \cdot \tilde{h}_t \tag{8-17}$$

其中，r_t 是重置门在时刻 t 的输出，σ 为 Sigmoid 激活函数，h_{t-1} 是前一时刻的隐藏状态，x_t 是当前时刻的输入，W 和 b 分别为共享参数和偏置项。这种门控机制使得 GRU 能够灵活地调整不同时刻信息的贡献程度，从而更好地处理序列数据。

8.4　注意力机制

注意力机制（Attention Mechanism）是深度学习领域中一个重要的概念。它模仿了人类在观察图片时能够聚焦到某些重要部分的能力，或者在倾听说话内容时忽略周围其他噪声。该机制使得模型能够从海量信息中筛选出所需的重要部分，将有限的注意力资源集中在最重要的内容上，从而提高了模型的效率和准确性。

注意力机制通过自主选择性地关注输入序列的不同部分，使得模型能够更加智能地处理数据，从而在处理海量信息时能够快速获取所需的内容。注意力机制模型使用编码器-解码器（Encoder-Decoder）结构，如图 8-15 所示。

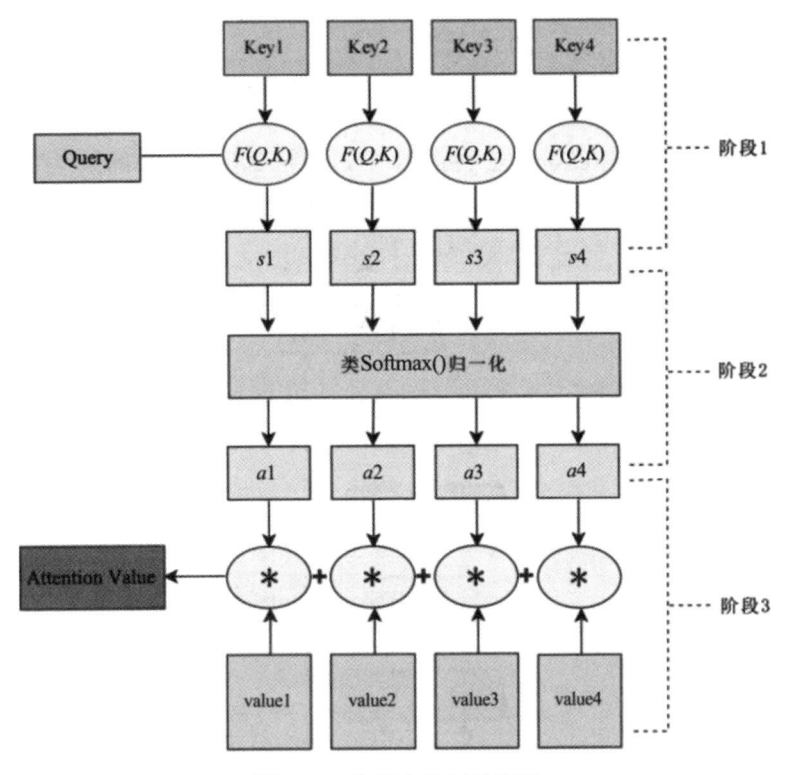

图 8-15 注意力机制结构图

注意力机制通过使用 Query（查询）、Key（键）和 Value（值）3 个部分（分别简称 Q、K 和 V）来处理输入。其中，Query 和 Key 对应输入文本特征的查询键值对。可以把计算过程归纳为以下 3 步：

步骤01 计算注意力分数：对于每个键 k_i，计算其与查询 q_t 之间的相似度得分 s_{ti}，通常采用加性、点积、双线性、缩放点积等方法。

加性模型计算如公式 8-18 所示。

$$S_{ti} = \boldsymbol{V}^T \text{Tanh}(\boldsymbol{W}q_t + \boldsymbol{U}k_i) \tag{8-18}$$

其中，$\boldsymbol{W}$、$\boldsymbol{U}$ 和 $\boldsymbol{V}$ 均是可学习的参数矩阵或向量。

点积模型计算如公式 8-19 所示。

$$s_{ti} = q_t k_i^T \tag{8-19}$$

双线性模型计算如公式 8-20 所示。

$$S_{ti} = q_t \boldsymbol{W} k_i^T \tag{8-20}$$

缩放点积模型通过除以 $\sqrt{d_k}$ 进行缩放，有助于避免内积结果的数量级差异对注意力分布的影响，提高模型的训练稳定性。缩放点积模型如图 8-16 所示。

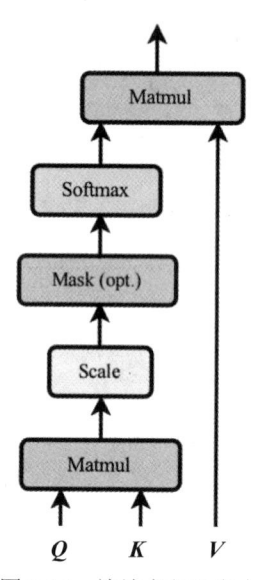

图 8-16 缩放点积注意力

缩放点积模型如公式 8-21 所示。

$$s_{ti} = \frac{q_t k_i^T}{\sqrt{d_k}} \tag{8-21}$$

步骤 02 计算权重：通过对注意力分数进行 Softmax 操作，将键的权重进行归一化。这样可以确保每个键的权重都在 0 和 1 之间，并且和为 1，计算方法如公式 8-22 所示。

$$a_{ti} = \text{Softmax}(s_{ti}) = \frac{\exp(s_{ti})}{\sum_{i=1}^{N} \exp(s_{ti})} \tag{8-22}$$

步骤 03 加权求和：将归一化后的权重与对应的值进行加权求和，得到最终的注意力输出。这个输出对于解码器来说非常重要，因为它包含输入序列中与当前时刻最相关的信息，如公式 8-23 所示。

$$\text{Attention}(\boldsymbol{Q},\boldsymbol{K},\boldsymbol{V}) = \sum_{i=1}^{N} a_{ti} v_i \qquad (8\text{-}23)$$

自注意力（Self-Attention，SA）机制是在 Transformer 模型中提出的，它允许模型在处理序列数据时，关注当前元素与序列中所有其他元素之间的相互依赖关系，而不仅仅是与其相邻元素的关系。在传统的循环神经网络（RNN）或卷积神经网络（CNN）中，每个时间步或每个位置的隐藏状态通常仅考虑其前面或附近的信息。然而，在自注意力机制下，每一个输入元素都能够"看到"整个序列，并根据自身和其他所有元素的相关性动态调整自身的注意力权重。

多头注意力（Multi-Head Attention，MHA）机制是在自注意力机制基础上的一种扩展设计，同样源于 Transformer 架构，旨在让模型能够从不同角度或模式对输入序列进行并行注意力计算，从而更全面地理解和捕获序列内部复杂的依赖关系。多头注意力机制结构如图 8-17 所示。

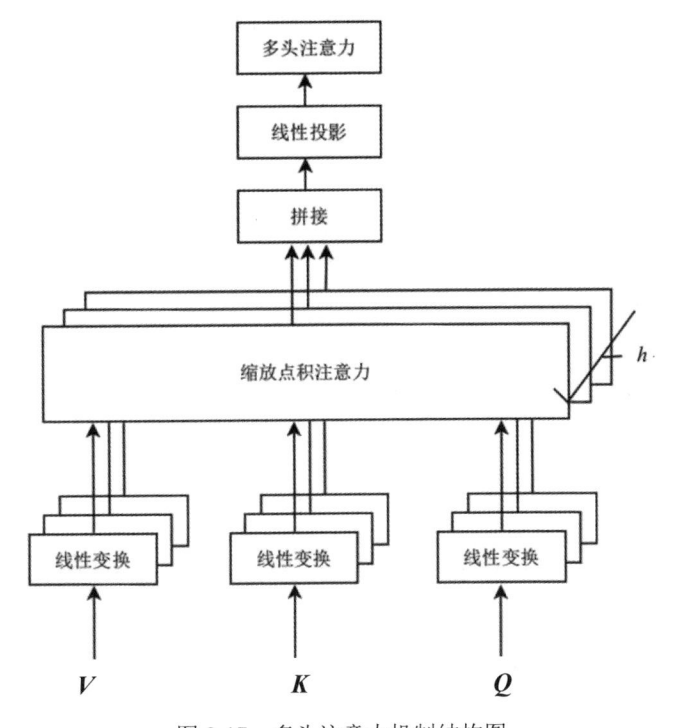

图 8-17 多头注意力机制结构图

在单个自注意力机制中，模型只使用一组固定的键（K）、值（V）、查询（Q）向量来计算注意力得分并聚合信息。而在多头注意力机制中，这个过程会被分解成多个并发的"注意力头"（heads）。每个注意力头都有独立的线性变换层，用于生成各自的键、值、查询向量，并执行独立的注意力计算。

MHA 的操作过程分为以下几步：

步骤01 将输入序列通过 3 个不同的线性变换层（通常称为投影层）分别生成 Q、K 和 V 向量，这 3 个向量集合随后被复制并分别馈送到多个注意力头中。

步骤02 每个注意力头都独立地执行注意力计算，即计算查询向量与键向量之间的相似度得分，然后将这些得分通过 Softmax 函数归一化为概率分布，最后使用这个概率分布对值向量进行加权求和，得到该注意力头的输出。

步骤03 各个注意力头的输出会再次通过线性变换层，然后将所有头的输出堆叠起来，形成最终的多头注意力输出。

多头注意力机制通过并行地从多个视角处理输入序列，增强了模型对序列内部依赖关系的捕捉能力，有助于模型学习到更全面和多样的信息，成为 Transformer 架构中不可或缺的部分。

8.5　Transformer 模型

在深度学习领域，Transformer 模型是一种革命性的架构，尤其在自然语言处理任务中取得了显著的成功。与传统的循环神经网络（RNN）和卷积神经网络（CNN）相比，Transformer 模型通过完全基于 Attention 机制的方式，实现了对序列数据的并行处理，大大提高了计算效率和模型性能。

Transformer 模型架构如图 8-18 所示。Transformer 模型主要由两大部分组成：编码器（Encoder）和解码器（Decoder）。每个部分由若干相同的层堆叠而成，通常为 6 层。每一层包含两个子层：多头自注意力（Multi-head Self-Attention）机制和前馈神经网络（Position-wise Feed-Forward Networks）。此外，每个子层都包含残差连接（Residual Connections）和层归一化（Layer Normalization）。

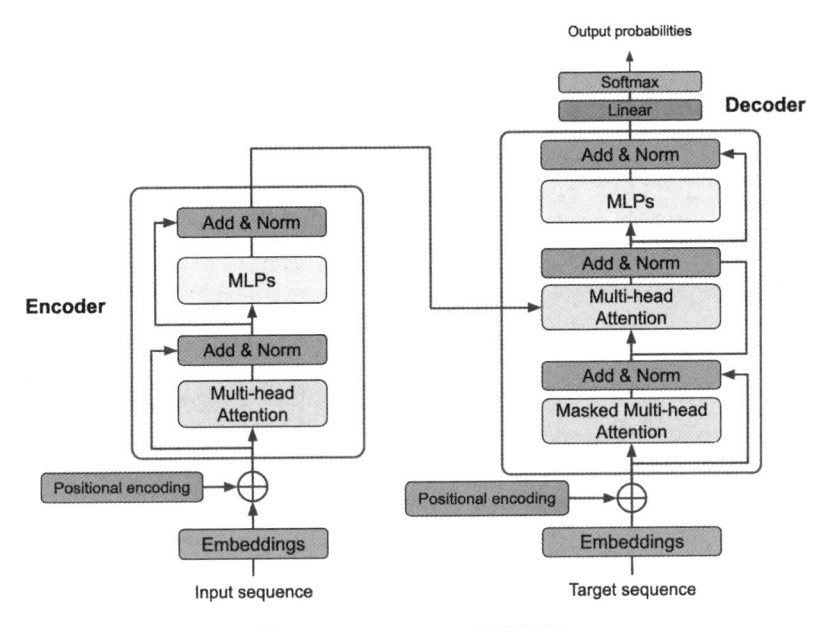

图 8-18　Transformer 模型架构

1. 编码器

编码器部分由多个相同的编码器层堆叠而成,每个编码器层主要包含以下两个子层。

(1) 多头自注意力机制:这是 Transformer 的核心组件之一。对于每个词,计算其与序列中所有其他词之间的相关性权重(即注意力分数),然后根据这些权重对其他词的表示进行加权求和,以得到当前词的新表示。多头自注意力机制允许模型同时关注不同子空间的信息,从而提高表达能力。

(2) 前馈神经网络:每个位置上的输出都会经过一个全连接层,该层包括两个线性变换和一个 ReLU 激活函数。这一步独立应用于每个位置,因此可以并行处理。

2. 解码器

解码器部分同样由多个相同的解码器层堆叠而成,每个解码器层主要包含以下 3 个子层。

(1) 自注意力机制:与编码器中的自注意力机制类似,但在此处通常使用掩码(Masking)来确保模型只能关注当前位置之前的序列信息。

（2）编码器-解码器注意力（Encoder-Decoder Attention）机制：用于计算解码器当前位置与编码器所有位置之间的相关性，从而捕捉输入序列与输出序列之间的依赖关系。

（3）前馈神经网络：与编码器中的前馈神经网络类似，用于对每个位置的表示进行进一步的处理和变换。

3. 位置编码

由于Transformer没有递归或卷积结构，无法直接捕捉序列中的位置信息。为此，模型会在输入嵌入中加入固定的位置编码，以使模型能够区分相同单词出现在不同位置的情况。位置编码可以通过正弦和余弦函数生成，也可以通过学习获得。

4. 训练与优化

Transformer模型通常采用交叉熵损失函数进行训练，并通过反向传播算法调整参数。在实践中，可能还会使用一些技巧来加速训练过程和提高性能，例如学习率调度、梯度裁剪等。

5. 应用与扩展

Transformer模型凭借其独特的架构设计，在多个NLP任务上取得了卓越的表现。特别是它的多头自注意力机制，使得模型能够在不同的粒度级别上捕捉序列中的依赖关系，极大地提高了模型的表达能力和泛化能力。随着技术的发展，基于Transformer的各种变体不断涌现，如BERT、GPT等，它们在特定任务上表现出了更强的能力，推动了NLP领域的持续进步。

第 9 章

自然语言处理

自然语言处理（Natural Language Processing，NLP）是人工智能的一个重要领域，专注于使计算机能够理解、分析、生成和处理人类语言。NLP 技术的应用十分广泛，涵盖机器翻译、智能客服、智能搜索、自动文摘、情感分析、语音识别和问答系统等领域。本章将介绍自然语言处理的相关知识。

9.1 自然语言处理概述

自然语言处理（Natural Language Processing，NLP）是人工智能的一个重要领域，专注于使计算机能够理解、分析、生成和处理人类语言。NLP 技术的应用十分广泛，涵盖机器翻译、智能客服、智能搜索、自动文摘、情感分析、语音识别和问答系统等领域。

近年来，随着深度学习技术的突破和互联网海量文本数据的积累，NLP 领域取得了显著进展。深度学习在 NLP 中的应用涉及多种任务，比如词向量表示、语言模型构建、机器翻译、文本分类和命名实体识别等。同时，TensorFlow、PyTorch 等开源软件的涌现，使研究人员和开发人员能够更加便捷地实现和部署 NLP 算法。

1. NLP 涉及的多种技术和方法

NLP 涉及多种技术和方法，这些技术在智能运维中发挥着重要作用。

（1）文本预处理：包括文本清洗（去除 HTML 标签、特殊字符等）、分词（将文本划分为独立的词汇单元）、词性标注（确定每个词汇的词性）等步骤，为后续的 NLP 任务提供基础。

（2）词嵌入：将词汇转换为计算机可理解的向量表示的过程。常见的词嵌入技术包括 Word2Vec、GloVe 等（详见 9.2 节）。这些技术可以捕捉词汇之间的语义关系，使计算机能够理解词汇的深层含义。

（3）句法分析：确定句子中词汇之间关系的过程，包括短语结构分析和依存关系分析，有助于理解句子的结构，比如主语、谓语、宾语等。通过句法分析，机器可以理解句子的结构和逻辑关系。

（4）语义分析：理解句子或文本深层含义的过程，包括实体识别、关系抽取、情感分析等任务，有助于提取文本中的结构化信息。

（5）文本生成：根据给定的输入（如关键词、句子结构等）生成新的文本，可用于机器翻译、文本摘要、对话系统等应用。

2. NLP 在智能运维中的主要应用

自然语言处理技术能够使计算机理解和处理人类语言，这对于智能运维来说具有重要意义。在智能运维中，NLP 技术主要应用于以下几个方面：

（1）智能监控与预警：可以实时监控系统运行状态，收集并分析数据，利用机器学习技术对异常行为进行预警和预测，提高系统稳定性，减少故障发生。

（2）智能诊断与排障：可以自动收集并分析系统故障信息，通过机器学习等技术，快速定位故障原因，并提供相应的解决方案，提高运维效率，减少停机时间。

（3）智能资源调度：根据需求预测，智能分配计算、存储、网络等资源，实现资源的优化配置。

9.2　文本表示方法

词向量（Word Vector）是将词语转换为计算机可以理解和处理的向量形式的一

种方法。在自然语言处理中，词向量通常用于表示词语的语义信息。把词语由符号表示形式转换为向量表示形式，有利于机器计算自然语言，词向量由此逐渐成为 NLP 领域中任务的基石。根据词向量的表示方式，将词向量分为独热编码（One-Hot Encoding）和分布式表示（Distributed Representation），后者常用的模型主要包括 Word2Vec、GloVe 以及 BERT 预训练模型等。

9.2.1 独热编码

在文本表示中，独热编码是一种最为简单且直观的文本向量化方式。这种方法基于语料库建立相应的词典，词向量维度直接与词典大小相匹配，文本中的每个词语会依据该词典变换成一种特殊的二进制词语向量，所有的词都有且只有一种表示特征。在这个向量中，与给定类别对应的元素被标记为 1，而其他所有元素都被标记为 0。因此，对于一个具有 N 个唯一类别的数据集，每个类别都被表示为一个长度为 N 的向量，其中只有一个元素是 1，其余元素都是 0。例如，一个评论文本信息"我喜欢北京"，包含"我""喜欢"和"北京"3 个单词，此时，构建的词汇表大小以及对应的词向量的长度均为 3。其中，"我"的向量表示可以设置为[1,0,0]的形式。这种编码方式的优点是学习过程简单且容易实现。

然而，它也有一些显著的缺点。首先，独热编码假设所有类别之间都是相互独立的，这在实际应用中往往不成立。其次，当类别数量非常大时，独热编码会导致特征空间变得非常稀疏和高维，这可能会降低机器学习算法的效率并增加过拟合的风险。此外，独热编码无法捕捉类别之间的语义关系或相似性。

9.2.2 TF-IDF 方法

TF-IDF（Term Frequency-Inverse Document Frequency）是一种广泛使用的文本特征表示方法，主要用于衡量单词在文档中的重要性。它的核心思想是，一个词在当前文档中出现的频率越高（TF），同时在整个语料库中出现的频率越低（IDF），则该词对该文档的代表性越强。TF-IDF 通过计算这两个指标的乘积，为每个单词赋予一个权重值，从而将文本转换为数值形式，便于机器学习算法处理。

对于文档集合 $\boldsymbol{D}$，特征词条 t 在文档 d 中的权重计算公式如下（采用 TF-IDF 方法）：

$$\text{TF-IDF}(t) = \text{TF}(t, d) \times \text{IDF}(t, \boldsymbol{D}) \tag{9-1}$$

其中，TF 是词频（Term Frequency），TF(t,d)指的是特征词条 t 在文档 d 中出现的频率。IDF 是逆文档频率（Inverse Document Frequency），IDF(t,D)表示特征词条 t 在文档集合 D 中出现的频率的倒数。其计算公式如下：

$$\text{IDF}(t, \boldsymbol{D}) = \log(|\boldsymbol{D}| / t_n) \qquad (9\text{-}2)$$

其中，|D|为文档集合的所有文档数，t_n 表示文档集合 D 中包含当前特征词条 t 的文档数。

9.2.3　Word2Vec 模型

Word2Vec 模型是一种用于生成词向量的神经网络模型。它由一系列浅层的神经网络组成，这些神经网络通过训练可以学习词语之间的语义关系，并将每个词语嵌入一个低维向量空间中，这有效缓解了独热编码方法导致的维度极高且数据稀疏的问题。根据输入与输出对象的不同，Word2Vec 分为连续词袋模型（Continuous Bag-of-Words，CBOW）和跳字模型（Skip-gram）两种主要的训练方式，如图 9-1 所示。

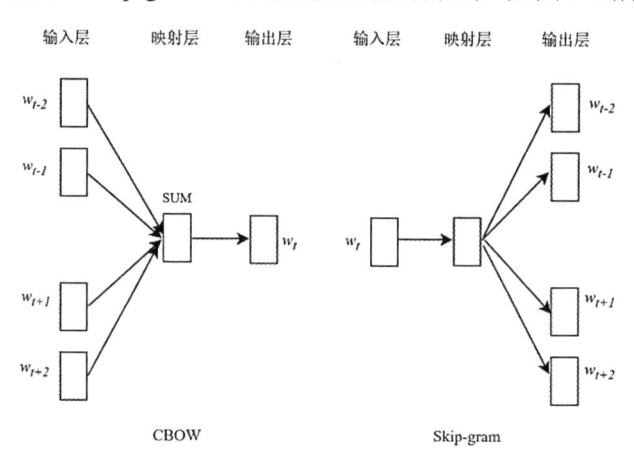

图 9-1　Word2Vec 模型结构图

CBOW 模型包括输入层、映射层和输出层。输入层是当前词与其相邻位置的词组成的向量。隐藏层是将输入矩阵通过线性变换映射成一个向量。输出层是利用 Huffman 树构造的 Softmax 分类器结构，其中叶子结点代表词汇表中的单个单词。从根结点到任意一个目标词的路径会经过多个分支，每个分支都对应一个二分类任务，目标词出现的概率可以通过计算二分类的连乘积来确定，具体计算如公式 9-3 和公式 9-4 所示。

$$P(w_t \mid w_{i-c} : w_{i+c}) = \frac{\exp(v^T v_i)}{\sum_{j=1}^{V} \exp(v^T v_j)} \tag{9-3}$$

$$L = \frac{1}{n}\sum_{i=1}^{n} \log p(w_t \mid w_{i-c} : w_{i+c}) \tag{9-4}$$

其中，V 代表词表大小，v_i 表示输入单词 w_i 的词向量，c 为上下文窗口大小。

Skip-gram 模型的目标是给定一个单词来预测其周围的上下文单词。即输入是中心词的词向量，而输出是对多个上下文的预测。Skip-gram 模型的计算过程与 CBOW 模型相似，先根据当前词预测上下文词的概率，再得出该模型的损失函数，具体计算如公式 9-5 和公式 9-6 所示。

$$P(w_{t+i} \mid w_t) = \frac{\exp(v_{t+i}^T v_t)}{\sum_{j=1}^{V} \exp(v_k^T v_t)} \tag{9-5}$$

$$L = -\frac{1}{T}\sum_{t=1}^{T}\sum_{-c \leqslant i \leqslant c} \log P(w_{t+1} \mid w_t) \tag{9-6}$$

总的来说，CBOW 和 Skip-gram 模型主要在处理输入和预测目标上存在不同，因而各自适用于不同的应用场景。CBOW 模型侧重于利用上下文词汇的平均信息来预测中心词，这在处理小型数据集或上下文信息丰富的文本时表现较好。而 Skip-gram 模型则通过中心词来预测其周围的上下文词，更关注词的局部信息，适用于大型数据集或包含较多生僻词的场景。

9.2.4 GloVe 预训练模型

GloVe（Global Vectors for Word Representation）是一种用于生成词向量的无监督学习算法，由斯坦福大学的研究团队开发。与 Word2Vec 模型相比，GloVe 模型整合了整体词汇统计特性和局部词汇环境中的共现统计特性，从而更有效地捕捉词语间的深层次语义关联。在预训练中，GloVe 框架在大规模文本数据集上进行训练，旨在学习词语对应的高质量向量化表征。这类经过预训练得到的词向量，能够在保留词语之间丰富的语义联系以及潜在的语法结构关系的同时，为下游各类任务提供有效的特征支撑。

GloVe 模型的核心思想是通过构建词-词共现矩阵，利用该矩阵中蕴含的统计信息来优化其目标函数,使得学习到的词向量的内积能够反映词语在语料库中的共现概率或者共现次数,从而间接地捕捉到词语之间的语义和语法关系。在训练过程中,GloVe 通过梯度下降或其他优化算法不断更新词向量,以达到目标函数的最优解。这样得到的词向量具有很好的语义和句法特性,能够在诸如类比推理、情感分析、主题建模等多种自然语言处理任务中取得优秀的表现。

其操作步骤主要包括 3 步:

步骤 01 遍历整个语料库,统计每个单词对(i, j)在特定大小的上下文窗口中共现的次数。这个统计结果就构成了共现矩阵 $\boldsymbol{X}$,其中元素 $\boldsymbol{X}_{ij}$ 代表单词 i 作为中心词时,单词 j 在其上下文窗口中出现的次数。计算词共现矩阵的概率,如公式 9-7 所示。

$$p_{ij} = \frac{X_{ij}}{X_i} \tag{9-7}$$

其中,$\boldsymbol{X}_i$ 代表矩阵 $\boldsymbol{X}$ 的第 i 行的和,也就是单词 i 在整个语料库中出现的次数,p_{ij} 则代表单词 j 在单词 i 的上下文窗口中出现的概率。

步骤 02 通过给定的共现矩阵和词向量得到二者之间的近似关系,如公式 9-8 所示。

$$\boldsymbol{w}_i^T \boldsymbol{w}_j + \boldsymbol{b}_i + \boldsymbol{b}_j = \log(\boldsymbol{X}_{ij}) \tag{9-8}$$

其中,$\boldsymbol{w}_i, \boldsymbol{w}_j$ 分别是单词 i 和单词 j 的词向量,$\boldsymbol{b}_i, \boldsymbol{b}_j$ 分别表示偏置向量。

步骤 03 构建损失函数,如公式 9-9 和公式 9-10 所示。

$$Y = \sum_{i,j=1}^{V} g\left(X_{ij}\right)\left(\boldsymbol{w}_i^T \boldsymbol{w}_j + \boldsymbol{b}_i + \boldsymbol{b}_j - \log\left(X_{ij}\right)\right)^2 \tag{9-9}$$

$$g(x) = \begin{cases} \left(\dfrac{x}{x_{\max}}\right)^\alpha, & \text{if } x < x_{\max} \\ 1, & \text{otherwise} \end{cases} \tag{9-10}$$

其中,$g(\boldsymbol{X}_{ij})$ 是一个权重函数,$\log(\boldsymbol{X}_{ij})$ 表示真实值,$\boldsymbol{w}_i^T \boldsymbol{w}_j + \boldsymbol{b}_i + \boldsymbol{b}_j$ 表示预测值。

9.2.5　BERT 预训练模型

BERT(Bidirectional Encoder Representations from Transformers,基于 Transformer 的双向编码器表征)是一种基于 Transformer 架构的预训练语言模型,它通过在大规模语料库上进行无监督预训练,学习到了丰富的语义信息,可以用于各种自然语言处理任务。

BERT 模型的核心思想是利用 Transformer 结构中的自注意力机制，对输入的文本进行双向编码，从而捕获文本中的上下文信息。与 Word2Vec 和 GloVe 等模型不同，BERT 在预训练阶段采用了遮蔽语言模型（Masked Language Model，MLM）和下一句预测（Next Sentence Prediction，NSP）两种任务，使得模型能够更好地理解文本中的语义关系。遮蔽语言模型是指随机将输入句子中的部分单词用特殊符号[MASK]替换，然后让模型预测这些被遮盖的单词。通过这种方式，模型能够学习到单词之间的上下文关系。下一句预测任务是指给定两个句子，判断它们是否构成连续的文本。这种任务有助于模型理解句子之间的逻辑关系。在预训练完成后，BERT 模型可以通过微调来适应特定的下游任务（如情感分析、问答系统等）。在微调阶段，整个模型被细微调整以最佳地解决特定任务，通常需要较少的数据和计算资源。

BERT 模型的结构主要由词嵌入（Embedding）、Transformer 编码器和输出层 3 部分组成。Embedding 模块结构如图 9-2 所示，除了单词本身的词嵌入（Token Embeddings）外，BERT 还引入了位置嵌入（Position Embeddings）和句子信息嵌入（Segment Embeddings）。词嵌入是将输入的单词转换为固定维度的向量表示，位置嵌入则提供了单词在序列中的位置信息，句子信息嵌入用于区分不同的句子或文本段落。这些嵌入向量通过相加的方式得到最终的输入表示。BERT 模型的核心部分是 Transformer 编码器，它由多层自注意力机制和前馈神经网络组成。自注意力机制允许模型在处理每个单词时关注文本中的其他相关单词，从而捕获到更丰富的上下文信息。前馈神经网络则进一步增强了模型的非线性表达能力。这种全局的上下文理解能力是 BERT 模型具有强大性能的关键因素之一。BERT 模型的输出层根据具体任务而定。对于文本分类任务，可以在 Transformer 编码器的输出上添加一个全连接层进行分类；对于问答系统或情感分析等任务，则需要根据具体需求设计相应的输出结构。

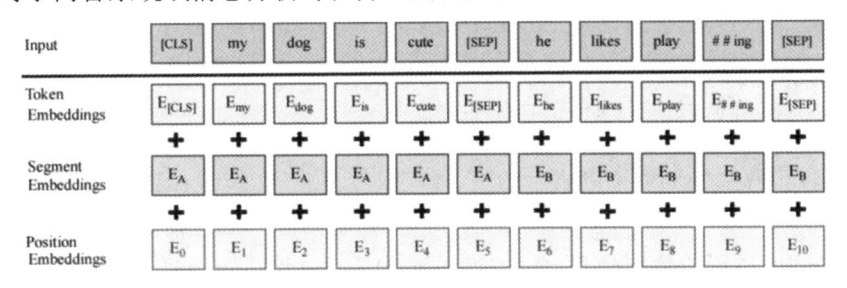

图 9-2 Embedding 模块结构图

9.3 大语言模型及示例

当今的数字化时代，人工智能技术已经成为各行各业的核心驱动力之一。而在人工智能领域中，大语言模型（Large Language Model，LLM）作为一种引人瞩目的技术，正在以其强大的语言理解和生成能力引领着一场革命。本节将探讨大语言模型的概念、核心原理、训练方法以及实际应用。

1. 大语言模型的定义

大语言模型是指一种基于深度学习技术的自然语言处理模型，拥有大量参数和复杂的神经网络结构，能够理解、生成和处理自然语言文本。这类模型通常通过大规模语料库进行预训练，以学习丰富的语言模式和语义信息，并可以应用于多种语言任务。

2. 大语言模型的核心原理

大语言模型的核心组件和架构是其成功的关键。下面我们将解析几个关键组件。

1）Transformer 架构

Transformer 架构是大语言模型背后的核心架构。它采用了自注意力机制来捕捉输入序列中的长距离依赖关系，避免了传统循环神经网络（RNN）中存在的梯度消失问题。Transformer 架构包括编码器和解码器两个部分，其中编码器用于将输入序列编码为隐藏表示，而解码器则用于根据编码器的输出生成目标序列。

2）自注意力机制的工作原理

自注意力机制是 Transformer 架构的核心之一。它允许模型在处理每个输入位置时都可以关注到其他位置的信息，并且可以动态地调整不同位置的重要性。通过计算每个位置与其他位置的相关性，自注意力机制可以有效地捕捉序列中的语义关系，从而提高模型在自然语言处理任务中的性能。

3）位置编码与序列建模

在 Transformer 模型中，由于不包含任何位置信息，因此需要引入位置编码来表征输入序列中单词的位置信息。位置编码通常是通过将位置信息编码为向量形式，并与单词的词向量相加而得到的。通过引入位置编码，Transformer 模型能够更好地理解输入序列的顺序信息，从而提高模型的性能。

4）编码器和解码器的功能与区别

Transformer 模型由编码器和解码器组成，它们分别承担着不同的功能。编码器负责将输入序列转换为隐藏表示，捕捉输入序列的语义信息；而解码器则负责根据编码器的输出生成目标序列。解码器在生成过程中还会利用自注意力机制来关注输入序列的不同部分，从而生成更加准确的输出序列。

上面所述的核心组件和架构共同构成了大语言模型的基础，为其在自然语言处理任务中取得了显著的性能提升。对这些组件和架构的深入理解将有助于我们更好地理解大语言模型的工作原理和应用场景。

3. 大语言模型的训练方法

大语言模型的训练通常分为两个阶段：预训练和微调。

（1）预训练：大语言模型首先在一个大规模未标注的文本语料库上进行无监督学习。目标是预测给定上下文中的下一个词，这被称为语言建模任务。通过这种方式，模型可以学习到丰富的语言结构和语义信息。

（2）微调：预训练后的模型可以通过进一步的有监督学习调整参数，以适应特定的任务，如文本分类、情感分析、问答系统等。这种两阶段的学习方式不仅提高了模型的泛化能力，还降低了针对每个任务从头开始训练的成本。

4. 大语言模型的应用场景

（1）文本生成：大语言模型可以用于自动创作文章、故事、诗歌等，例如 GPT 系列模型可以根据提供的主题或开头自动生成完整的段落或篇章。

（2）机器翻译：大语言模型能够提供比传统统计方法更加准确和流畅的翻译结果，支持多种语言间的互译。

（3）智能客服与对话系统：利用大语言模型的能力，创建更加自然流畅的人机交互体验，帮助解决用户问题并提供个性化服务。

（4）问答系统：无论是开放领域的知识问答还是特定领域的专业咨询，大语言模型都能提供详尽的回答，帮助用户获取所需的信息。

（5）文本分类与情感分析：大语言模型还可以用于文本分类和情感分析等任务，帮助用户更好地理解和分析文本内容。例如，在社交媒体平台上，大语言模型可以用于分析用户的评论和反馈，了解用户的情感和态度。

5. 大语言模型的使用方式

如表 9-1 所示，大模型的使用方式主要可分为直接调用云端 API、模型微调（Fine-tuning）、本地部署开源模型和检索增强生成（Retrieval-Augmented Generation，RAG）等。

表9-1　大模型使用方式

使用方式	核心价值	适用场景	主要挑战
云端 API	快速集成，零运维	MVP 验证、轻量应用	数据隐私、长期成本
模型微调	垂直领域高精度	专业问答、风格生成	数据标注、算力需求
本地部署	数据安全，完全可控	敏感数据、高频调用	硬件投入、技术门槛
RAG	事实准确，动态更新	实时知识、企业知识库	检索系统构建、延迟优化

大模型的每种使用方式具有不同的技术特点和应用场景，下面分别讲解。

1）直接调用云端 API

直接调用云端 API 是通过服务商提供的标准化接口（如 DeepSeek、Qwen 等）快速获取大模型能力的技术方案。这种方式特别适合资源有限的小型团队开发轻量级应用的场景，其最大的优势在于无须任何本地部署工作即可立即使用，服务商会自动维护和升级模型版本，同时采用按需付费的灵活计费模式。然而，该方式也存在明显的局限，包括用户数据必须上传至第三方服务器带来的隐私风险，无法根据具体需求定制模型行为，以及在长期高频使用情况下可能产生较高的服务费用。

2）模型微调

模型微调是在预训练大模型的基础上，使用特定领域数据继续进行训练优化的技术方法。这种方法在专业领域的问答系统、具有特定风格的内容生成以及低资源语言处理等场景表现优异。通过微调可以显著提升模型在垂直领域的表现效果，同时保留基础模型的多任务处理能力，相比从头训练具有明显的成本优势。但实施微调需要准备充足的标注数据，依赖 GPU 计算资源，且在训练数据量不足时容易出现过拟合问题。

3）本地部署开源模型

本地部署开源模型是指将开源大模型部署在自有计算环境中的技术方案。这种部署方式特别适合对数据安全性要求高、需要处理高并发请求或对实时性要求严格的场景，同时也为需要深度修改模型架构的用户提供了可能。其核心优势在于所有数据处理都在本地完成，具有最高的安全性和隐私保护级别，长期使用成本显著低于 API 调用方式，并支持各种深度优化手段。不过这种方式对硬件配置要求较高，且需要专业的技术团队进行部署和维护。

4）检索增强生成

检索增强生成是通过将外部知识库检索与大模型生成能力相结合的技术方案。该方案能有效提升模型输出的准确性和时效性，特别适用于需要整合实时数据、减少模型幻觉现象以及构建企业知识库问答系统等场景。RAG 系统通过检索相关文档作为生成依据，既保持了生成模型的灵活性，又显著提高了输出内容的准确性，是当前增强大模型实用性的重要技术路径之一。

6. 大语言模型的应用示例

在 IT 运维中，系统日志是排查问题的重要依据。然而，现代分布式系统每天产生海量日志，人工检查效率低下。传统基于规则的日志分析工具难以覆盖所有异常模式，特别是面对新型或复杂异常时效果不佳。利用大模型的自然语言理解能力，可以实时分析系统日志、识别异常模式、提供可能的故障原因和建议解决方案。

在使用通义千问 API 之前，首先访问阿里云官网，注册阿里云账号，然后开通 DashScope 灵积模型服务，获取 API Key（注意：此 Key 需妥善保存，不要泄露，在后面编写代码访问大模型时需要用到）。最后，选择模型并查看文档，了解请求格式和参数。

假设有以下 Nginx 访问日志片段：

```
192.168.1.1 - - [15/Nov/2023:10:23:45 +0800] "GET /api/user HTTP/1.1" 200 1234
192.168.1.2 - - [15/Nov/2023:10:23:46 +0800] "POST /api/login HTTP/1.1" 200 567
192.168.1.3 - - [15/Nov/2023:10:23:47 +0800] "GET /static/js/app.js HTTP/1.1" 404 162
192.168.1.1 - - [15/Nov/2023:10:23:48 +0800] "GET /api/user HTTP/1.1" 200 1234
192.168.1.4 - - [15/Nov/2023:10:23:49 +0800] "GET /api/orders HTTP/1.1" 500 123
192.168.1.5 - - [15/Nov/2023:10:23:50 +0800] "GET /api/products
```

HTTP/1.1" 200 4567

示例 9-1 使用大模型实现日志异常检测，代码参看 demo/code/chapter9/llm.py。

【示例 9-1】使用大模型实现日志异常检测

```
import requests
import json
import time

# 配置通义千问 API（示例配置，需替换为实际 API 密钥）
API_KEY = "your_api_key_here"
API_URL = https://dashscope.aliyuncs.com/api/v1/services/aigc/text-generation/generation

def call_qwen_api(prompt):
    headers = {
        "Content-Type": "application/json",
        "Authorization": f"Bearer {API_KEY}"
    }

    payload = {
        "model": "qwen-max",
        "input": {
            "messages": [
                {
                    "role": "system",
                    "content":"你是一个IT运维专家，擅长分析系统日志和识别异常。"
                },
                {
                    "role": "user",
                    "content": prompt
                }
            ]
        },
```

```python
        "parameters": {
            "result_format": "message"
        }
    }

    response = requests.post(API_URL, headers=headers, data=json.dumps(payload))
    return response.json()

def analyze_logs(log_entries):
    # 构造提示词
    prompt = f"""请分析以下系统日志，识别任何异常或错误，并提供可能的原因和解决方案建议。

日志内容：
{log_entries}

请按以下格式返回分析结果：
1. 异常类型：
2. 可能原因：
3. 建议解决方案："""

    # 调用API
    response = call_qwen_api(prompt)

    # 解析响应
    if 'output' in response and 'choices' in response['output']:
        return response['output']['choices'][0]['message']['content']
    else:
        return "无法分析日志： " + str(response)

# 示例日志数据
sample_logs = """
192.168.1.1 - - [15/Nov/2023:10:23:45 +0800] "GET /api/user HTTP/1.1" 200
```

```
1234
192.168.1.2 - - [15/Nov/2023:10:23:46 +0800] "POST /api/login HTTP/1.1" 200 567
192.168.1.3 - - [15/Nov/2023:10:23:47 +0800] "GET /static/js/app.js HTTP/1.1" 404 162
192.168.1.1 - - [15/Nov/2023:10:23:48 +0800] "GET /api/user HTTP/1.1" 200 1234
192.168.1.4 - - [15/Nov/2023:10:23:49 +0800] "GET /api/orders HTTP/1.1" 500 123
192.168.1.5 - - [15/Nov/2023:10:23:50 +0800] "GET /api/products HTTP/1.1" 200 4567
    """

# 分析日志
analysis_result = analyze_logs(sample_logs)
print("日志分析结果:\n", analysis_result)
```

示例 9-1 通过调用阿里云的通义千问（Qwen）大模型 API 实现了一个智能日志分析工具。首先配置 API 密钥和接口地址；然后定义了一个 call_qwen_api 函数用于发送包含系统角色设定（运维专家）和用户日志输入的请求；接着通过 analyze_logs 函数构造结构化提示词，要求模型按指定格式（异常类型、原因、解决方案）分析输入的示例日志；最后解析 API 返回的 JSON 响应并输出格式化分析结果，能够自动识别如数据库连接超时等异常并提供运维建议。

示例 9-1 的运行结果如下：

日志分析结果：

根据提供的日志内容，我们可以观察到几个请求的状态码。HTTP 状态码提供了关于请求是否成功以及服务器如何处理这些请求的信息。从日志中可以看到有两条记录显示了非 200（成功）的状态码，这表明存在一些问题需要进一步调查。

1. 异常类型：
   - 404 Not Found：对于路径 '/static/js/app.js' 的请求返回了 404 状态码。
   - 500 Internal Server Error：对于路径 '/api/orders' 的请求返回了 500 状态码。

2. 可能原因：

— 404 错误通常表示客户端尝试访问的资源在服务器上不存在。这可能是由于文件确实不存在、URL 拼写错误或服务器配置不当导致无法找到正确的文件位置。

— 500 错误是一个通用的服务器端错误消息，意味着服务器遇到了一个它不知道如何处理的情况。这可能由多种因素引起，包括但不限于应用程序代码中的错误、数据库连接问题或其他后端服务故障等。

3. 建议解决方案：

— 对于 404 错误：

— 检查请求的 URL 是否正确无误。

— 确认服务器上的相应文件是否存在，并且路径设置正确。

— 如果是静态资源，则检查 Web 服务器配置是否正确地指向了静态文件目录。

— 对于 500 错误：

— 查看更详细的错误日志以获得有关错误的具体信息。这通常会包含在应用的日志文件或者服务器的错误日志中。

— 根据具体错误信息定位问题所在，比如修复代码 bug、确保所有依赖的服务都正常运行等。

— 如果是因为数据库问题造成的，检查数据库连接是否正常，同时查看是否有任何数据库相关的错误报告。

— 考虑增加适当的异常处理机制来提高系统的健壮性，例如通过捕获异常并记录详细信息来帮助诊断问题。

最后，请注意定期监控和分析日志文件可以帮助及早发现潜在的问题，从而避免对用户造成影响。

第 10 章

日志异常检测

在数字化转型的浪潮中，企业日益依赖复杂的 IT 基础设施和软件系统来支撑业务运营，这不仅极大地提升了工作效率和服务质量，同时也带来了前所未有的运维挑战。随着系统架构的复杂度增加，运维团队面临着海量数据的管理和实时监控的难题，尤其是如何在海量日志中迅速识别和定位异常，成为智能运维领域亟待解决的关键问题。

日志文件作为 IT 系统运行状态的记录者，蕴含着丰富的信息，包括系统性能、用户行为、安全事件等。然而，日志数据的非结构化特性、庞大的数据量以及快速产生的速度，使得人工分析变得几乎不可能。

日志异常检测作为智能运维的核心任务之一，扮演着至关重要的角色。它通过分析历史和实时日志数据，自动识别出偏离正常模式的异常行为，从而预警潜在的系统故障、性能瓶颈或安全威胁。传统的日志分析方法往往依赖于规则匹配或关键词搜索，这种方法不仅耗时耗力，而且难以应对不断变化的异常类型。而现代的智能日志分析技术，尤其是基于机器学习的方法，能够从历史数据中学习模式，并实时检测与基线偏差较大的异常事件，大大提高了异常检测的准确性和时效性。

本章通过对日志异常检测常用的数据集，以及经典模型的介绍与评估，帮助读者更好地理解日志异常检测的背景和挑战。

10.1 数据预处理

10.1.1 常用数据集介绍

日志数据是软件开发过程中不可或缺的一部分，它们由程序开发人员精心嵌入的打印输出代码生成，用以详细记录程序在运行过程中的变量状态、执行流程等关键信息。这些数据特别注重捕捉应用的微观状态和跨组件的程序执行逻辑。不同的系统生成的日志具有各自独特的结构特点。

智能运维领域目前仍处于发展初期，这是由于公共日志数据集的稀缺和缺乏统一的基准测试，导致智能运维技术在工业界的应用并不广泛。为了弥合学术界与工业界之间的这一鸿沟，并推动人工智能在日志分析领域的深入研究，香港中文大学的智能运维研究团队投入巨大努力，收集并整理了一个庞大的日志数据集 Loghub。

Loghub 所维护的日志数据集总容量超过 77GB，涵盖从先前研究中发布的实际生产数据到实验室系统收集的真实日志。这些日志来源于多种系统，包括分布式系统、超级计算机集群、操作系统、移动应用、服务器应用以及独立软件等，如表 10-1 所示。

表10-1 日志数据集Loghub

System	Description	Time Span	#Messages	Data Size	Labeled
Distributed systems					
HDFS_v1	Hadoop distributed file system log	38.7 hours	11 175 629	1.47GB	Yes
HDFS_v2	Hadoop distributed file system log	N.A.	71 118 073	16.06GB	No
HDFS_v3	Instrumented HDFS trace log (TraceBench)	N.A.	14 778 079	2.96GB	Yes
Hadoop	Hadoop mapreduce job log	N.A.	394 308	48.61MB	Yes
Spark	Spark job log	N.A.	33 236 604	2.75GB	No
Zookeeper	ZooKeeper service log	26.7 days	74 380	9.95MB	No
OpenStack	OpenStack infrastructure log	N.A.	207 820	58.61MB	Yes
Supercomputers					

(续表)

System	Description	Time Span	#Messages	Data Size	Labeled
BGL	Blue Gene/L supercomputer log	214.7 days	4 747 963	708.76MB	Yes
HPC	High performance cluster log	N.A.	433 489	32.00MB	No
Thunderbird	Thunderbird supercomputer log	244 days	211 212 192	29.60GB	Yes
Operating systems					
Windows	Windows event log	226.7 days	114 608 388	26.09GB	No
Linux	Linux system log	263.9 days	25 567	2.25MB	No
Mac	Mac OS log	7.0 days	117 283	16.09MB	No
Mobile systems					
Andriod	Andriod framework log	N.A.	1 555 005	183.37MB	No
HealthApp	Health app log	10.5 days	253 395	22.44MB	No
Server applications					
Apache	Apache web server crror log	263.9 days	5 648	4.90MB	No
OpenSSH	OpenSSH server log	28.4 days	655 146	70.02MB	No
Standalone software					
Proxifier	Proxifier software log	N.A.	21 329	2.42MB	No

10.1.2 日志数据处理

1. 日志解析

日志通常是非结构化的文本数据，需要先进行解析，以 HDFS 日志为例：

```
BLOCK* NameSystem.addStoredBlock: blockMap updated: 10.250.10.6:50010
is added to blk_-1608999687919862906 size 91178
```

日志解析的目的是将常量部分与变量部分分开，提取一组事件模板，从而可以构造原始日志，并形成一个成熟的日志事件。更具体地说，日志消息都可以被解析成带有一些特定参数（可变部分）的事件模板（恒定部分）：

```
BLOCK* NameSystem.addStoredBlock: blockMap updated: <*> is added to <*>
size <*>
```

其中，<*>代表可变部分。

由于不同的系统产生的日志条目并不完全相同，因此在处理时需要根据实际情况来确定。目前存在很多开源的解析工具，比如 LogParser 是 Windows 上一款强大的日志分析软件，对 IIS 日志进行分析时效率很高。

2. 事件划分

在进行事件划分前，先了解日志事件和日志序列的概念：

（1）日志事件：是指在系统运行过程中发生的单一事件的记录。这可能包括应用程序的启动和停止、错误的发生、用户的操作、资源的使用情况、网络请求和响应、安全事件等。每个日志事件通常包含以下信息：

- 时间戳：事件发生的时间。
- 级别：事件的严重性，如 DEBUG、INFO、WARNING、ERROR、CRITICAL。
- 消息：关于事件的详细描述。
- 元数据：附加信息，如源代码文件名、行号、模块名、主机名等。

（2）日志序列：是指一系列按时间顺序排列的日志事件。这些事件通常来自同一个会话、事务或操作流程，或者是与特定系统组件相关联的连续事件。日志序列有助于追踪系统的运行轨迹，对于故障排查、性能分析、行为模式识别等都非常关键。通常使用窗口技术进行序列的划分，例如固定窗口、滑动窗口、会话窗口等。

10.2 HDFS 日志异常检测

本节将以 HDFS 日志为例介绍日志异常检测的方法，处理流程如图 10-1 所示。

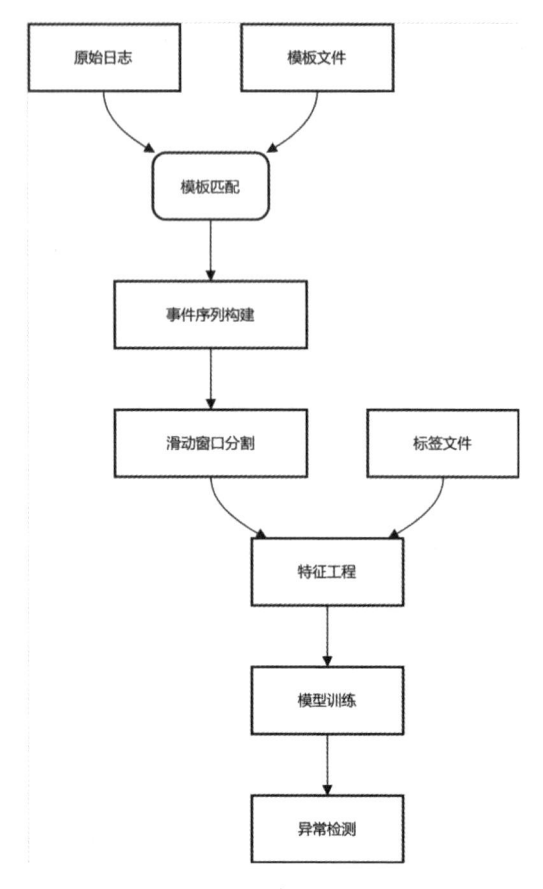

图 10-1　日志异常检测流程

首先准备表 10-2 所示的相关数据文件，详见 demo/code/chapter10/data。

表10-2　示例文件说明

文 件 名	格式示例	说　　明
HDFS.log	081109 213031 142 INFO dfs.DataNode $PacketResponder: Received block blk_123 src: /data	原始日志文件（未结构化）
HDFS.log_templates.csv	E5,Receiving block [*] src: [*] dest: [*]	日志模板文件
anomaly_label.csv	blk_123,Normal	异常标签文件

10.2.1　日志解析与模板匹配

示例 10-1 实现了日志解析和模板匹配，代码参看 demo/code/chapter10/log_parser.py。

该阶段的核心是将非结构化的原始日志 HDFS.log 通过预定义的日志模板 HDFS.log_templates.csv 转换为结构化数据。每个日志模板（如 "Received block [*] from [*]"）定义了日志的固定部分（关键词）和可变部分（[*]通配符）。通过正则表达式匹配，将原始日志内容映射到对应的 EventId，并提取关键字段（如 BlockId）。

【示例10-1】日志解析与模板匹配

```
import pandas as pd
import re
from concurrent.futures import ThreadPoolExecutor

def parse_logs(log_file, templates, chunk_size=10000):
    """日志解析函数"""
    # 预编译所有正则模板
    template_patterns = []
    for _, row in templates.iterrows():
        # 将模板转换为正则表达式
        pattern = '^' + re.escape(row['EventTemplate']).replace(r'\[\*\]', r'(.+?)') + '$'
        template_patterns.append((row['EventId'], re.compile(pattern)))

    # 批量读取文件，减少IO操作
    with open(log_file, 'r', encoding='utf-8') as f:
        lines = f.readlines()  # 一次性读取所有行

    def process_chunk(chunk):
        chunk_data = []
        for line in chunk:
            # 提取BlockId（增强正则匹配）
            block_match = re.search(r'\b(blk_[-]?\d+)\b', line)
            if not block_match:
                continue
            content = line.strip()
```

```python
            event_id = 'UNKNOWN'

            # 优化匹配逻辑：优先匹配更具体的模板
            for eid, pattern in sorted(template_patterns, key=lambda x: len(x[1].pattern), reverse=True):
                if pattern.fullmatch(content):
                    event_id = eid
                    break

            chunk_data.append({
                'BlockId': block_match.group(1),
                'Content': content,
                'EventId': event_id
            })
        return chunk_data

    # 多线程处理分块数据
    data = []
    with ThreadPoolExecutor(max_workers=4) as executor:
        chunks = [lines[i:i + chunk_size] for i in range(0, len(lines), chunk_size)]
        for result in executor.map(process_chunk, chunks):
            data.extend(result)

    return pd.DataFrame(data)


# 使用示例
if __name__ == '__main__':

    # 加载模板（检查模板文件格式）
    try:
        templates = pd.read_csv('data/HDFS.log_templates.csv')
        print(f"加载模板成功，共{templates.shape[0]}个模板")
        print("模板样例:")
```

```
        print(templates.head())
    except Exception as e:
        print(f"模板加载失败: {e}")
        exit()

    # 执行解析
    print("\n开始解析日志...")
    log_df = parse_logs('data/HDFS.log', templates)

    # 分析匹配结果
    match_stats = log_df['EventId'].value_counts(normalize=True)
    print("\n匹配结果统计:")
    print(match_stats.head(10))

    print("\n样例输出:")
    print(log_df.head())

    # 保存结果
    log_df.to_csv('data/parsed_logs.csv', index=False)
    print(f"已保存结果到 parsed_logs.csv, 匹配成功率: {1 - match_stats.get('UNKNOWN', 0):.2%}")
```

运行示例10-1，对原始日志文件进行解析，与日志模板文件进行匹配的结果保存在 data/parsed_logs.csv 中，程序的输出结果如下：

```
加载模板成功，共29个模板
模板样例:
    EventId              EventTemplate
0      E1         [*]Adding an already existing block[*]
1      E2            [*]Verification succeeded for[*]
2      E3                [*]Served block[*]to[*]
3      E4         [*]Got exception while serving[*]to[*]
4      E5           [*]Receiving block[*]src:[*]dest:[*]

开始解析日志...
```

```
匹配结果统计:
E5         0.154196
E26        0.153883
UNKNOWN    0.152714
E9         0.152700
E21        0.125456
E23        0.124930
E22        0.051457
E3         0.038363
E4         0.031874
E2         0.010741
Name: EventId, dtype: float64

样例输出:
          BlockId        ...   EventId
0  blk_-1608999687919862906 ...      E5
1  blk_-1608999687919862906 ...     E22
2  blk_-1608999687919862906 ...      E5
3  blk_-1608999687919862906 ...      E5
4  blk_-1608999687919862906 ... UNKNOWN

已保存结果到 parsed_logs.csv, 匹配成功率: 84.73%
```

10.2.2 事件序列构建

示例 10-2 实现了事件序列的划分,代码参看 demo/code/chapter10/event_sq.py。其实现过程是首先将解析后的日志按 BlockId 分组,然后聚合所有关联的 EventId,形成时序事件序列(如["E1", "E3", "E5"])。该过程需保持事件的原始顺序,并过滤无效序列(如含 UNKNOWN 事件的序列)。

【示例 10-2】事件序列构建

```
import pandas as pd
from collections import defaultdict
```

```python
def build_event_sequences(parsed_log_path):
    """构建事件序列
    Args:
        parsed_log_path: parsed_logs.csv 路径
    Returns:
        dict: {block_id: [event_sequence]}
        DataFrame: 有效序列的统计信息
    """
    # 1. 加载已解析的日志
    log_df = pd.read_csv(parsed_log_path)
    print(f"已加载解析日志，总行数：{len(log_df)}")

    # 2. 按BlockId分组并聚合EventId（保持时序）
    block_sequences = defaultdict(list)

    # 按原始日志顺序迭代（确保时序正确）
    for _, row in log_df.iterrows():
        block_sequences[row['BlockId']].append(row['EventId'])

    print(f"初始Block数量：{len(block_sequences)}")

    # 3. 过滤无效序列（含UNKNOWN事件）
    valid_sequences = {
        blk_id: seq
        for blk_id, seq in block_sequences.items()
        if any(event != 'UNKNOWN' for event in seq)
    }

    # 4. 生成统计信息
    stats = pd.DataFrame({
        'BlockId': list(valid_sequences.keys()),
        'SequenceLength': [len(seq) for seq in
valid_sequences.values()],
```

```
            'EventSequence': [' '.join(seq) for seq in
valid_sequences.values()]
        })

    print(f"有效Block数量: {len(valid_sequences)}")
    print(f"最大序列长度: {stats['SequenceLength'].max()}")
    print(f"平均序列长度: {stats['SequenceLength'].mean():.1f}")

    return valid_sequences, stats

# 使用示例
if __name__ == '__main__':
    sequences, stats_df =
build_event_sequences('data/parsed_logs.csv')
    # 查看结果
    print("\n示例序列:")
    for blk_id, seq in list(sequences.items())[:3]:
        print(f"{blk_id}: {seq}")

    # 保存统计信息
    stats_df.to_csv('data/sequence_stats.csv', index=False)
    print("\n已保存序列统计到 sequence_stats.csv")
```

代码解释：

- 分组聚合：使用 defaultdict(list) 按 BlockId 收集所有 EventId，通过逐行迭代确保时序正确（避免 pandas.groupby 的乱序问题）。
- 有效性过滤：移除包含 UNKNOWN 事件的序列（可能因模板未覆盖导致）。
- 统计与输出：生成每个 BlockId 的事件序列及其长度统计，保存为 data/sequence_stats.csv，供后续滑动窗口处理使用。

运行示例 10-2 构建事件序列，程序输出结果如下：

已加载解析日志，总行数：11175629

EventId 分布统计：

```
E5          1723232
E26         1719741
UNKNOWN     1706679
E9          1706514
E21         1402047
E23         1396174
E22          575061
E3           428726
E4           356207
E2           120036
E6             7097
E18            7002
E25            7002
E16            6937
E20            5545
E7             3416
E13            1464
E28            1288
E27             975
E14             155
E10             108
E15              65
E8               49
E29              47
E12              34
E1               10
E17               9
E19               5
E24               4
Name: EventId, dtype: int64
```

初始 Block 数量：575061
发现 UNKNOWN 事件数量：1706679

有效 Block 数量：575061

最大序列长度：298

平均序列长度：19.4

包含 UNKNOWN 事件的序列比例：98.93%

示例序列：

blk_-1608999687919862906: ['E5', 'E22', 'E5', 'E5', 'UNKNOWN', 'UNKNOWN', 'E9', 'E9', 'UNKNOWN', 'E9', 'E26', 'E26', 'E26', 'E6', 'E5', 'E16', 'E6', 'E5', 'E18', 'E25', 'E26', 'E26', 'E3', 'E25', 'E6', 'E6', 'E5', 'E5', 'E16', 'E18', 'E26', 'E26', 'E5', 'E6', 'E5', 'E16', 'E3', 'E3', 'E3', 'E3', 'E3', 'E3', 'E3', 'E3', 'E3', 'E3', 'E18', 'E25', 'E6', 'E3', 'E3', 'E3', 'E3', 'E3', 'E3', 'E3', 'E3', 'E3', 'E3', 'E3', 'E3', 'E3', 'E26', 'E26', 'E3', 'E25', 'E3', 'E18', 'E6', 'E5', 'E3', 'E3', 'E3', 'E3', 'E3', 'E16', 'E3', 'E3', 'E3', 'E3', 'E26', 'E3', 'E23', 'E23', 'E23', 'E23', 'E23', 'E23', 'E23', 'E23', 'E23', 'E23', 'E21', 'E21', 'E21', 'E21', 'E21', 'E21', 'E21', 'E21', 'E21', 'E21']

blk_7503483334202473044: ['E5', 'E5', 'E22', 'E5', 'UNKNOWN', 'E9', 'UNKNOWN', 'E9', 'UNKNOWN', 'E9', 'E26', 'E26', 'E26', 'E3', 'E2', 'E2', 'E23', 'E23', 'E23', 'E21', 'E21', 'E21']

blk_-3544583377289625738: ['E5', 'E22', 'E5', 'E5', 'UNKNOWN', 'E9', 'UNKNOWN', 'E9', 'UNKNOWN', 'E9', 'E3', 'E26', 'E26', 'E26', 'E3', 'E3',

```
'E3', 'E3', 'E3', 'E3', 'E3', 'E3', 'E3', 'E3', 'E3', 'E3', 'E3', 'E3',
'E3', 'E3', 'E3', 'E3', 'E3', 'E3', 'E3', 'E3', 'E3', 'E3', 'E3', 'E3',
'E3', 'E3', 'E3', 'E3', 'E3', 'E3', 'E3', 'E3', 'E3', 'E3', 'E3', 'E3',
'E3', 'E3', 'E3', 'E3', 'E3', 'E3', 'E3', 'E3', 'E3', 'E3', 'E3', 'E3',
'E3', 'E3', 'E3', 'E3', 'E3', 'E3', 'E3', 'E3', 'E3', 'E3', 'E3', 'E3',
'E3', 'E3', 'E3', 'E3', 'E3', 'E3', 'E3', 'E3', 'E3', 'E3', 'E3', 'E3',
'E3', 'E3', 'E3', 'E3', 'E3', 'E3', 'E3', 'E3', 'E3', 'E3', 'E3', 'E3',
'E3', 'E3', 'E3', 'E3', 'E3', 'E3', 'E3', 'E3', 'E3', 'E3', 'E3', 'E3',
'E3', 'E3', 'E3', 'E3', 'E3', 'E3', 'E3', 'E3', 'E3', 'E3', 'E3', 'E3',
'E3', 'E3', 'E3', 'E3', 'E3', 'E3', 'E3', 'E3', 'E3', 'E3', 'E3', 'E3',
'E3', 'E3', 'E3', 'E3', 'E3', 'E3', 'E3', 'E3', 'E3', 'E3', 'E3', 'E3',
'E3', 'E3', 'E3', 'E3', 'E3', 'E23', 'E23', 'E23', 'E21', 'E21', 'E21',
'E20']
```

已保存序列统计到 `sequence_stats.csv`

10.2.3 滑动窗口处理

滑动窗口（Sliding Window）是一种将长事件序列分割为多个固定长度的子序列的技术，用于捕捉局部事件模式。每个窗口代表一段连续的 EventId 序列，窗口之间可以重叠（通过 stride 控制）。例如，序列["E1", "E3", "E5", "E2", "E4"]在窗口大小 window_size=3、步长 stride=2 的情况下，窗口 1 为["E1", "E3", "E5"]，窗口 2 为["E5", "E2", "E4"]。

对示例 10-2 生成的事件序列文件 sequence_stats.csv，使用窗口大小为 5、步长为 3 的滑动窗口，对每个 BlockId 的事件序列，按步长滑动截取子序列，丢弃长度不足的尾部片段。实现代码如示例 10-3 所示，示例文件为 demo/code/chapter10/sliding_window.py。

【示例 10-3】滑动窗口处理

```
import pandas as pd
```

```python
def sliding_window(sequence_stats_path: str, window_size: int = 5, stride: int = 3) -> pd.DataFrame:
    """滑动窗口处理事件序列
    Args:
        sequence_stats_path: sequence_stats.csv 路径
        window_size: 窗口长度（事件数量）
        stride: 滑动步长

    Returns:
        DataFrame: 包含 BlockId 和窗口序列的表格
    """
    # 1. 加载事件序列
    stats_df = pd.read_csv(sequence_stats_path)
    sequences = {row['BlockId']: row['EventSequence'].split() for _, row in stats_df.iterrows()}

    # 2. 生成滑动窗口
    windows = []
    for block_id, seq in sequences.items():
        for i in range(0, len(seq) - window_size + 1, stride):
            window = seq[i:i + window_size]
            windows.append({
                "BlockId": block_id,
                "WindowSequence": " ".join(window),  # 转为字符串
                "StartIndex": i,
                "EndIndex": i + window_size - 1
            })

    # 3. 保存结果
    windows_df = pd.DataFrame(windows)
    windows_df.to_csv("data/window_sequences.csv", index=False)
    return windows_df
```

```python
# 使用示例
if __name__ == "__main__":
    # 参数设定
    WINDOW_SIZE = 5         # 窗口大小
    STRIDE = 2              # 滑动步长

    # 执行滑动窗口处理
    print("开始滑动窗口处理...")
    result_df = sliding_window("data/sequence_stats.csv",
window_size=WINDOW_SIZE, stride=STRIDE)

    # 打印结果
    print("\n 窗口处理完成！样例输出：")
    print(result_df.head())
    print(f"\n 已保存结果到 window_sequences.csv, 总窗口数：
{len(result_df)}")
```

运行示例 10-3，生成包含 BlockId、WindowSequence（窗口序列）等信息的列表，并保存为 window_sequences.csv，输出结果如下：

开始滑动窗口处理...

窗口处理完成！样例输出：

```
                BlockId          WindowSequence        StartIndex  EndIndex
0  blk_-1608999687919862906    E5 E22 E5 E5 UNKNOWN        0         4
1  blk_-1608999687919862906    E5 E5 UNKNOWN UNKNOWN E9    2         6
2  blk_-1608999687919862906    UNKNOWN UNKNOWN E9 E9 UNKNOWN 4       8
3  blk_-1608999687919862906    E9 E9 UNKNOWN E9 E26        6        10
4  blk_-1608999687919862906    UNKNOWN E9 E26 E26 E26      8        12
```

已保存结果到 window_sequences.csv, 总窗口数：4677522

10.2.4 特征工程与标签关联

在示例 10-4 中，基于滑动窗口处理后的结果文件 window_sequences.csv 构建特征工程，并与标签关联。代码参看 demo/code/chapter10/feature_engineering.py。特征工程的目的是将滑动窗口生成的序列转换为机器学习模型可用的数值特征，同时关联异常标签（Normal/Anomaly）。

【示例 10-4】特征工程与标签关联

```python
import pandas as pd
from sklearn.feature_extraction.text import TfidfVectorizer

def feature_engineering(window_sequences_path: str, label_path: str) -> tuple[pd.DataFrame, pd.Series]:
    """特征工程与标签关联"""
    # 1. 加载数据
    windows_df = pd.read_csv(window_sequences_path)
    labels_df = pd.read_csv(label_path)

    # 2. 安全关联标签（处理缺失的 BlockId）
    label_dict = dict(zip(labels_df["BlockId"], labels_df["Label"]))
    windows_df["Label"] = windows_df["BlockId"].map(
        lambda x: 1 if label_dict.get(x) == "Anomaly" else 0
    )

    # 3. 统计标签分布
    print("\n标签分布统计:")
    print(windows_df["Label"].value_counts())

    # 4. TF-IDF 特征提取
    vectorizer = TfidfVectorizer(
        tokenizer=lambda x: x.split(),
        max_features=500,
        lowercase=False
    )
    X = vectorizer.fit_transform(windows_df["WindowSequence"])

    # 5. 保存结果
```

```python
        feature_df = pd.DataFrame(X.toarray(), 
columns=vectorizer.get_feature_names_out())
        feature_df.to_csv("data/feature_matrix.csv", index=False)
        windows_df["Label"].to_csv("data/labels.csv", index=False)

        return feature_df, windows_df["Label"]

# 使用示例
if __name__ == "__main__":
    try:
        X, y = feature_engineering(
            window_sequences_path="data/window_sequences.csv",
            label_path="data/anomaly_label.csv"
        )
        print("\n处理成功！特征矩阵维度：", X.shape)
    except Exception as e:
        print(f"\n处理失败：{str(e)}")
```

代码解释：

- 加载数据：读取 window_sequences.csv（滑动窗口结果）和 anomaly_label.csv（标签）。
- 特征向量化：使用 CountVectorizer 或 TfidfVectorizer 将事件序列转为数值特征。
- 标签合并：根据 BlockId 关联标签，生成监督学习所需的（特征，标签）对。
- 输出：保存为 feature_matrix.csv 和 labels.csv，供模型训练使用。

示例 10-4 运行结果如下：

标签分布统计：
```
Label
0    4677106
1        416
Name: count, dtype: int64
```

处理成功！特征矩阵维度：(4677522, 29)

10.2.5 模型训练与评估

示例 10-5 按 7:3 的比例分割训练集和测试集,分别使用随机森林和 XGBoost 对特征数据集构建分类模型,并使用精准率 precision、召回率 recall、F1 值和 AUC 值对模型进行评估。代码参看 demo/code/chapter10/mode_train.py。

【示例 10-5】特征工程与标签关联

```
import pandas as pd
from sklearn.model_selection import train_test_split
from sklearn.ensemble import RandomForestClassifier
from sklearn.metrics import classification_report, roc_auc_score
from xgboost import XGBClassifier
from sklearn.preprocessing import LabelEncoder

# 加载特征和标签
feature_matrix = pd.read_csv('data/feature_matrix.csv')
labels = pd.read_csv('data/labels.csv').squeeze()  # 转换为 Series

# 划分训练集和测试集(7:3)
X_train, X_test, y_train, y_test = train_test_split(
    feature_matrix, labels,
    test_size=0.3,
    random_state=42,
    stratify=labels    # 保持类别比例
)
# 初始化模型(处理类别不平衡)
rf = RandomForestClassifier(
    n_estimators=200,
    class_weight='balanced',
    max_depth=10,
    random_state=42
)

# 训练
rf.fit(X_train, y_train)
```

```python
# 评估
y_pred_rf = rf.predict(X_test)
y_proba_rf = rf.predict_proba(X_test)[:, 1]

print("随机森林性能:")
print(classification_report(y_test, y_pred_rf))
print(f"AUC Score: {roc_auc_score(y_test, y_proba_rf):.4f}")

# 特征重要性分析
pd.DataFrame({
    'Feature': feature_matrix.columns,
    'Importance': rf.feature_importances_
}).sort_values('Importance', ascending=False).head(10)

# 标签编码（XGBoost 需要 0/1 标签）
le = LabelEncoder()
y_train_enc = le.fit_transform(y_train)
y_test_enc = le.transform(y_test)

# 初始化模型
xgb = XGBClassifier(
    n_estimators=150,
    max_depth=8,
    learning_rate=0.1,
    scale_pos_weight=5,    # 处理类别不平衡
    random_state=42
)

# 训练
xgb.fit(X_train, y_train_enc)

# 评估
y_pred_xgb = xgb.predict(X_test)
y_proba_xgb = xgb.predict_proba(X_test)[:, 1]

print("\nXGBoost 性能:")
print(classification_report(y_test_enc, y_pred_xgb))
```

```
print(f"AUC Score: {roc_auc_score(y_test_enc, y_proba_xgb):.4f}")
```
示例 10-5 的运行结果如下，随机森林在综合性能上优于 XGBoost。
随机森林性能：

```
              precision    recall  f1-score   support

           0       1.00      0.97      0.98   1403132
           1       0.00      0.63      0.00       125

    accuracy                           0.97   1403257
   macro avg       0.50      0.80      0.49   1403257
weighted avg       1.00      0.97      0.98   1403257

AUC Score: 0.8527
```

XGBoost 性能：

```
              precision    recall  f1-score   support

           0       1.00      1.00      1.00   1403132
           1       0.00      0.00      0.00       125

    accuracy                           1.00   1403257
   macro avg       0.50      0.50      0.50   1403257
weighted avg       1.00      1.00      1.00   1403257

AUC Score: 0.8493
```

10.3　日志异常检测经典模型及示例

为了改善日志异常检测的性能，可以继续优化数据清洗和特征提取过程，确保模型能够接收到最相关的信息，或者采用过采样、欠采样或合成少数类样本的方法，以平衡数据集中正负样本的比例，解决类别不平衡问题。以下是几种日志异常检测的经典模型。

10.3.1 DeepLog 模型及示例

DeepLog 模型是一种采用长短期记忆（LSTM）的深度神经网络模型，专门用于将系统日志转换为自然语言序列。这种创新使得 DeepLog 能够在正常操作中自动学习日志模式，并且在检测到日志模式偏离正常情况时，能够通过已训练的模型识别异常。除此之外，DeepLog 还展示了如何通过在线增量更新模型，以确保它能够持续适应新的日志模式。此外，DeepLog 基于底层系统日志构建工作流程，使得一旦检测到异常，用户能够迅速诊断问题，并有效地进行根本原因分析。DeepLog 模型的工作流程如图 10-2 所示。

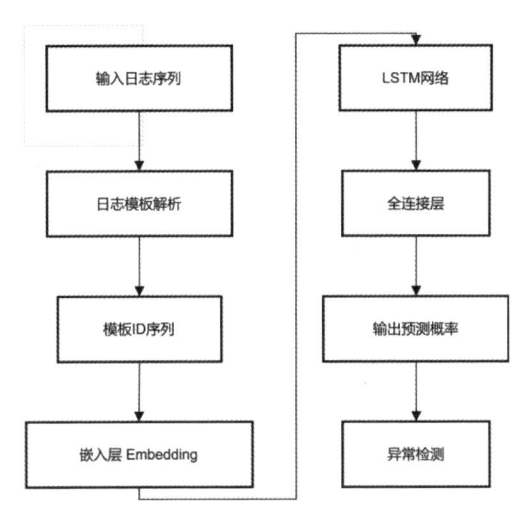

图 10-2 DeepLog 模型的工作流程

示例 10-6 针对解析后的训练集（hdfs_train）使用 DeepLog 模型进行训练。数据集参看 demo/code/chapter10/Deeplog/data，代码参看 demo/code/chapter10/deeplog_train.py。

【示例 10-6】DeepLog 模型训练

```
import time
import torch
import torch.nn as nn
import torch.optim as optim
from torch.utils.tensorboard import SummaryWriter
```

```python
from torch.utils.data import TensorDataset, DataLoader
from sklearn.metrics import precision_score, recall_score, f1_score, accuracy_score
import argparse
import os

# Device configuration
device = torch.device("cuda" if torch.cuda.is_available() else "cpu")

def generate(name, window_size):
    """Generate input sequences and labels from the dataset."""
    num_sessions = 0
    inputs = []
    outputs = []
    try:
        with open('data/' + name, 'r') as f:
            for line in f.readlines():
                num_sessions += 1
                line = tuple(map(lambda n: n - 1, map(int, line.strip().split())))
                for i in range(len(line) - window_size):
                    inputs.append(line[i:i + window_size])
                    outputs.append(line[i + window_size])
    except Exception as e:
        print(f"Error reading file {name}: {e}")
        return None

    print(f'Number of sessions({name}): {num_sessions}')
    print(f'Number of sequences({name}): {len(inputs)}')
    dataset = TensorDataset(torch.tensor(inputs, dtype=torch.float), torch.tensor(outputs))
    return dataset

class Model(nn.Module):
```

```python
    """LSTM-based model for sequence prediction."""
    def __init__(self, input_size, hidden_size, num_layers, num_keys):
        super(Model, self).__init__()
        self.hidden_size = hidden_size
        self.num_layers = num_layers
        self.lstm = nn.LSTM(input_size, hidden_size, num_layers, batch_first=True)
        self.fc = nn.Linear(hidden_size, num_keys)
    def forward(self, x):
        h0 = torch.zeros(self.num_layers, x.size(0), self.hidden_size).to(device)
        c0 = torch.zeros(self.num_layers, x.size(0), self.hidden_size).to(device)
        out, _ = self.lstm(x, (h0, c0))
        out = self.fc(out[:, -1, :])
        return out

def train_model(model, dataloader, num_epochs, criterion, optimizer, writer, log_dir):
    """Train the LSTM model."""
    start_time = time.time()
    total_step = len(dataloader)
    for epoch in range(num_epochs):
        model.train()
        train_loss = 0
        correct = 0
        total = 0

        for step, (seq, label) in enumerate(dataloader):
            # Move data to device
            seq = seq.clone().detach().view(-1, args.window_size, input_size).to(device)
            label = label.to(device)
```

```python
        # Forward pass
        output = model(seq)
        loss = criterion(output, label)

        # Backward and optimize
        optimizer.zero_grad()
        loss.backward()
        optimizer.step()

        # Update metrics
        train_loss += loss.item()
        _, predicted = torch.max(output.data, 1)
        total += label.size(0)
        correct += (predicted == label).sum().item()

    # Log metrics
    avg_loss = train_loss / total_step
    accuracy = 100 * correct / total
    writer.add_scalar('train_loss', avg_loss, epoch + 1)
    writer.add_scalar('train_accuracy', accuracy, epoch + 1)

    print(f'Epoch [{epoch + 1}/{num_epochs}], Loss: {avg_loss:.4f}, Accuracy: {accuracy:.2f}%')

    elapsed_time = time.time() - start_time
    print(f'Training completed in {elapsed_time:.3f} seconds.')

    if not os.path.isdir(log_dir):
        os.makedirs(log_dir)
    torch.save(model.state_dict(), os.path.join(log_dir, 'model.pt'))
    writer.close()


if __name__ == '__main__':
```

```python
    # Hyperparameters
    num_classes = 28
    num_epochs = 300
    batch_size = 2048
    input_size = 1
    model_dir = 'model'
    log = 'Adam_batch_size={}_epoch={}'.format(batch_size, num_epochs)

    parser = argparse.ArgumentParser()
    parser.add_argument('-num_layers', default=2, type=int)
    parser.add_argument('-hidden_size', default=64, type=int)
    parser.add_argument('-window_size', default=10, type=int)
    args = parser.parse_args()

    # Initialize model, dataset, and dataloader
    model = Model(input_size, args.hidden_size, args.num_layers,
num_classes).to(device)
    seq_dataset = generate('hdfs_train', args.window_size)
    if seq_dataset is None:
        raise ValueError("Failed to generate dataset.")
    dataloader = DataLoader(seq_dataset, batch_size=batch_size,
shuffle=True, pin_memory=True)

    # Loss and optimizer
    criterion = nn.CrossEntropyLoss()
    optimizer = optim.Adam(model.parameters())

    # TensorBoard writer
    writer = SummaryWriter(log_dir='log/' + log)

    # Train the model
     train_model(model, dataloader, num_epochs, criterion, optimizer,
writer, model_dir)
```

代码解释：

1）数据预处理

- 滑动窗口切割：将原始日志序列转换为(窗口序列，下一个日志 ID)的训练对。
- ID 归一化：通过 n−1 将日志 ID 转换为 0-based 索引。

2）模型设计

- batch_first=True：输入输出张量形状为(batch, seq_len, features)。
- hidden_size=64：LSTM 隐层维度。
- num_layers=2：堆叠 LSTM 层数。

3）训练流程

- 优化器：Adam（自适应学习率，适合稀疏数据）。
- 损失函数：CrossEntropyLoss（多分类任务标准选择）。
- 批量训练：batch_size=2048。

示例 10-6 的运行结果如下：

```
Number of sessions(hdfs_train): 4855
Number of sequences(hdfs_train): 46575
Epoch [300/300], Loss: 0.2005, Accuracy: 92.09%
Training completed in 595.632 seconds.
```

示例 10-7 使用训练后的模型在测试集（hdfs_test_normal 和 hdfs_test_abnormal）上进行模型评估。代码参见 demo/code/chapter10/deeplog_predict.py。

【示例 10-7】 DeepLog 异常检测

```python
import torch
import torch.nn as nn
import time
import argparse

# Device configuration
device = torch.device("cuda" if torch.cuda.is_available() else "cpu")

def generate(name):
    hdfs = []
    with open('data/' + name, 'r') as f:
        for ln in f.readlines():
```

```python
            ln = list(map(lambda n: n - 1, map(int, ln.strip().split())))
            ln = ln + [-1] * (window_size + 1 - len(ln))
            hdfs.append(tuple(ln))
    print('Number of sessions({}): {}'.format(name, len(hdfs)))
    return hdfs

class Model(nn.Module):
    def __init__(self, input_size, hidden_size, num_layers, num_keys):
        super(Model, self).__init__()
        self.hidden_size = hidden_size
        self.num_layers = num_layers
        self.lstm = nn.LSTM(input_size, hidden_size, num_layers, batch_first=True)

        self.fc = nn.Linear(hidden_size, num_keys)

    def forward(self, x):
        h0 = torch.zeros(self.num_layers, x.size(0), self.hidden_size).to(device)
        c0 = torch.zeros(self.num_layers, x.size(0), self.hidden_size).to(device)
        out, _ = self.lstm(x, (h0, c0))
        out = self.fc(out[:, -1, :])
        return out

if __name__ == '__main__':
    # Hyperparameters
    num_classes = 28
    input_size = 1
    model_path = 'model/model.pt'
    parser = argparse.ArgumentParser()
    parser.add_argument('-num_layers', default=2, type=int)
    parser.add_argument('-hidden_size', default=64, type=int)
    parser.add_argument('-window_size', default=10, type=int)
    parser.add_argument('-num_candidates', default=9, type=int)
    args = parser.parse_args()
    num_layers = args.num_layers
    hidden_size = args.hidden_size
    window_size = args.window_size
    num_candidates = args.num_candidates
```

```python
        model = Model(input_size, hidden_size, num_layers,
num_classes).to(device)
        model.load_state_dict(torch.load(model_path))
        model.eval()
        print('model_path: {}'.format(model_path))
        test_normal_loader = generate('hdfs_test_normal')
        test_abnormal_loader = generate('hdfs_test_abnormal')
        TP = 0
        FP = 0
        # Test the model
        start_time = time.time()
        with torch.no_grad():

            for line in test_normal_loader:
                for i in range(len(line) - window_size):
                    seq = line[i:i + window_size]
                    label = line[i + window_size]
                    seq = torch.tensor(seq, dtype=torch.float).view(-1,
window_size, input_size).to(device)
                    label = torch.tensor(label).view(-1).to(device)
                    output = model(seq)
                    predicted = torch.argsort(output,
1)[0][-num_candidates:]
                    if label not in predicted:
                        FP += 1
                        Break
        with torch.no_grad():
            for line in test_abnormal_loader:
                for i in range(len(line) - window_size):
                    seq = line[i:i + window_size]
                    label = line[i + window_size]
                    seq = torch.tensor(seq, dtype=torch.float).view(-1,
window_size, input_size).to(device)
                    label = torch.tensor(label).view(-1).to(device)
                    output = model(seq)
                    predicted = torch.argsort(output, 1)[0][-num_candidates:]
                    if label not in predicted:
                        TP += 1
                        break
```

```
    elapsed_time = time.time() - start_time
    print('elapsed_time: {:.3f}s'.format(elapsed_time))
    # Compute precision, recall and F1-measure
    FN = len(test_abnormal_loader) - TP
    P = 100 * TP / (TP + FP)
    R = 100 * TP / (TP + FN)
    F1 = 2 * P * R / (P + R)
    print('false positive (FP): {}, false negative (FN): {}, Precision:
{:.3f}%, Recall: {:.3f}%, F1-measure: {:.3f}%'.format(FP, FN, P, R, F1))
    print('Finished Predicting')
```

代码解释：

1）数据处理（generate 函数）

- 输入处理：读取日志文件（如 hdfs_test_normal），将日志 ID 转换为 0-based 索引（n-1）。
- 序列填充：不足 window_size+1 的序列用-1 填充（保证统一长度）。
- 输出：返回填充后的元组列表（每个元组代表一个完整会话）。

2）模型架构

- input_size=1：单变量时间序列。
- hidden_size=64：LSTM 隐层维度。
- num_layers=2：堆叠 LSTM 层数。

3）异常检测机制

- 对每个滑动窗口序列进行预测。
- 取模型输出的概率 Top-K（num_candidates=9）作为正常范围。
- 若真实标签不在 Top-K 中，则判定为异常。

4）评估指标

- Precision：检测为异常的结果中，真实异常的比例（避免误报）。
- Recall：真实异常被正确检测的比例（避免漏检）。
- F1-Score：精度与召回率的调和平均。

示例 10-7 的运行结果如下：

```
model_path: model/model.pt
```

```
    Number of sessions(hdfs_test_normal): 553366
    Number of sessions(hdfs_test_abnormal): 16838
    elapsed_time: 3303.686s
    false positive (FP): 816, false negative (FN): 1040, Precision: 95.088%,
Recall: 93.823%, F1-measure: 94.452%
    Finished Predicting
```

10.3.2　LogAnomaly 模型及示例

　　LogAnomaly 模型与 DeepLog 在异常检测模型构建方面有相似之处，都使用日志模板来进行异常检测。该模型的核心目标是解决传统方法在复杂日志模式和多维度特征融合上的不足，其核心设计包括：

- 双路 LSTM 架构：并行处理日志的语义序列（模板 ID）和统计特征（如参数分布）。
- 注意力机制：自动聚焦异常相关的关键日志事件。
- 联合训练：端到端学习正常日志模式，通过预测偏差检测异常。

　　首先，将日志数据划分为滑动窗口，每个窗口包括原始日志序列特征（模板向量序列）以及该窗口的统计特征（计数向量）。然后，将这些特征组合成输入，传入 LSTM 网络，网络的输出是下一个时刻的模板日志的概率分布。最后，在进行异常检测时，系统评估输出的概率分布，如果其中概率最大的前 n 个预测结果包含实际出现的日志模板，则将该序列标记为正常，否则将其标记为异常序列。这种方法的关键点在于使用 LSTM 模型处理日志数据的时序性，利用统计特征增强模型对序列模式的学习能力，并通过概率分布的评估来进行异常检测，确保系统能够及时发现并标记异常日志序列。LogAnomaly 模型与 DeepLog 模型的对比如表 10-3 所示，LogAnomaly 模型的工作流程如图 10-3 所示，LogAnomaly 模型的结构如示例 10-8 所示。

表10-3　LogAnomaly模型与DeepLog模型的对比

特　　性	DeepLog	LogAnomaly
LSTM 数量	单 LSTM	双 LSTM
特征融合	无	拼接两种特征
注意力机制	无	有
输入类型	单一日志序列	多模态特征（如模板+参数）
适用场景	纯序列预测	复杂日志模式检测

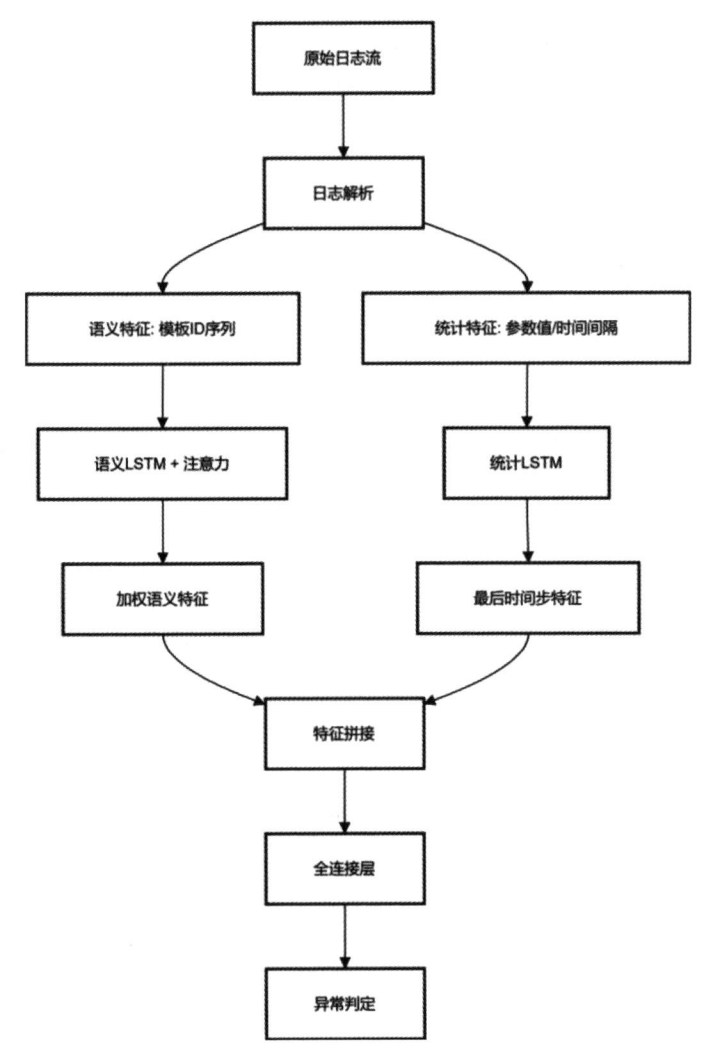

图 10-3 LogAnomaly 模型工作流程

【示例 10-8】LogAnomaly 模型

```
class LogAnomaly(nn.Module):
    def __init__(self, input_size, hidden_size, num_layers, num_keys):
        """
        Args:
            input_size: 输入特征维度（如嵌入维度）
            hidden_size: LSTM 隐藏层维度
```

```python
            num_layers: LSTM 堆叠层数
            num_keys: 输出类别数（日志模板总数）
        """
        super(LogAnomaly, self).__init__()
        self.hidden_size = hidden_size
        self.num_layers = num_layers

        # 双路 LSTM 结构
        self.lstm_semantic = nn.LSTM(input_size, hidden_size, num_layers, batch_first=True)
        self.lstm_statistical = nn.LSTM(input_size, hidden_size, num_layers, batch_first=True)

        # 注意力机制参数
        self.attention_size = hidden_size
        self.w_omega = nn.Parameter(torch.zeros(hidden_size, hidden_size))
        self.u_omega = nn.Parameter(torch.zeros(hidden_size, 1))

        # 输出层
        self.fc = nn.Linear(2 * hidden_size, num_keys)

        # 参数初始化
        self._init_weights()

    def _init_weights(self):
        """初始化注意力参数"""
        nn.init.xavier_uniform_(self.w_omega)
        nn.init.xavier_uniform_(self.u_omega)

    def attention_net(self, lstm_output):
        """
        注意力机制实现
        Args:
```

```
            lstm_output: [batch_size, seq_len, hidden_size]
        Returns:
            attn_output: [batch_size, hidden_size]
        """
        # 计算注意力权重
        attn_weights = torch.tanh(torch.matmul(lstm_output, 
self.w_omega))    # [batch, seq, hidden]
        attn_scores = torch.matmul(attn_weights, self.u_omega)    
# [batch, seq, 1]
        alphas = torch.softmax(attn_scores, dim=1)   [batch, seq, 1]

        # 加权求和
        attn_output = torch.sum(lstm_output * alphas, dim=1)  # [batch, 
hidden]
        return attn_output

    def forward(self, semantic_input, statistical_input):
        """
        Args:
            semantic_input: 语义特征 [batch, seq_len, input_size]（如日志
模板序列）
            statistical_input: 统计特征 [batch, seq_len, input_size]（如
参数特征）
        Returns:
            output: 预测结果 [batch, num_keys]
        """
        device = semantic_input.device

        # 语义 LSTM 路径（带注意力）
        h0 = torch.zeros(self.num_layers, semantic_input.size(0), 
self.hidden_size).to(device)
        c0 = torch.zeros(self.num_layers, semantic_input.size(0), 
self.hidden_size).to(device)
        semantic_out, _ = self.lstm_semantic(semantic_input, (h0, c0))
```

```
            # [batch, seq, hidden]
        semantic_attn = self.attention_net(semantic_out)    # [batch, hidden]

        # 统计LSTM路径(取最后时间步)
        h1 = torch.zeros(self.num_layers, statistical_input.size(0), self.hidden_size).to(device)
        c1 = torch.zeros(self.num_layers, statistical_input.size(0), self.hidden_size).to(device)
        statistical_out, _ = self.lstm_statistical(statistical_input, (h1, c1))    # [batch, seq, hidden]
        statistical_last = statistical_out[:, -1, :]  # [batch, hidden]
        # 特征拼接与分类
        combined = torch.cat((semantic_attn, statistical_last), dim=1)
    # [batch, 2*hidden]
        output = self.fc(combined)                         # [batch, num_keys]
    return output
```

10.3.3 LogRobust 模型及示例

LogRobust 模型从日志事件中提取语义信息,并将其转换为语义向量。它利用基于注意力的双向 LSTM 模型来检测异常,这种模型能够捕捉日志序列中的上下文信息,并自动学习不同日志事件的重要性。LogRobust 能够有效识别和处理不稳定的日志事件和序列。LogAnomaly 模型与 LogRobust 模型的对比如表 10-4 所示,LogRobust 模型的工作流程如图 10-4 所示,LogRobust 模型的结构如示例 10-9 所示。

表10-4 LogAnomaly模型与LogRobust模型的对比

特　　性	LogAnomaly 模型	LogRobust 模型
输入处理	模板ID+统计特征	语义向量(Word2Vec+TF-IDF)
注意力机制	单层时间步注意力	时间步+特征双层注意力
抗噪声能力	中等	强(语义向量自动归一化)
适用场景	结构化日志	自由文本日志
是否需要模板解析	是	可选项(直接处理原始日志词序列)

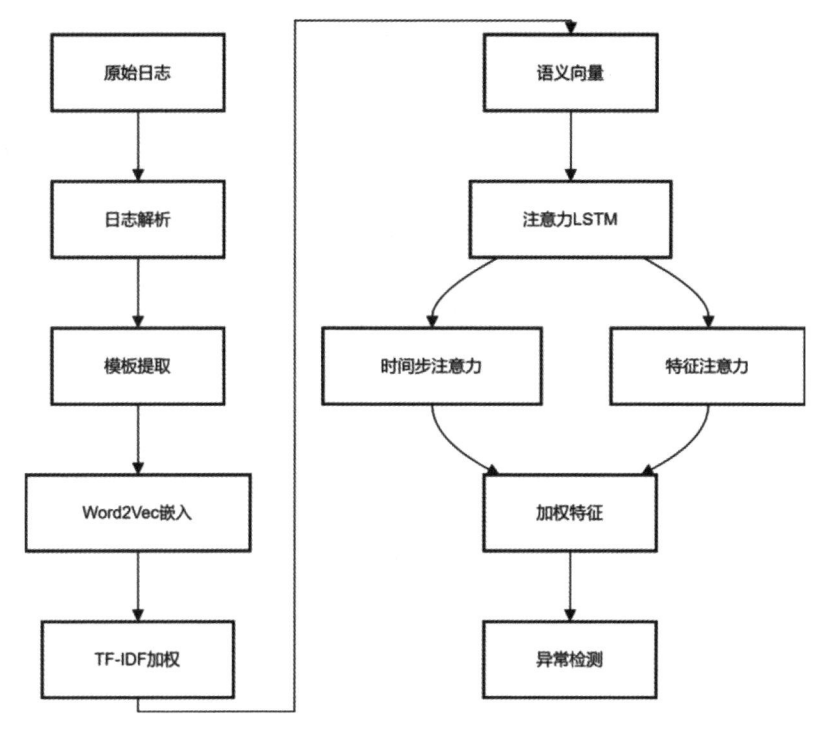

图 10-4 LogRobust 模型的工作流程

【示例 10-9】LogRobust 模型

```
class robustlog(nn.Module):
    def __init__(self, input_size, hidden_size, num_layers, num_keys):
        super(robustlog, self).__init__()
        self.hidden_size = hidden_size
        self.num_layers = num_layers
        self.lstm = nn.LSTM(input_size,hidden_size,num_layers,batch_first=True)
        self.fc = nn.Linear(hidden_size, num_keys)

    def forward(self, features, device):
        input0 = features[0]
        h0 = torch.zeros(self.num_layers, input0.size(0),self.hidden_size).to(device)
        c0 = torch.zeros(self.num_layers,
```

```
input0.size(0),self.hidden_size).to(device)
        out, _ = self.lstm(input0, (h0, c0))
        out = self.fc(out[:, -1, :])
        return out
```

LogRobust 模型通过语义向量化和双层注意力实现了更健壮的日志异常检测，尤其适合日志格式多变的分布式系统、需要检测语义级异常的场景（如权限问题、资源泄露）以及对误报率要求严格的在线服务。

第 11 章

面向微服务的根因定位

微服务架构因其模块化、灵活性和可扩展性成为现代软件开发的主流选择。在面向微服务架构的软件系统中，单个服务或组件的故障可能会影响整个系统的性能和可用性，根因定位（Root Cause Analysis，RCA）能够快速而准确地识别和解决单个服务或组件的故障问题。

11.1 引　　言

在互联网时代，Web 应用和终端设备呈现爆发式增长。然而，随着业务需求的不断变化、规模持续扩大，传统的单体架构应用在维护和更新上面临越来越大的挑战。微服务架构因此成为现代应用开发的新范式，为数字经济各领域的创新发展注入了强大的动力。

然而，微服务系统一旦出现故障或异常行为，可能导致系统性能下降甚至系统崩溃，严重影响用户体验并造成巨大的经济损失。数据显示，亚马逊美国东一区（us-east-1）的关键服务（指 Amazon Web Services，AWS）若中断 24 小时，直接损失可达 34 亿美元；若中断 48 小时，损失更将攀升至 78 亿美元。2023 年，微软、谷歌、阿里云等云服务商均发生过重大故障事件。因此，必须对微服务系统进行有效监控与故障诊断，以保障其性能与可靠性。

微服务架构因其模块化、灵活性和可扩展性成为现代软件开发的主流选择。在面向微服务架构的软件系统中，根因定位（RCA）是一项关键的任务。根因定位旨在找出系统中出现的问题的根本原因，而不仅仅是处理表面上的症状。

在微服务架构中，由于服务之间的相互依赖性和复杂的交互模式，故障可能由多种因素引起，这些因素包括网络问题、服务配置错误、资源瓶颈、代码缺陷等。有效的根因定位需要综合运用多种技术和工具，包括实时监控、日志分析、分布式追踪、度量指标收集等。这些工具帮助运维团队快速定位故障并准确判断其影响范围，从而采取有效的修复措施，最大限度地减少服务中断对用户和业务的负面影响。

在面向微服务的根因定位中，技术人员不仅需要具备深入的系统理解和故障排除经验，还需要具备良好的沟通和协作能力，因为解决复杂故障往往需要跨团队的合作和信息共享。

在微服务架构中，实现异常检测和根因定位仍然是一项具有挑战性的任务。主要挑战可以总结为以下 3 个方面：

- 由于微服务数量庞大，异常检测和定位的成本高且速度缓慢。
- 微服务之间的复杂调用关系使得准确地进行根因定位变得困难。
- 通常只能在系统故障发生后才能进行根因定位，这导致根因定位的实时性不佳。

为了应对挑战，出现了各种异常检测与根因定位方法。这些方法可以基于监控指标、基于微服务的追踪（Trace）数据或者基于系统日志进行分析，以实现更智能、高效的异常检测和根因定位。

11.2 数据集

11.2.1 数据采集

运维人员需要持续采集和监控多种模态的数据，包括日志、指标、追踪和事件数据。这些数据作为关键信息源，共同构成了微服务系统可观测性的基础架构。数据采集的类型如表 11-1 所示。

表11-1　数据采集的类型

数据类别	示　　例	工　　具
指标（Metrics）	CPU、内存、网络流量	Prometheus、InfluxDB
日志（Logs）	服务错误日志、系统日志	ELK Stack、Loki
追踪（Traces）	分布式调用链（微服务依赖关系）	Jaeger、SkyWalking
事件（Events）	告警通知、变更记录	PagerDuty、Grafana Alerts

1. 日志数据

日志数据记录了微服务系统运行过程中产生的完整事件流，涵盖系统状态信息、用户操作行为以及网络通信等业务数据。日志信息采用半结构化格式，通常由固定模板和动态参数两部分组成。固定模板包含时间戳、结点标识、服务名称、容器 ID、日志级别等标准字段；动态参数则详细记录具体事件的特有细节。凭借其丰富的语义信息，日志数据能够完整呈现系统内部的运行状态，为系统运维管理和故障诊断提供关键依据。

2. 指标数据

众多服务提供商持续监控并记录整个系统的各项指标，旨在及时发现异常行为，从而保障微服务的高质量与高可靠性。这些指标可用于度量服务、容器、应用程序等实体的运行状态，并按照时间发生顺序进行存储，同时以预设时间间隔进行聚合，最终形成连续的数据流。根据指标所反映的对象不同，可将其分为用户感知指标（如服务可用性、平均响应时间等）和系统级指标（如 CPU 利用率、内存使用率等）。当系统发生故障时，指标数据能够快速、准确地反映系统性能的变化及各类故障特征，从而有效辅助运维人员进行故障诊断。

3. 追踪数据

当收到用户请求时，微服务系统会启动一系列服务间调用以协同完成业务需求。根据 OpenTracing 标准，这些调用过程被定义为"跨度"（Span），通常通过 SpanId 和 ParentId 进行标识。这些标识符有助于确定当前请求在完整业务调用链中的位置，并明确其上下游服务结点。每个跨度代表一个具有名称和时间记录的连续执行单元，并共享唯一的 TraceID 标识。这些跨度共同构成一个有向无环图（Directed Acyclic Graph，DAG）。开发人员通常会在每个微服务的代码中集成调用链追踪接口，从而记录微服务间的调用关系，并添加各类标注信息。这些标注通常包含调用时间、请求状态、延迟时长等基础数据，以及各业务维度的特定信息。这些数据共同描绘了用户请求的执行状态。与日志和指标不同，追踪数据能够通过服务依赖图的视角，清晰展现微服务结点间的复杂调用关系，从而提供更具可解释性和精细化的诊断结果。

4. 事件与拓扑数据

为了更全面地掌握系统运行状态并提升故障诊断的准确性，现有研究通常会将事件与拓扑数据纳入诊断体系。

- 事件：是指系统中具有重大意义或关键影响的状态变化记录或通知，通常与系统异常行为、状态变更或重要操作相关联。这些事件可能由系统、应用程序、设备或用户触发，涵盖故障告警、错误提示、性能波动、安全事件等多种类型。事件通常以结构化文本形式呈现，包含事件唯一标识、事件类型、时间戳、事件来源、事件描述等基础信息，以及相关模态数据。
- 拓扑数据：用于描述系统或网络中各组件的关联关系，能够清晰呈现系统架构、网络结构和应用依赖关系。

拓扑通常以图结构表示，其中结点代表系统或网络组件，边则表示组件间的连接关系。通过自动发现、监控和分析机制，拓扑数据可动态更新以保持与系统实际状态的一致性。

借助拓扑分析，系统可实现故障排查、性能优化、容量规划等功能，显著提升运维管理效率。在综合运用日志、指标和追踪数据时，引入事件与拓扑信息有助于更完整地捕捉系统特征与运行状态，从而实现更精准的故障诊断。

11.2.2 公开数据集

根因定位研究依赖高质量的数据集来验证算法效果，这些数据集通常包含系统指标、日志、拓扑关系或故障注入记录。10.1 节已经介绍了 Loghub 日志数据集，本小节将介绍以下两种常用的公开数据集。

1. TrainTicket 数据集

TrainTicket 数据集是目前广泛应用于研究工作的最大开源微服务系统之一，它是一个基于微服务架构的分布式系统故障注入数据集，专为根因定位、异常检测和分布式系统调试研究而设计。该系统由 41 个微服务组成，涵盖完整的订票流程。TrainTicket

系统通过 Kubernetes 部署在 7 台物理机器上，每个服务都配置了多个实例。

系统在正常运行时收集了大量用于模型训练的正常数据。然而，偶发的系统问题可能会导致少量异常数据的存在。为了模拟这些异常情况，系统采用了故障注入方法进行数据构造。例如，通过网络模拟工具增加服务的响应时间来引入异常。此外，故障注入覆盖了 3 个不同级别的组件：微服务、容器和 API 级别。

2. AIOps Challenge（KDD Cup 2021）

AIOps Challenge 是 KDD Cup 2021 的竞赛数据集，由腾讯提供，旨在推动智能运维中的多指标时间序列异常检测与根因定位研究。该数据集基于腾讯真实的大规模云服务监控数据，包含多维指标和标注的故障事件，适用于异常检测、故障诊断、根因分析等任务。

AIOps 挑战赛数据集源自一个基于微服务架构的模拟电商系统，这个系统在谷歌公司开源的 HipsterShop 基础上进行了改造。该系统采用动态部署架构，包括 10 个核心服务和 6 个虚拟机。每个服务都分布在 4 个 Pod 上，总共有 40 个 Pod 动态分配在这 6 个虚拟机上。监控指标包含 CPU、内存、网络、磁盘和进程等类别，如表 11-2 所示。典型故障类型包括结点宕机、网络抖动、资源争用等，如表 11-3 所示。

表11-2 KDD Cup 2021数据集的监控指标

类别	示例指标	描述
CPU	cpu_usage、cpu_iowait	CPU 使用率、I/O 等待时间
内存	mem_usage、mem_cache	内存占用、缓存使用量
网络	net_in、net_out	网络流入/流出流量(KB/s)
磁盘	disk_read、disk_write	磁盘读写速率(IOPS)
进程	proc_num、thread_num	进程数、线程数

表 11-3 KDD Cup 2021 数据集的故障类型

故障类型	描述	典型根因指标
结点宕机	服务器或容器崩溃，导致服务不可用	cpu_usage=100%
网络抖动	网络延迟或丢包，影响服务间通信	net_in 突降
资源争用	CPU/内存被其他进程抢占，导致业务延迟	cpu_iowait 激增
磁盘故障	磁盘写满或 I/O 瓶颈，导致存储操作失败	disk_write 异常
外部依赖异常	数据库或第三方服务（如支付接口）故障	关联服务指标异常

11.3 根因定位方法

根因定位方法包括调用链分析、模型驱动、事件因果图、知识图谱与异常范围搜索。

1. 基于调用链分析的方法

这类方法的核心思想是通过分析微服务调用链的特征变化和传播路径，定位异常根因。其流程通常包括以下步骤：

步骤01 采集微服务调用链的数据，并提取关键特征，如响应时间、错误率和请求量。通过对比历史正常数据的均值和标准差，计算每个特征的异常严重性，例如使用（当前值－均值）／标准差的公式，若超过阈值（如 10%），则标记为"有用特征"。

步骤02 筛选出所有包含异常特征的调用链，并追踪这些异常链路的传播路径，记录涉及的微服务集合。

步骤03 通过算法（如 FP-growth）挖掘频繁出现的可疑微服务集合，结合支持度和置信度进行筛选。

步骤04 根据微服务在调用关系中的输入输出分数差或传播路径中的优先级进行排序，优先选择最早出现且影响范围最广的微服务作为根因。

这类方法的特点在于其细粒度定位能力，通过调用链的特征变化精准识别根源，并利用模式挖掘技术高效缩小可疑范围，尤其适合复杂调用路径的场景。其优势在于动态适应不同业务场景，同时通过 FP-growth 算法减少计算复杂度，但依赖于调用链数据的完整性和特征提取的准确性。

2. 基于模型驱动的方法

此类方法以历史数据驱动为核心，通过构建模型并结合聚类分析快速定位异常结点。其流程通常包括以下步骤：

步骤01 收集微服务的历史调用链路数据，训练目标异常定位模型（如机器学习模型），使其学习正常与异常链路的特征差异，例如响应时间分布或错误率模式。

步骤02 对当前待分析的链路数据集进行聚类分析（如 K-means），选择具有代表性的聚类中心链路数据，这些中心需覆盖典型异常场景以减少计算开销。

步骤03 将聚类中心输入模型，快速识别其中的异常结点，并根据业务场景（如流量峰值或部署变更）对模型进行动态微调，提升其适应性。

这类方法的优势在于快速定位，通过聚类中心减少全量数据处理的开销，同时结合历史与实时数据降低误报率。其适用场景包括高频调用链的实时监控，但需持续维护模型以适应动态环境，且对数据质量要求较高。

3. 基于事件因果图的方法

这类方法通过构建事件因果图，结合服务依赖关系和多源事件进行根因推理。其核心流程包括以下步骤：

步骤01 从全局服务依赖图中选取与初始告警服务（如延迟突增的服务）相关的子图。然后，收集多维度事件数据，包括性能指标异常、日志事件和开发者活动。通过人工定义的因果规则（如"部署活动可能导致下游服务性能下降"），构建事件间的有向因果图，结点为事件，边表示因果关系。

步骤02 采用改进的 PageRank 算法对事件进行排序，其中边权重反映因果强度，悬挂结点（出度为 0 的事件）被赋予更高优先级，同时引入距离惩罚（即离初始告警服务越近的事件权重越高）。

步骤03 综合分数最高的事件对应的微服务被判定为根因。

这类方法的特点在于多源数据融合，能够整合性能、日志和开发者活动，避免仅依赖告警数量的局限性，且因果图的可视化增强了可解释性。然而，其依赖人工规则的准确性和事件采集的全面性，适用于涉及多维度事件的复杂场景。

4. 基于知识图谱的方法

这类方法通过构建知识图谱，将微服务实体（如服务结点、组件）、关系（调用依赖、资源竞争）及事件（异常、日志、部署）进行关联，从而推理根因。其流程通常包括以下步骤：

步骤01 整合静态依赖关系和动态事件数据，构建包含实体、关系和事件的知识图谱。

步骤02 通过图算法（如 PageRank 或随机游走）分析异常传播路径，并结合历史故障模式库匹配当前异常特征。例如，系统会检索知识库中与当前异常相似的历史故障案例，利用粒子群优化（Particle Swarm Optimization, PSO）等算法优化特征相似度，最终定位最可能的根因结点。

这类方法的优势在于能够复用历史故障经验，提升复杂场景的定位效率，并支持多维度关联分析。然而，知识图谱的构建和维护需要高质量数据及人工规则的持续更新，适用于需结合历史经验与当前数据的场景，例如大型系统的长期运维。

5. 基于异常范围搜索的方法

此类方法通过划分异常范围并分析其传播路径来定位根因。其典型流程如下：

步骤01 利用时间序列分析检测异常指标，并将异常区域划分为"热点"。

步骤02 结合服务依赖图和历史响应时间的聚类结果，计算各结点的初始异常权重。通过局部传播链路动态更新权重，例如异常结点会向下游传递权重，但衰减因子会随着距离的增加而降低。

步骤03 采用个性化 PageRank 等随机游走算法对异常微服务进行排序，选择权重最高的结点作为根因。

这类方法的特点在于健壮性强，无须手动调参，且能高效处理大规模、动态扩展的云原生系统。其优势在于快速响应和低维护成本，但依赖于依赖图的准确性及异常范围划分的合理性。

11.4 根因定位的关键技术

根因定位是故障诊断与系统运维中的核心环节，旨在快速、准确地识别导致系统异常或性能下降的根本原因。随着分布式系统、微服务架构和云原生技术的普及，系统的复杂性显著增加，使得根因定位面临巨大挑战。本节将介绍根因定位的几个关键技术。

11.4.1 异常检测

第 10 章已经介绍了日志异常检测，旨在识别系统或应用程序中的不正常行为，这些异常可能揭示潜在问题或故障。日志和 Trace 数据记录了系统运行过程中的关键事件、状态变化和操作流程，成为诊断和监控系统健康的基础信息来源。通过分析这些数据，异常检测模型可以学习系统的正常行为模式，进而识别出与正常模式不符的情况，触发警报或自动响应。这些模型通常包括日志解析器和 Trace 数据处理模块，用于提取关键特征（如事件频率、时间间隔、操作路径等），并通过异常检测算法（如基于统计学、机器学习或深度学习的方法）分析数据，从而有效识别异常行为。这一过程帮助系统管理员迅速发现问题并定位到具体的异常点，提升系统的稳定性、可靠性和安全性。

然而，异常检测本身并不等同于根因定位，特别是在微服务架构中，系统的异常可能是由多个服务间复杂的相互作用引起的。在这种情况下，仅仅检测出异常的结点或服务，并不能直接揭示问题的根本原因。因此，在异常检测之后，根因定位成为关键步骤。根因定位不仅仅是标记出表现异常的服务或结点（如响应时间过长、调用路径异常等），更重要的是分析这些异常背后的原因，比如上游服务故障、配置错误或外部依赖问题等。

在微服务环境下，由于云环境下数据量巨大、异常标签稀缺且难以判定，传统的监督学习方法往往难以有效应用。非监督学习方法能够通过学习正常数据的特征来识别异常，但由于微服务之间的调用关系复杂，单靠日志或机器指标信息往往无法揭示服务间的深层次异常。因此，结合服务之间的调用链 Trace 数据成为一种有效的方案，Trace 数据能够详细记录服务间的调用关系、响应时间等，提供更多的上下游信息，帮助我们更精确地发现和定位异常。

在此基础上，故障传播图作为一种可视化工具，能够帮助系统工程师理解系统中各结点之间的相互影响与联系，特别是在进行根因分析时。通过故障传播图，可以追踪异常从源头到传播过程，进一步定位根本原因。根因分析中，PageRank 算法和随机游走算法等技术常被用来识别异常传播路径，帮助分析和判断哪个结点或服务的故障导致了系统异常。

总结来说，异常检测和根因定位是紧密相连的两个步骤。异常检测识别系统中的不正常行为，而根因定位则是在检测到异常后，进一步分析和识别出导致问题的根本原因。特别是在微服务架构中，结合 Trace 数据和故障传播图进行异常检测和根因定位，将极大地提高故障诊断的精确度和效率，帮助运维人员快速恢复系统稳定性。

11.4.2 PageRank 算法及示例

PageRank 即网页排名算法，是由 Google 创始人提出的链接分析算法。它被用来评估和标识网页的等级和重要性，是衡量网页重要性的关键指标。在谷歌搜索引擎中，PageRank 算法对网页质量的评估具有重要作用。在此算法提出之前，已经有人提出使用网页的入链数量进行链接分析，但 PageRank 算法不仅考虑了入链数量，还综合考虑了网页的质量因素。通过结合入链数量和网页质量，PageRank 算法能够更准确地评估网页的重要性。网页结点的 PageRank 值的计算公式如下：

$$PR(p_i) = \frac{1-d}{N} + d \sum_{p_j \in M(p_i)} \frac{PR(p_j)}{L(p_j)} \tag{11-1}$$

其中，$PR(p_i)$ 表示结点 p_i 的 PageRank 值，$p_1, p_2, \cdots, p_n$ 指图中所有结点，$M(p_i)$ 是指向 p_i 结点的集合，$L(p_i)$ 指结点 p_i 的出度。大多数情况下，阻尼系数 $d=0.85$，表示用户有 0.85 的概率访问其指向结点。

PageRank 的计算过程可以描述如下：

步骤01 初始化：为每个结点分配初始的 PageRank 值。初始值通常被设定为 $1/N$，其中 N 表示结点的总数。

步骤02 迭代计算：对于每个结点，根据式 11-1 计算新的 PageRank 值。新值由两部分组成：一部分是其他结点通过链接指向当前结点的贡献，另一部分是全局随机跳转的贡献。

步骤03 更新值：用上一步计算得到的新 PageRank 值替换所有结点的旧 PageRank 值。

步骤04 收敛检查：如果所有结点的新旧 PageRank 值之间的差异均小于指定的阈值，或者达到了预设的迭代次数，则算法终止；否则，返回 **步骤02** 继续迭代。

步骤05 结果输出：最终得到的各结点的 PageRank 值，即表示该结点的重要性。

在微服务架构中，系统可建模为服务依赖图。例如，若服务 A 调用服务 B，则存在一条边 A→B。故障传播图中的方向通常与调用方向相反（即 B 的异常可能影响 A）。故障传播图是用于展示系统在出现异常时，关键结点之间的相互影响和关联结构的一种可视化工具。通过对图中的各个结点进行分析，结合结点类型、异常指标和结点之间的拓扑关系等信息，可以揭示出异常事件在系统中的传播路径及其影响范围。基于这一分析，故障传播图能够为每个结点分配一个重要性值，反映出其在整个故障传播过程中的关键作用。对这些结点进行排序，以识别最可能导致异常发生的根本原因，从而为进一步的故障排查和问题解决提供指导。

在根因定位中，可以将 PageRank 算法应用于服务依赖图。结点代表服务、Pod、主机或微服务组件。边表示服务间的调用或依赖关系（如 HTTP 请求、RPC 调用）。

传统 PageRank 算法直接应用于根因定位存在不足，表 11-4 列出了传统 PageRank 算法与根因定位中的 PageRank 算法的不同，因此需要对传统 PageRank 算法进行改进。

表11-4 对比传统PageRank算法与根因定位中的PageRank

改进点	传统 PageRank 算法	根因定位中的 PageRank 算法
图方向	网页链接方向（A→B 表示 A 引用 B）	故障传播方向（B→A 表示 B 影响 A）
权重分配	均分权重（$1/L(v)$）	动态权重（基于监控数据调整）
初始值	所有结点相同	异常结点初始值更高
阻尼系数（d）	通常固定为 0.85	可动态调整（如根据故障严重程度）

改进的 PageRank 算法通过迭代计算故障传播图中每个结点的权重，最终得到系统中各结点的影响力排名，进而识别最可能导致故障的关键组件。改进后的计算公式如下：

$$PR(u) = \frac{1-d}{N} + d \sum_{v \in M(u)} \frac{PR(v) \times w(v,u)}{\sum_k w(v,k)} \quad (11\text{-}2)$$

其中，$w(v,u)$ 表示边 $v \to u$ 的权重（如错误率、延迟等监控指标），$\sum_k w(v,k)$ 表示结点 v 的所有出边权重和（归一化）。

示例 11-1 演示如何用改进的 PageRank 算法实现微服务故障根因定位，代码参见 demo/code/chapter11/pagerank_rca.py。

【示例 11-1】PageRank 算法实现微服务故障根因定位

```
import networkx as nx
import matplotlib.pyplot as plt

# 设置中文字体
plt.rcParams['font.sans-serif'] = ['SimHei']
plt.rcParams['axes.unicode_minus'] = False

def build_service_graph():
    """构建服务依赖图（包含初始权重）"""
    G = nx.DiGraph()
    edges = [
        ("Frontend", "AuthService", 0.3),
        ("Frontend", "OrderService", 0.3),
        ("AuthService", "Database", 0.3),
```

```python
        ("OrderService", "Database", 0.3),
        ("OrderService", "PaymentService", 0.3),
        ("PaymentService", "BankAPI", 0.3)
    ]
    G.add_weighted_edges_from(edges)
    return G

def assign_dynamic_weights(graph):
    """动态权重分配(确保所有边都有weight属性)"""
    edge_updates = {
        ("Database", "AuthService"): 0.8,
        ("Database", "OrderService"): 0.8,
        ("BankAPI", "PaymentService"): 0.6,
    }
    for (u, v), w in edge_updates.items():
        if graph.has_edge(u, v):
            graph[u][v]['weight'] = w
    return graph

def visualize_graph(graph, title):
    """可视化图结构(确保显示权重)"""
    plt.figure(figsize=(10, 6))
    pos = nx.spring_layout(graph)
    nx.draw_networkx(
        graph, pos, with_labels=True,
        node_size=2000, node_color="lightblue",
        font_size=10, font_weight="bold", arrowsize=20
    )
    edge_labels = {(u, v): f"{d['weight']:.1f}"
                   for u, v, d in graph.edges(data=True) if 'weight' in d}
    nx.draw_networkx_edge_labels(
        graph, pos, edge_labels=edge_labels,
        font_color='red', font_size=10
    )
    plt.title(title)
    plt.axis('off')
    plt.show()
```

```python
def improved_pagerank(graph, d=0.85, max_iter=100, tol=1e-6):
    """改进的 PageRank 实现（带权重检查）"""
    nodes = list(graph.nodes())
    N = len(nodes)
    pr = {n: 1/N for n in nodes}

    # 异常结点初始化增强
    pr["Database"] = 0.2
    pr["BankAPI"] = 0.15

    for _ in range(max_iter):
        new_pr = {}
        for u in nodes:
            incoming_sum = 0
            for v in graph.predecessors(u):
                # 安全获取权重（默认 0.3）
                weight = graph[v][u].get('weight', 0.3)
                # 计算所有出边的总权重
                total_out = sum(graph[v][k].get('weight', 0.3)
                                for k in graph.successors(v))
                incoming_sum += pr[v] * weight / total_out

            new_pr[u] = (1 - d)/N + d * incoming_sum

        if sum(abs(new_pr[n] - pr[n]) for n in nodes) < tol:
            break
        pr = new_pr

    return pr

if __name__ == "__main__":
    # 1. 构建并可视化原始服务图
    service_g = build_service_graph()
    visualize_graph(service_g, "服务依赖图")

    # 2. 构建故障传播图（边反向+复制属性）
```

```
            fault_g = nx.DiGraph()
            for src, dst, data in service_g.edges(data=True):
                fault_g.add_edge(dst, src, **data)  # 关键修正：复制所有属性，包括weight

            # 3. 分配动态权重
            fault_g = assign_dynamic_weights(fault_g)
            visualize_graph(fault_g, "故障传播图（权重）")

            # 4. 计算 PageRank
            pagerank = improved_pagerank(fault_g)

            # 5. 打印结果
            print("根因排序:")
            for node, score in sorted(pagerank.items(), key=lambda x: -x[1]):
                print(f"{node:15s}: {score:.4f}")

            # 6. 输出最终结论
            root_cause = max(pagerank, key=pagerank.get)
            print(f"\n[结论] 最可能的根因: {root_cause} PR={pagerank[root_cause]:.3f})")
```

代码解释：

1）服务依赖图构建

- 使用有向图表示服务调用关系（如 Frontend → AuthService）。
- 初始化所有边权重为默认值 0.3。
- 输出：带权重的服务依赖图（图结构+初始权重）。

2）故障传播图生成

- 将原始图的边方向反转（A → B 变为 B → A）。
- 保留原始权重属性，表示故障传播方向。
- 输出：故障传播图（边方向与故障影响方向一致）。

3）动态权重分配

- 模拟监控数据（如 Database→AuthService 权重升为 0.8）。

- 仅修改异常路径权重，其余保持默认。
- 输出：带动态权重的故障传播图。

4）PageRank 计算

- 实现 PageRank 迭代。
- 动态权重参与计算（graph[v][u]['weight']）。
- 异常结点初始 PR 值更高（加速收敛到关键结点）。
- 输出：各结点的 PR 值字典。

5）结果可视化

- 绘制原始服务依赖图和故障传播图。
- 显示边权重（红色标签）。
- 输出：两幅带权重的有向图图像。

6）根因判定与输出

- 按 PR 值降序排序。
- 最高 PR 值结点判定为根因。

运行示例 11-1，服务依赖图如图 11-1 所示，故障传播图如图 11-2 所示。

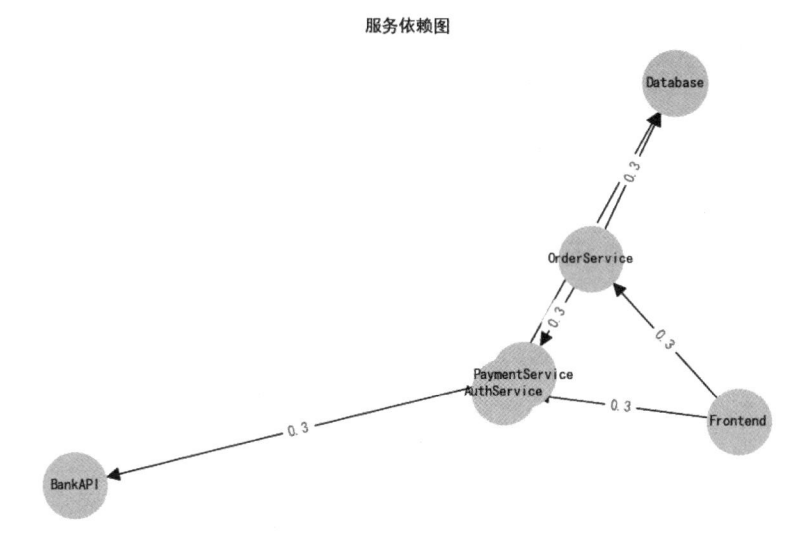

图 11-1　服务依赖图

故障传播图（权重）

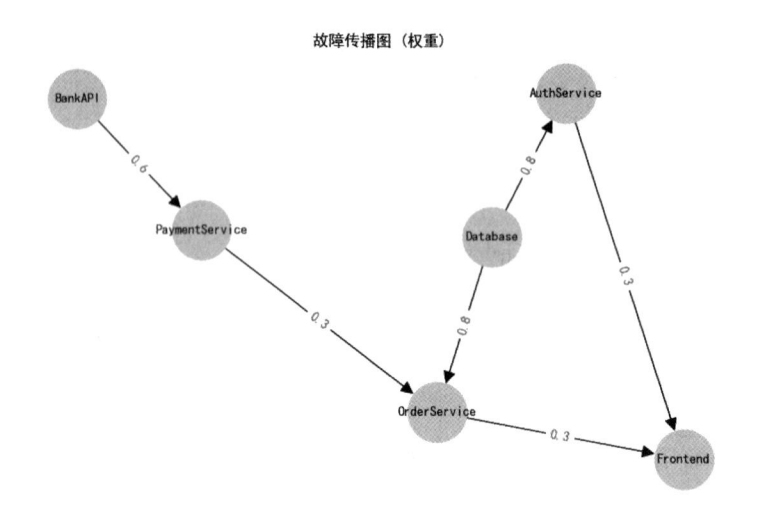

图 11-2　故障传播图

各结点 PageRank 值的计算结果及根因分析结论如下（代码运行结果）：

```
根因排序:
Frontend        : 0.1190
OrderService    : 0.0749
PaymentService  : 0.0463
AuthService     : 0.0356
Database        : 0.0250
BankAPI         : 0.0250

[结论] 最可能的根因: Frontend (PR=0.119)
```

11.4.3　随机游走算法

随机游走（Random Walk，RW）是一种数学统计模型，它由一连串的轨迹组成。在原生随机游走算法中，每一次游走的方向都是随机的。可以借鉴其原理，设计故障传播图的游走策略并生成概率转移矩阵。每一次游走因子从当前结点向更有可能是异常根因的结点转移或继续留在当前结点，重复此步骤，并记录游走轨迹。基于故障传播图中每个结点被访问的次数对结点进行排序，结果可作为各结点对异常的贡献度排名，从而确定异常根因。

随机游走算法分为一阶随机游走和二阶随机游走。一阶随机游走是指假设下一个要访问的结点只依赖于当前结点（马尔科夫性），其缺点是无法捕获高阶依赖关系。一阶随机游走根据最后一个顶点 v 的状态选择下一个顶点 z，它的转移概率的计算方式为：

$$p(z|v) = \frac{w_{vz}}{W_v} \tag{11-3}$$

$$W_v = \sum_{t \in N(v)} w_{vt} \tag{11-4}$$

其中，w_{vz} 表示顶点 v 到顶点 z 的边权重（故障传播概率）。

二阶随机游走在访问下一个结点时依赖当前结点和当前结点的前一个结点。因此，二阶随机游走建立了高阶依赖关系，提高了应用的精度。二阶随机游走根据最后两个顶点 u 和 v 的状态来选择下一个顶点 z，转移概率是 $p(z|vu)$。

11.4.4 深度优先搜索

深度优先搜索（Depth-First Search，DFS）是一种广泛应用于树状或图状结构的遍历和搜索算法。其核心思想是从一个选定的起始结点出发，沿着图的分支尽可能深入，直到达到某一分支的末端，然后回溯并继续探索其他未访问的路径。在这一过程中，算法使用标记或辅助数据结构来记录已访问的结点，从而避免重复访问和无限循环。

DFS 的实现方式通常有两种：递归方法和非递归方法。递归方法利用函数调用栈自动管理结点的访问顺序，而非递归方法则使用显式栈（堆栈）作为辅助数据结构来手动管理结点的访问。无论采用哪种方式，DFS 都遵循一个基本的遍历策略：从当前结点出发，依次访问所有邻接结点，直到一个结点的所有邻接结点都被访问过为止。此时，搜索过程回溯到该结点的前一个结点，继续探索其他尚未访问的邻接结点，直到遍历完所有可达结点。

在根因定位的应用场景中，故障传播图用于展示系统中异常事件的传播路径及其相互关系。通过利用深度优先搜索算法对故障传播图进行遍历，可以系统地分析异常从源头到各个结点的传播过程。DFS 能够深入探索每一条可能的异常传播路径，帮助我们识别出异常的根源结点，即导致整个故障事件的起始点。通过回溯和遍历每一个潜在的传播路径，DFS 为复杂系统中的故障分析提供了重要的工具，可以有效地揭示隐藏在系统中的潜在问题。总之，DFS 不仅有助于精确定位故障源，还能为后续的系统优化和故障排查提供关键依据，是故障诊断中的一种有效方法。

11.4.5　皮尔逊相关系数

皮尔逊相关系数（Pearson correlation coefficient）也称为皮尔逊积矩相关系数（Pearson product-moment correlation coefficient），是一种用于度量两个变量之间线性关系强度和方向的统计量。它是由英国统计学家卡尔·皮尔逊（Karl Pearson）提出的。皮尔逊相关系数测量的是两个变量之间的线性依赖性。如果两个变量之间的变化趋势是线性的，那么它们之间存在线性关系。相关系数的值介于-1 和 1 之间。值越接近 1，表示变量之间的正线性关系越强；值越接近-1，表示变量之间的负线性关系越强；值越接近 0，表示变量之间没有或几乎没有线性关系。皮尔逊相关系数计算公式如下：

$$r_{xy} = \frac{\sum(x_i - \bar{x})(y_i - \bar{y})}{\sqrt{\sum(x_i - \bar{x})^2}\sqrt{\sum(y_i - \bar{y})^2}} \tag{11-5}$$

其中，x_i 和 y_i 分别是两个变量的观测值，$\bar{x}$ 和 $\bar{y}$ 是它们的平均值。

在异常检测中，鉴于各类监控数据均以时间序列形式呈现，对于两个出现异常的系统组件，可以分别提取异常发生时及其前一段时间的监控指标。通过计算这两个时间序列的皮尔逊相关系数，可以衡量这两个异常组件之间的关联强度。这种方法能够有效识别异常组件之间的关联性，从而为后续的故障分析提供依据。

11.4.6　根因定位关键技术总结

PageRank 算法在云原生环境下的故障传播图中具有显著的应用优势，尤其是在这些图通常被构建为有向无环图（DAG）的情况下。该算法通过计算图中每个结点的重要性并对结点进行排序，能够有效评估每个结点在系统异常中的潜在影响。通过这种排序，PageRank 算法能够帮助分析人员快速识别在异常传播过程中起关键作用的结点，从而为故障根因定位提供重要线索。其核心思想是基于结点的连接性和传播能力，使得在复杂系统中能够有效区分哪些结点在异常传播中贡献最大，从而帮助定位问题的源头。

随机游走算法通过模拟随机过程来识别潜在的异常传播路径，尤其是在故障发生后的事后根因分析中，具有独特的优势。该算法依据结点的访问频率来推测异常的根因，类似于技术人员在故障排查时通过手动跟踪服务调用链来识别故障传播路径。随机游走算法通过构建马尔可夫链来模拟该随机过程，通常从某一服务结点出发，经过系统中的各个结点，最终识别出异常传播的途径。此过程尤其适合用于事后分析，因为它可以追踪和揭示在系统出现终端异常时，故障是如何逐步传播的。

尽管随机游走算法在分析机器层面的根因时表现出色，但其在需要即时响应和实时反馈的故障定位场景中可能存在一定的局限性。特别是在实时监控和故障快速反应至关重要的环境中，随机游走的计算过程可能导致一定的延迟，难以满足系统对即时故障定位的要求。

总体而言，基于图的故障分析方法特别关注服务层面的故障定位。通过对故障传播图中结点间相互关系的分析，这些方法能够深入理解系统异常的传播机制，并迅速定位异常的根本原因。尽管这些方法在事后分析和根因追踪中具有很高的价值，但在需要实时监控、快速反应和即时故障定位的环境中，其应用可能会受到一定的制约。因此，在具体应用中，如何平衡分析精度与实时响应需求，是选择合适的故障分析算法时需要重点考虑的问题。

第 12 章

网络流量异常检测

在网络运维领域,网络流量异常检测作为智能运维的关键组成部分,扮演着至关重要的角色。本章将介绍网络流量数据与预处理,以及网络流量异常检查方法和示例。

12.1 引　　言

网络流量是连接企业内部资源与外部世界的桥梁,其健康状况直接影响业务的连续性和用户体验。异常检测技术能够从海量的网络流量数据中快速识别出偏离正常模式的行为,如 DDoS 攻击、网络入侵、设备故障或配置错误等,这对于预防安全威胁、优化网络性能和保障服务质量至关重要。

网络流量异常检测的主要目标是识别网络流量中偏离正常模式的异常行为。这些异常表现为网络流量特征与基准状态的显著差异,可能对网络运行产生多方面的负面影响,包括性能下降、服务中断乃至系统崩溃等严重后果。

从成因角度分析,网络流量异常主要可分为两大类:性能相关异常和安全相关异常。

- 性能异常:通常由网络拥塞、带宽过载、路由环路、广播风暴等基础设施问题引发，这类问题往往可以通过网络优化或设备调整来解决。
- **安全异常**：主要源于各类网络攻击行为，这也是实际网络环境中最常见的异常类型。

有效的异常检测技术具有多重价值。首先，它能够及时发现网络中的潜在问题，最大限度降低可能的损失；其次，通过对异常流量的深入分析，可以精确定位问题源头并识别具体的异常类型；最后，这些分析结果为网络运维人员提供了重要依据，使其能够快速响应问题、优化网络配置，从而持续提升网络服务的可靠性和安全性。这种技术不仅增强了网络系统的稳定性，也为终端用户提供了更优质的网络服务体验。

12.2 网络流量分类与数据集

网络流量异常检测在很大程度上依赖于数据预处理的质量，以确保后续分析的准确性和有效性。本节首先介绍网络异常流量的类别，然后介绍3个广泛使用的公开数据集：KDD99、NSL-KDD 和 CIC-IDS-2017，并说明它们各自的特性、包含的异常类型以及推荐的数据处理流程。通过数据清洗、特征编码与数值归一化等步骤，确保数据集的纯净与一致性，为后续建模奠定良好的基础。

12.2.1 网络异常流量分类

1. 攻击型异常流量

这类异常流量主要由恶意软件感染、僵尸网络活动或黑客攻击行为所引发，其显著特征包括流量规模异常增大、数据包突发性增强等，往往会对网络基础设施造成严重损害。目前常见的攻击型异常流量主要包括以下几种形式：

- **分布式拒绝服务（DDoS）攻击**：攻击者通过控制大量的傀儡主机向目标发送海量的虚假请求，耗尽网络带宽或服务器资源，最终导致正常服务不可用。
- **网络扫描攻击**：攻击者通过系统性地探测目标网络的开放端口和服务漏洞，为后续实施精准攻击收集情报信息。
- **暴力破解攻击**：攻击者采用自动化工具对认证系统发起持续不断的登录尝试，通过穷举用户名和密码组合的方式获取非法访问权限。

2. 非攻击型异常流量

这类异常流量通常源自正常的网络业务活动，但其流量特征与常规网络行为存在明显差异。主要的非攻击型异常流量包括：

- 异常 HTTP 请求流量：可能由恶意软件发起的攻击行为导致，也可能是合法的网络爬虫或搜索引擎的索引行为。
- 可疑下载行为：包括异常的大文件下载活动，可能是用户在下载恶意软件或敏感数据。
- 大规模数据传输：通常表现为异常的数据外传行为，可能预示着数据泄露事件或恶意软件的通信活动。

3. 协议型异常流量

这类异常流量主要表现为非常规网络协议的使用行为，常见的协议型异常包括：

- UDP 协议异常：攻击者可能利用 UDP 协议的无连接特性发起反射放大攻击，通过伪造源 IP 地址向目标发送大量数据包。
- ICMP 协议异常：虽然 ICMP 协议设计用于网络诊断，但攻击者可能利用其进行网络探测或实施拒绝服务攻击。

4. 端口型异常流量

这类异常流量主要表现为非常规网络端口的访问活动，重点关注以下情况：

- 高风险端口活动：包括 21 端口（FTP 服务）、23 端口（Telnet 服务）、80 端口（HTTP 服务）等常见服务端口的异常访问。
- 非常规端口通信：攻击者可能利用非标准端口建立隐蔽通信通道，用于数据传输或远程控制。

12.2.2 公开数据集

1. KDD99 数据集

1998 年，美国国防部高级研究计划局（Defense Advanced Research Projects Agency, DARPA）在 MIT 林肯实验室启动了一项关于入侵检测评估的项目。该项目模拟了一个美国空军局域网环境，并收集了为期 9 周的 TCPdump 数据记录，其中 7 周的数据（大约 500 万条记录）用于训练，而剩余 2 周的数据（约 200 万条记录）则作为测试使用。网络连接被明确标记为正常或异常，异常类型主要分为 4 类：拒绝服务攻击（DoS）、端口扫描（Probing）、本地未授权超级用户访问（U2R）和远程未授权访问（R2L），如表 12-1 所示。

表12-1　KDDCup99数据的标识类型

标识类型	含　　义	具体分类标识
Normal	正常记录	normal
DoS	拒绝服务攻击	back、land、neptune、pod、smurf、teardrop
Probing	监视和其他探测活动	ipsweep、nmap、portsweep、satan
R2L	来自远程机器的非法访问	ftp_write、guess_passwd、imap、multihop、phf、spy、warezclient、warezmaster
U2R	普通用户对本地超级用户特权的非法访问	buffer_overflow、loadmodule、perl、rootkit

每种异常类型介绍如下：

- 拒绝服务攻击（DoS）：是一种尝试关闭进出目标系统的流量的攻击。IDS 被系统无法处理的异常流量淹没，并关闭以保护自己。这可以防止正常流量访问网络。这方面的一个例子是在线零售商在大促销的一天可能被大量在线订单淹没，并且由于网络无法处理所有请求，它将阻止付费客户购买任何东西。这是数据集中最常见的攻击。
- 端口扫描（Probing）：是一种尝试从网络获取信息的攻击。这里的目标是像小偷一样窃取重要信息，无论是关于客户的个人信息还是银行信息。
- 本地未授权超级用户访问（U2R）：是一种从普通用户账户开始并尝试以超级用户（root）身份访问系统或网络的攻击。攻击者试图利用系统中的漏洞来获得 root 权限/访问权限。
- 远程未授权访问（R2L）：是一种尝试获得对远程机器的本地访问权限的攻击。攻击者没有对系统/网络的本地访问权限，并试图以"破解"的方式进入网络。

哥伦比亚大学的 Sal Stolfo 教授和北卡罗来纳州立大学的 Wenke Lee 教授通过对 DARPA 的数据进行特征分析和预处理，创建了 KDD99 数据集，并将其用于 1999 年的 KDD CUP 竞赛。KDD99 数据集包含 41 个特征，用于描述每个网络连接的状态，标记为正常或异常。该数据集包含 500 万条记录，提供 10%的训练子集和测试子集。训练集内含 22 种攻击类型，而测试集中有 39 种，包括 17 种仅出现在测试集中的攻击类型，以此来检验分类器的泛化能力。

KDD99 数据集主要用于评估入侵检测算法的性能，研究人员通过训练集训练各种类型的分类器（例如贝叶斯、决策树、神经网络和支持向量机），然后使用测试集来评估这些分类器的表现。

2. NSL-KDD 数据集

NSL-KDD 数据集是 KDD99 数据集的改进版本，旨在解决原始数据集中的一些问题，如冗余记录过多等。该数据集由 4 个子集组成，包括 KDDTrain+、KDDTrain+_20Percent、KDDTest+ 和 KDDTest-21。其中，KDDTrain+_20Percent 是 KDDTrain+的一个子集，占其 20%的数据量；同样，KDDTest-21 也是 KDDTest+的一个子集。NSL-KDD 数据集包含训练集 125 973 条记录和测试集 22 544 条记录，每条记录都有 43 个特征，其中前 41 个特征用于描述流量输入本身（见表 12-2），第 42 个特征标记为正常或攻击类型，最后一个特征则表示流量输入的严重性评分。

表12-2　NSL-KDD数据特征

编号	特征名称	特征描述	类型	范围
1	duration	连接持续时间，从 TCP 连接建立到结束的时间，或每个 UDP 数据包的连接时间	int64	[0, 58329]秒
2	protocol_type	协议类型，可能值为 TCP、UDP、ICMP	object	—
3	service	目标主机的网络服务类型，共 70 种可能值	object	—
4	flag	连接状态，11 种可能值，表示连接是否按照协议要求开始或完成	object	—
5	src_bytes	从源主机到目标主机的数据的字节数	int64	[0, 1379963888]
6	dst_bytes	从目标主机到源主机的数据的字节数	int64	[0, 1309937401]
7	land	若连接来自/送达同一个主机/端口，则为 1，否则为 0	int64	0 或 1
8	wrong_fragment	错误分段的数量	int64	[0, 3]
9	urgent	加急包的个数	int64	[0, 14]
10	hot	访问系统敏感文件和目录的次数	int64	[0, 101]
11	num_failed_logins	登录尝试失败的次数	int64	[0, 5]
12	logged_in	若成功登录，则为 1，否则为 0	int64	0 或 1
13	num_compromised	compromised 条件出现的次数	int64	[0, 7479]

（续表）

编号	特征名称	特征描述	类型	范围
14	root_shell	若获得 root shell，则为 1，否则为 0	int64	0 或 1
15	su_attempted	若出现 su root 命令，则为 1，否则为 0	int64	0 或 1
16	num_root	root 用户访问次数	int64	[0, 7468]
17	num_file_creations	文件创建操作的次数	int64	[0, 100]
18	num_shells	使用 shell 命令的次数	int64	[0, 5]
19	num_access_files	访问控制文件的次数	int64	[0, 9]
20	num_outbound_cmds	一个 FTP 会话中出站连接的次数	int64	0
21	is_hot_login	登录是否属于 hot 列表，是为 1，否则为 0	int64	0 或 1
22	is_guest_login	若是 guest 登录，则为 1，否则为 0	int64	0 或 1
23	count	过去两秒内，与当前连接具有相同的目标主机的连接数	int64	[0, 511]
24	srv_count	过去两秒内，与当前连接具有相同服务的连接数	int64	[0, 511]
25	serror_rate	过去两秒内，在与当前连接具有相同目标主机的连接中，出现 SYN 错误的连接的百分比	float64	[0.00, 1.00]
26	srv_serror_rate	过去两秒内，在与当前连接具有相同服务的连接中，出现 SYN 错误的连接的百分比	float64	[0.00, 1.00]
27	rerror_rate	过去两秒内，在与当前连接具有相同目标主机的连接中，出现 REJ 错误的连接的百分比	float64	[0.00, 1.00]
28	srv_rerror_rate	过去两秒内，在与当前连接具有相同服务的连接中，出现 REJ 错误的连接的百分比	float64	[0.00, 1.00]
29	same_srv_rate	过去两秒内，在与当前连接具有相同目标主机的连接中，与当前连接具有相同服务的连接的百分比	float64	[0.00, 1.00]
30	diff_srv_rate	过去两秒内，在与当前连接具有相同目标主机的连接中，与当前连接具有不同服务的连接的百分比	float64	[0.00, 1.00]
31	srv_diff_host_rate	过去两秒内，在与当前连接具有相同服务的连接中，与当前连接具有不同目标主机的连接的百分比	float64	[0.00, 1.00]

(续表)

编号	特征名称	特征描述	类型	范围
32	dst_host_count	前 100 个连接中，与当前连接具有相同目标主机的连接数	int64	[0, 255]
33	dst_host_srv_count	前 100 个连接中，与当前连接具有相同目标主机相同服务的连接数	int64	[0, 255]
34	dst_host_same_srv_rate	前 100 个连接中，与当前连接具有相同目标主机相同服务的连接所占的百分比	float64	[0.00, 1.00]
35	dst_host_diff_srv_rate	前 100 个连接中，与当前连接具有相同目标主机不同服务的连接所占的百分比	float64	[0.00, 1.00]
36	dst_host_same_src_port_rate	前 100 个连接中，与当前连接具有相同目标主机相同源端口的连接所占的百分比	float64	[0.00, 1.00]
37	dst_host_srv_diff_host_rate	前 100 个连接中，与当前连接具有相同目标主机相同服务的连接中，与当前连接具有不同源主机的连接所占的百分比	float64	[0.00, 1.00]
38	dst_host_serror_rate	前 100 个连接中，与当前连接具有相同目标主机的连接中，出现 SYN 错误的连接所占的百分比	float64	[0.00, 1.00]
39	dst_host_srv_serror_rate	前 100 个连接中，与当前连接具有相同目标主机相同服务的连接中，出现 SYN 错误的连接所占的百分比	float64	[0.00, 1.00]
40	dst_host_rerror_rate	前 100 个连接中，与当前连接具有相同目标主机的连接中，出现 REJ 错误的连接所占的百分比	float64	[0.00, 1.00]
41	dst_host_srv_rerror_rate	前 100 个连接中，与当前连接具有相同目标主机相同服务的连接中，出现 REJ 错误的连接所占的百分比	float64	[0.00, 1.00]

异常类型依旧分为 4 类：拒绝服务攻击（DoS）、远程未授权访问（R2L）、本地未授权超级用户访问（U2R）以及端口扫描（Probing），与之前定义相同。

NSL-KDD 数据集中的特征可以被分类为以下 4 大类：

- 内在特征：这些特征可以直接从数据包的头部信息中获取，而无须查看数据包的有效载荷。它们提供了关于数据包的基本信息，并涵盖数据特征 1 到数据特征 9（参看表 12-2）。
- 内容特征：这类特征包含有关原始数据包的具体信息，需要分析有效载荷才能获得。这些特征有助于了解数据包的内容，并包括数据特征 10 到数据特征 22。
- 基于时间的特征：在两秒的时间窗口内对流量进行分析，提供诸如尝试与同一主机建立多少连接的信息。这些特征主要关注的是计数和速率，而不是具体内容，覆盖数据特征 23 到数据特征 31。
- 基于主机的特征：类似于基于时间的特征，但不同之处在于它分析的是一系列连接，而不是限定于两秒内的活动。这允许识别跨越更长时间跨度的攻击模式，此类别包含数据特征 32 到数据特征 41。

3. CIC-IDS-2017 数据集

CIC-IDS-2017 数据集是由加拿大网络安全研究所（Canadian Institute for Cybersecurity，CIC）与通信安全机构（Communications Security Establishment，CSE）合作开发的一个网络流量检测数据集。

CIC-IDS-2017 数据集特点如下：

- 真实世界模拟：该数据集包含真实的网络流量，包括正常的活动和各种攻击类型。
- 多样性：涵盖多种协议（如 TCP、UDP、ICMP 等）和不同类型的攻击，能够反映当前网络环境中的威胁。
- 详细标注：每个网络会话记录都包含详细的元数据信息，这对于开发和评估入侵检测算法非常关键。

CIC-IDS-2017 数据集中实现的攻击类型包括：

- 暴力破解（FTP、SSH）。
- 拒绝服务（DoS）。
- Heartbleed 漏洞利用。
- Web 攻击（如 SQL 注入、跨站脚本 XSS）。
- 渗透测试。
- 僵尸网络活动。
- 分布式拒绝服务（DDoS）。

数据采集于 2017 年 7 月 7 日星期五下午 5 时结束，总共持续了 5 天。其中周一仅包含正常流量，而从周二到周五则分别执行了不同的攻击场景。CIC-IDS-2017 提供了两种主要格式的数据文件：

- Pcaps：纯数据流文件，需要进一步处理才能用于分析。

- MachineLearningCSV：已经提取并转换为适合机器学习使用的格式，去除了不适合模型训练的信息，如 IP 地址和时间戳。

CIC-IDS-2017 数据集中的每个连接记录包含流持续时间、包的数量和大小（正向和反向）、协议类型、标志位统计和流量速率等 43 个特征，这些特征可以用来训练机器学习模型来识别异常行为。我们可以通过官方网站获取 CIC-IDS-2017 数据集。

12.3　数据预处理

本节将讲解 KDD99、NSL-KDD 和 CIC-IDS-2017 三个经典网络安全数据集的数据预处理流程，涵盖特征处理、标准化、不平衡问题解决等关键步骤。数据预处理的基本流程如图 12-1 所示，可以看到原始数据通过数据清理、特征构造、特征选择、特征转换，最终实现数据集划分。

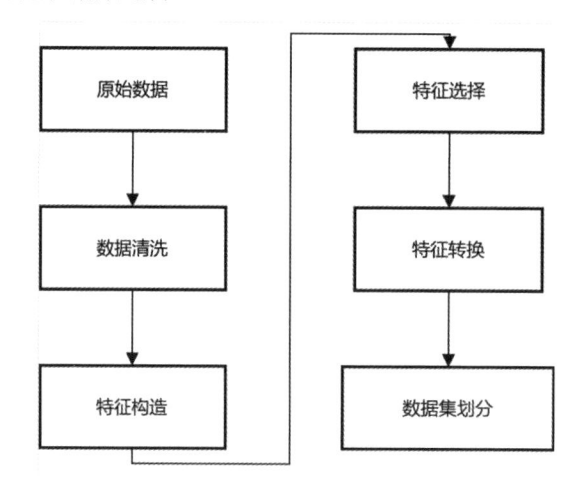

图 12-1　数据预处理的基本流程

1. KDD99 数据预处理

KDD99 数据集包含 41 个特征（如协议类型、服务类型、流量统计等）和 1 个攻击类型标签。其特征类型多样，包括数值型和符号型，同时还存在冗余特征和类别不平衡的问题。其数据预处理步骤如下：

步骤01 符号特征编码：对协议类型（protocol_type）、服务类型（service）、连接状态（flag）等特征采用 One-Hot 编码。

步骤02 数值特征标准化：对连续型特征（如 duration、src_bytes）进行标准化处理（如 Z-score 标准化）。

步骤03 特征选择：移除低方差特征。

步骤04 标签处理：将 23 类攻击归并为四大类（DoS、Probe、U2R、R2L）。

步骤05 不平衡处理：对少数类（如 U2R）使用 SMOTE 过采样。

2. NSL-KDD 数据集预处理

NSL-KDD 数据集去除了冗余记录，解决了 KDD99 的数据倾斜问题。训练集和测试集的攻击类型分布更合理。与 KDD99 相比，其额外数据预处理包括：

（1）处理缺失值：NSL-KDD 中部分特征（如 wrong_fragment）存在缺失值。

（2）测试集适配：直接使用预定义的训练集（KDDTrain+）和测试集（KDDTest+），无须额外采样。

3. CIC-IDS-2017 数据集预处理

CIC-IDS 数据集具有高维特征、时间序列依赖性、零值特征多等特点，数据预处理步骤如下：

步骤01 时间窗划分：按时间戳划分流量为时间窗口（如每 5 分钟一个窗口）。

步骤02 流量统计特征生成：对每个时间窗口计算统计量（均值、方差、熵等）。

步骤03 稀疏特征处理：对零值占比大于 90% 的特征（如 ssh_flag）直接删除。

步骤04 归一化：对数值特征使用 RobustScaler（减少异常值影响）。

步骤05 标签编码：将攻击类型（如 Brute Force FTP、Heartbleed）转为数值标签。

下面以 NSL-KDD 数据集为例，介绍其数据预处理过程，主要包括数据读取、特征编码、标准化处理和数据集分割等步骤，如示例 12-1 所示，示例文件为 demo/code/chapter12/data_process.py。

【示例 12-1】NSL-KDD 数据集预处理

```
import pandas as pd
from sklearn.preprocessing import OneHotEncoder, StandardScaler
# 读取数据
trainData = pd.read_csv('data/KDDTrain+.csv')
```

```
testData=pd.read_csv('data/KDDTest+.csv')
# 更新列名
column_names = [
    "duration", "protocol_type", "service", "flag", "src_bytes",
"dst_bytes",
    "land", "wrong_fragment", "urgent", "hot", "num_failed_logins",
    "logged_in", "num_compromised", "root_shell", "su_attempted",
"num_root",
    "num_file_creations", "num_shells", "num_access_files",
"num_outbound_cmds",
    "is_host_login", "is_guest_login", "count", "srv_count",
"serror_rate",
    "srv_serror_rate", "rerror_rate", "srv_rerror_rate",
"same_srv_rate",
    "diff_srv_rate", "srv_diff_host_rate", "dst_host_count",
    "dst_host_srv_count", "dst_host_same_srv_rate",
"dst_host_diff_srv_rate",
    "dst_host_same_src_port_rate", "dst_host_srv_diff_host_rate",
"dst_host_serror_rate",
    "dst_host_srv_serror_rate", "dst_host_rerror_rate",
"dst_host_srv_rerror_rate",
    "class", "difficulty_level"
]
trainData.columns = column_names
testData.columns = column_names

trainData = trainData.drop(columns=['difficulty_level'])
testData = testData.drop(columns=['difficulty_level'])

# 选择需要编码的列
symbolic_features = ['protocol_type', 'service', 'flag']

# 合并训练集和测试集的相关列，以便找出所有可能的类别
combined_data = pd.concat([trainData[symbolic_features],
testData[symbolic_features]])

# 初始化 OneHotEncoder，设置 sparse=False 以获得密集矩阵
```

```python
# 设置handle_unknown='ignore'以处理训练集中未出现但在测试集中出现的类别
one_hot_encoder = OneHotEncoder(sparse_output=False, handle_unknown='ignore')

# 使用合并后的数据拟合编码器
one_hot_encoder.fit(combined_data)

# 使用已经拟合的编码器分别对训练集和测试集进行转换
encoded_features_train = one_hot_encoder.transform(trainData[symbolic_features])
encoded_features_test = one_hot_encoder.transform(testData[symbolic_features])

# 获取经过One-Hot编码后的新特征名称
encoded_feature_names = one_hot_encoder.get_feature_names_out(symbolic_features)

# 将编码后的特征转换为Pandas DataFrame
encoded_df_train = pd.DataFrame(encoded_features_train, columns=encoded_feature_names)
encoded_df_test = pd.DataFrame(encoded_features_test, columns=encoded_feature_names)

# 从原始DataFrame中删除需要进行One-Hot编码的列
trainData = trainData.drop(columns=symbolic_features)
testData = testData.drop(columns=symbolic_features)

# 将原始DataFrame与One-Hot编码后的DataFrame进行合并
trainData = pd.concat([trainData.reset_index(drop=True), encoded_df_train.reset_index(drop=True)], axis=1)
testData = pd.concat([testData.reset_index(drop=True), encoded_df_test.reset_index(drop=True)], axis=1)

trainData['class'] = trainData['class'].apply(lambda x: 1 if x == 'normal' else 0)
testData['class'] = testData['class'].apply(lambda x: 1 if x == 'normal' else 0)
```

```
    columns_to_scale = ['duration', 'src_bytes', 'dst_bytes',
'wrong_fragment', 'urgent',
                'hot', 'num_failed_logins', 'num_compromised',
'num_root',
                'num_file_creations', 'num_shells', 'num_access_files',
                'count', 'srv_count', 'dst_host_count',
'dst_host_srv_count']
    scaler = StandardScaler()
    features_to_scale_train = trainData[columns_to_scale]
    scaled_features_train =
scaler.fit_transform(features_to_scale_train)
    trainData[columns_to_scale] = scaled_features_train

    features_to_scale_test = testData[columns_to_scale]
    scaled_features_test = scaler.fit_transform(features_to_scale_test)
    testData[columns_to_scale] = scaled_features_test

    X_train = trainData.drop(columns=['class'])  # 特征矩阵
    y_train = trainData['class']  # 目标变量向量

    X_test = testData.drop(columns=['class'])
    y_test = testData['class']

    # 保存为 CSV 文件
    trainData.to_csv('data/workTrain.csv', index=False)
    testData.to_csv('data/workTest.csv', index=False)

    print("数据已保存为 CSV 文件。")
```

运行示例 12-1，训练数据 KDDTrain+.csv 和测试数据 KDDTest+.csv 被处理后，分别保存至 workTrain.csv 和 workTest.csv。表 12-3 是对特征 protocol_type 使用 One-Hot 编码后的部分特征值。表 12-4 是对特征 duration、src_bytes 和 dst_bytes 使用标准化处理后的部分特征值。

表12-3 编码后的protocol_type特征值

protocol_type_icmp	protocol_type_tcp	protocol_type_udp
0	1	0
0	1	0
1	0	0
0	1	0
0	1	0
0	1	0
0	1	0
0	1	0
0	1	0

表12-4 标准化后的duration、src_bytes和dst_bytes特征值

duration	src_bytes	dst_bytes
−0.15553762	−0.021988599	−0.096898139
−0.154116334	0.00547200276540393	−0.096898139
−0.15553762	−0.021946297	−0.096898139
−0.154826977	−0.021988599	−0.096191235
−0.15553762	−0.021423862	0.5871491512962241
−0.15553762	−0.019826947	−0.078660019
−0.15553762	−0.021715749	−0.088698054
−0.15553762	−0.021296955	−0.074889865
−0.15553762	−0.021933606	−0.089499212
−0.15553762	−0.021988599	−0.096898139
−0.15553762	−0.020685686	−0.081346254
−0.15553762	−0.021988599	−0.096898139

12.4 网络流量异常检测方法

随着网络攻击手段的日益复杂和多样化，网络安全领域面临着检测新型攻击的严峻挑战。在这一背景下，网络流量异常检测技术的研究重点主要集中在 3 个方面：提升检测准确率、优化检测效率以及降低误报率和漏报率。目前，主流的检测方法主要包括统计、机器学习、规则/签名、行为分析和深度学习 5 种。

1. 基于统计的方法

基于统计的方法通过分析网络流量的历史数据，建立数学模型（如均值、方差、概率分布）来定义正常行为，并设定阈值或动态范围以识别异常。常见技术包括阈值检测、时间序列分析以及熵值计算。这类方法基于数学统计理论，特别适合检测明显的流量波动，例如 DDoS 攻击或端口扫描。

其优势在于计算效率高、易于部署，适合实时监测场景。然而，静态阈值可能因网络动态变化导致误报，而复杂统计模型虽然能够自适应调整，但需要持续更新参数。此外，这类方法对隐蔽或低频攻击的检测能力有限。

该方法通常用于网络基线监控，例如检测带宽滥用或突发流量。改进方向包括结合滑动窗口动态调整阈值，或引入季节性分解来区分正常周期波动与真实异常。

2. 基于机器学习的方法

监督学习依赖标注数据集训练分类模型（如 SVM、随机森林），将流量特征映射到"正常"或"异常"类别。这类方法在已知攻击检测中准确率较高，但需要大量标注数据。

无监督学习无须标注数据，通过挖掘数据内在模式来识别离群点。例如，K-means 将相似流量聚簇，异常点位于稀疏簇中；自编码器则通过重构误差来发现异常。其优势在于能够检测零日攻击，但误报率较高，且可解释性较差。

半监督学习（如标签传播算法）结合少量标注数据与无监督技术，在成本和效果之间取得平衡。混合方法（如先聚类筛选候选异常，再用监督模型精细分类）可以进一步提升模型的健壮性。

3. 基于规则/签名的方法

该方法通过预定义规则或攻击签名来匹配流量特征。规则可以基于专家知识或历史攻击样本生成，能够精准拦截已知威胁。

然而，这类方法严重依赖规则库的时效性，无法检测未知攻击或其变种。随着规则数量增加，系统性能可能下降，且复杂攻击可能通过组合方式绕过单条规则匹配。我们可以通过动态规则更新和结合机器学习技术，以提升系统的灵活性。

4. 基于行为分析的方法

该方法通过建立用户、设备或应用的行为基线（如访问频率、会话时长），来检测偏离正常模式的行为。用户实体行为分析结合统计学与机器学习技术，能够分析多实体之间的关联异常。

在具体应用中，协议行为分析可识别爬虫或暴力破解行为；主机行为分析则能发现恶意软件活动。这类方法对检测内部威胁和横向移动特别有效。但是，该方法需要长期数据积累来定义正常行为，且动态环境容易导致误报。解决方案包括采用增量学习和上下文感知建模技术。

5. 基于深度学习的方法

基于深度学习的异常流量检测方法通过深度神经网络模型自动学习和理解网络流量的复杂模式，能够有效识别异常流量行为。相较于传统的基于规则或统计模型的方法，该方法具有显著优势：

- 首先，深度神经网络能够自动提取数据中的高级特征，大大降低了对人工特征工程的依赖。
- 其次，其强大的非线性建模能力可以更精确地捕捉流量数据中的动态复杂模式。
- 最后，经过适当选择和训练后，模型在大规模数据集上表现出优异的检测性能，有助于及时发现各类网络安全威胁。

然而，该方法也面临一些挑战。深度神经网络模型的训练需要大量标注数据，且对计算资源要求较高。此外，模型的可解释性相对较差，可能影响安全分析人员对检测结果的判断。尽管如此，随着深度学习技术的不断发展，其在异常流量检测领域的应用前景仍然十分广阔。

12.5　网络流量异常检测示例

对于示例 12-1 处理后的数据集 workTrain.csv 和 workTest.csv，本节将分别使用支持向量机（SVM）和深度神经网络（DNN）来处理数据集，以实现网络流量的异常检测，具体参见示例 12-2 和示例 12-3。

12.5.1　基于 SVM 的网络流量异常检测

SVM 能够找到一个将不同类样本在样本空间中分隔开的超平面。给定一些标记

（label）好的训练样本（监督式学习），SVM 算法输出一个最优化的分隔超平面。在 SVM 中，核函数（Kernel Function）的作用是将低维空间中的非线性可分问题映射到高维空间，使得在高维空间中数据变得线性可分。SVM 提供了多种核函数选项，例如线性核函数（Linear Kernel）、多项式核函数（Polynomial Kernel）、径向基函数（RBF Kernel）等。

使用 SVM 算法来实现网络流量异常检测，主要包含数据加载、特征提取和多种 SVM 模型的训练与评估，如示例 12-2 所示。示例文件为 demo/code/chapter12/svms.py。

【示例 12-2】基于 SVM 的网络流量异常检测

```python
from sklearn import svm
from sklearn.svm import SVC
from sklearn.metrics import classification_report, accuracy_score, roc_auc_score
import pandas as pd
from sklearn.model_selection import GridSearchCV

# 1. 加载数据
workTrain = pd.read_csv('data/workTrain.csv')
workTest = pd.read_csv('data/workTest.csv')

# 正确分离特征和标签
X_train = workTrain.drop(columns=['class'])  # 删除'class'列作为特征
y_train = workTrain['class']  # 单独提取标签列

X_test = workTest.drop(columns=['class'])
y_test = workTest['class']

# 验证形状
print(f"训练集特征形状：{X_train.shape}，标签形状：{y_train.shape}")
print(f"测试集特征形状：{X_test.shape}，标签形状：{y_test.shape}")

# 2. 线性 SVM
# 增加 max_iter 避免收敛警告
lin_svc = svm.LinearSVC(max_iter=10000).fit(X_train, y_train)
```

```python
print('\nLinear SVM:')
print('Train accuracy:', lin_svc.score(X_train, y_train))
print('Test accuracy:', lin_svc.score(X_test, y_test))
print(classification_report(y_test, lin_svc.predict(X_test)))

# 3. RBF核SVM
print('\nRBF Kernel SVM:')
svc_rbf = SVC(kernel='rbf', gamma='scale').fit(X_train, y_train)
print('Train accuracy:', svc_rbf.score(X_train, y_train))
print('Test accuracy:', svc_rbf.score(X_test, y_test))
print(classification_report(y_test, svc_rbf.predict(X_test)))

# 4. 多项式核SVM
print('\nPolynomial Kernel SVM:')
svc_poly = SVC(kernel='poly', degree=3).fit(X_train, y_train)
print('Train accuracy:', svc_poly.score(X_train, y_train))
print('Test accuracy:', svc_poly.score(X_test, y_test))
print(classification_report(y_test, svc_poly.predict(X_test)))

# 5. 网格搜索优化
print('\nGrid Search:')
param_grid = {
    'C': [0.1, 1, 10],
    'gamma': ['scale', 'auto'],
    'kernel': ['rbf']
}
grid = GridSearchCV(SVC(), param_grid, cv=3, verbose=2)
grid.fit(X_train, y_train)

print('Best params:', grid.best_params_)
best_svc = grid.best_estimator_
print('Optimized Test accuracy:', best_svc.score(X_test, y_test))
```

代码解释：

（1）数据加载与特征分离：使用 pandas.read_csv 方法加载训练集和测试集，通过 drop() 方法精准分离特征和标签，确保 class 列作为分类目标，其余列作为输入特征，并验证数据形状以保证维度一致性。

（2）线性 SVM 建模：采用 LinearSVC 实现线性可分分类，设置 max_iter=10000 避免未收敛警告，通过 score() 方法快速评估训练/测试集的准确率，并输出包含精确率、召回率的分类报告（使用 classification_report 方法）。

（3）非线性核函数对比。

- RBF 核：通过 SVC(kernel='rbf') 方法构建高斯径向基模型，gamma='scale' 自动适配特征方差，擅长捕捉局部非线性模式。
- 多项式核：使用 degree=3 的三次多项式核，显式建模特征间的高阶交互关系，适合全局非线性决策边界。

（4）超参数网格搜索：配置 GridSearchCV 对 RBF 核的 C（正则化强度）和 gamma（核宽度）进行组合搜索（C=[0.1, 1, 10]、gamma=['scale','auto']），采用 3 折交叉验证（cv=3）防止过拟合，最终输出最优参数组合及测试集性能。

（5）模型评估体系：

- 基础指标：通过 accuracy_score 计算分类准确率。
- 细粒度评估：classification_report 提供各类别的精确率、召回率、F1 值。
- 参数优化：网格搜索的 best_params_ 属性自动选择最优超参数组合。

示例 12-2 的运行结果如下。注意，代码中间的执行时间比较长，可以离开计算机去喝一杯茶，回来后再查看结果：

```
Epoch 1/100, Loss: 0.0663
Epoch 2/100, Loss: 0.0447
训练集特征形状: (125972, 122), 标签形状: (125972,)
测试集特征形状: (22543, 122), 标签形状: (22543,)

Linear SVM:
Train accuracy: 0.9736449369701203
Test accuracy: 0.763873486226323
          precision    recall  f1-score   support
```

```
           0       0.91      0.65      0.76     12832
           1       0.66      0.91      0.77      9711

    accuracy                           0.76     22543
   macro avg       0.79      0.78      0.76     22543
weighted avg       0.80      0.76      0.76     22543
```

RBF Kernel SVM:
Train accuracy: 0.9935699996824692
Test accuracy: 0.8008250898283281

```
               precision    recall  f1-score   support

           0       0.96      0.68      0.79     12832
           1       0.69      0.96      0.81      9711

    accuracy                           0.80     22543
   macro avg       0.83      0.82      0.80     22543
weighted avg       0.85      0.80      0.80     22543
```

Polynomial Kernel SVM:
Train accuracy: 0.9908312958435208
Test accuracy: 0.7833473805615934

```
               precision    recall  f1-score   support

           0       0.96      0.65      0.77     12832
           1       0.67      0.96      0.79      9711

    accuracy                           0.78     22543
               precision    recall  f1-score   support

           0       0.96      0.65      0.77     12832
           1       0.67      0.96      0.79      9711
```

accuracy			0.78	22543
0	0.96	0.65	0.77	12832
1	0.67	0.96	0.79	9711
accuracy			0.78	22543
0	0.96	0.65	0.77	12832
1	0.67	0.96	0.79	9711
accuracy			0.78	22543
1	0.67	0.96	0.79	9711
accuracy			0.78	22543
accuracy			0.78	22543
macro avg	0.81	0.80	0.78	22543
weighted avg	0.83	0.78	0.78	22543
accuracy			0.78	22543
macro avg	0.81	0.80	0.78	22543
weighted avg	0.83	0.78	0.78	22543
macro avg	0.81	0.80	0.78	22543
weighted avg	0.83	0.78	0.78	22543
weighted avg	0.83	0.78	0.78	22543

```
Grid Search:
Fitting 3 folds for each of 6 candidates, totalling 18 fits
    [CV] END .....................C=0.1, gamma=scale, kernel=rbf; total
time= 1.6min
    [CV] END .....................C=0.1, gamma=scale, kernel=rbf; total
time= 5.4min
    [CV] END .....................C=0.1, gamma=scale, kernel=rbf; total
```

```
time= 1.6min
    [CV] END .....................C=0.1, gamma=auto, kernel=rbf; total
time= 5.6min
    [CV] END .....................C=0.1, gamma=auto, kernel=rbf; total
time= 5.5min
    [CV] END .....................C=0.1, gamma=auto, kernel=rbf; total
time= 5.8min
    [CV] END .....................C=1, gamma=scale, kernel=rbf; total
time= 52.8s
    [CV] END .....................C=1, gamma=scale, kernel=rbf; total
time= 50.1s
    [CV] END .....................C=1, gamma=scale, kernel=rbf; total
time= 52.3s
    [CV] END .....................C=1, gamma=auto, kernel=rbf; total
time= 1.6min
    [CV] END .....................C=1, gamma=auto, kernel=rbf; total
time= 1.7min
    [CV] END .....................C=1, gamma=auto, kernel=rbf; total
time= 1.6min
    [CV] END .....................C=10, gamma=scale, kernel=rbf; total
time= 32.2s
    [CV] END .....................C=10, gamma=scale, kernel=rbf; total
time= 30.8s
    [CV] END .....................C=10, gamma=scale, kernel=rbf; total
time= 34.6s
    [CV] END .....................C=10, gamma=auto, kernel=rbf; total
time= 54.6s
    [CV] END .....................C=10, gamma=auto, kernel=rbf; total
time= 54.0s
    [CV] END .....................C=10, gamma=auto, kernel=rbf; total
time= 53.8s
    Best params: {'C': 10, 'gamma': 'scale', 'kernel': 'rbf'}
    Optimized Test accuracy: 0.8042851439471232
```

运行结果表明，相比线性核函数和多项式核函数，使用径向基函数的 SVM 模型在训练集和测试集的检测效果更好。

12.5.2 基于 DNN 的网络流量异常检测

DNN 是一种多层无监督神经网络，并且将上一层的输出特征作为下一层的输入进行特征学习，通过逐层特征映射后，将现有空间样本的特征映射到另一个特征空间，从而学习到对现有输入数据具有更好表达能力的特征。其核心特点包括：

- 多层结构：由输入层、多个隐藏层和输出层组成，层数较深（通常大于或等于 2 层）。
- 非线性激活函数：如 ReLU、Sigmoid、Tanh 等，使模型能够学习复杂模式。
- 端到端学习：自动从原始数据中提取特征，减少人工特征工程的依赖。

使用 DNN 算法来实现网络流量异常检测，如示例 12-3 所示。示例文件为 demo/code/chapter12/dnn_pytorch.py。

【示例 12-3】基于 DNN 的网络流量异常检测

```
import torch
import torch.nn as nn
import torch.optim as optim
from torch.utils.data import DataLoader, TensorDataset
from sklearn.metrics import classification_report, confusion_matrix
import pandas as pd

# 1. 加载数据
workTrain = pd.read_csv('data/workTrain.csv')
workTest = pd.read_csv('data/workTest.csv')

# 分离特征和标签
X_train = workTrain.drop(columns=['class']).values
y_train = workTrain['class'].values
X_test = workTest.drop(columns=['class']).values
y_test = workTest['class'].values

# PyTorch 张量
```

```python
X_train = torch.FloatTensor(X_train)
y_train = torch.FloatTensor(y_train).reshape(-1, 1)
X_test = torch.FloatTensor(X_test)
y_test = torch.FloatTensor(y_test).reshape(-1, 1)

# 创建数据集和数据加载器
train_data = TensorDataset(X_train, y_train)
test_data = TensorDataset(X_test, y_test)
train_loader = DataLoader(train_data, batch_size=32, shuffle=True)
test_loader = DataLoader(test_data, batch_size=32)

# 2. 定义模型
class DNN(nn.Module):
    def __init__(self, input_size):
        super(DNN, self).__init__()
        self.fc1 = nn.Linear(input_size, 128)
        self.dropout1 = nn.Dropout(0.5)
        self.fc2 = nn.Linear(128, 64)
        self.dropout2 = nn.Dropout(0.5)
        self.fc3 = nn.Linear(64, 32)
        self.dropout3 = nn.Dropout(0.5)
        self.fc4 = nn.Linear(32, 1)
        self.relu = nn.ReLU()
        self.sigmoid = nn.Sigmoid()

    def forward(self, x):
        x = self.relu(self.fc1(x))
        x = self.dropout1(x)
        x = self.relu(self.fc2(x))
        x = self.dropout2(x)
        x = self.relu(self.fc3(x))
        x = self.dropout3(x)
        x = self.sigmoid(self.fc4(x))
        return x
```

```python
# 初始化模型
model = DNN(X_train.shape[1])

# 3. 定义损失函数和优化器
criterion = nn.BCELoss()  # 二分类交叉熵损失
optimizer = optim.Adam(model.parameters())

# 4. 训练模型
def train_model(model, train_loader, criterion, optimizer, epochs=100, patience=5):
    best_loss = float('inf')
    patience_counter = 0

    for epoch in range(epochs):
        model.train()
        running_loss = 0.0
        for inputs, labels in train_loader:
            optimizer.zero_grad()
            outputs = model(inputs)
            loss = criterion(outputs, labels)
            loss.backward()
            optimizer.step()
            running_loss += loss.item()

        epoch_loss = running_loss / len(train_loader)
        print(f'Epoch {epoch+1}/{epochs}, Loss: {epoch_loss:.4f}')

        # Early stopping
        if epoch_loss < best_loss:
            best_loss = epoch_loss
            patience_counter = 0
        else:
            patience_counter += 1
```

```python
            if patience_counter >= patience:
                print(f'Early stopping at epoch {epoch+1}')
                break

train_model(model, train_loader, criterion, optimizer)

# 5. 评估模型
model.eval()
with torch.no_grad():
    # 计算准确率
    correct = 0
    total = 0
    y_pred = []
    y_true = []
    for inputs, labels in test_loader:
        outputs = model(inputs)
        predicted = (outputs > 0.5).float()
        total += labels.size(0)
        correct += (predicted == labels).sum().item()
        y_pred.extend(predicted.numpy().flatten())
        y_true.extend(labels.numpy().flatten())

    accuracy = correct / total
    print(f'Test Accuracy: {accuracy:.4f}')

    # 生成分类报告和混淆矩阵
    print("\n二分类模型分类报告:")
    print(classification_report(y_true, y_pred))
    print("二分类模型混淆矩阵:")
    print(confusion_matrix(y_true, y_pred))
```

代码解释：

1）数据加载与分离

- **特征-标签分离**：使用 drop() 方法精准剥离 class 列作为标签，保留剩余列作为输入特征，确保监督学习的正确数据结构。
- 维度自适应：通过 input_dim=X_train.shape[1] 语句动态获取特征维度，避免硬编码带来的维护问题。

2）深度网络架构
- 层级递减设计：采用 128→64→32 的神经元数量配置，逐步压缩特征维度实现高阶特征提取。
- 正则化策略：每个隐藏层后接 Dropout(0.5) 层，随机屏蔽 50% 的神经元输出，有效抑制过拟合现象。
- 激活函数选型：隐藏层使用 ReLU 激活函数加速梯度传播，输出层采用 Sigmoid 函数适配二分类概率输出。

3）模型训练优化
- 自适应优化：配置 Adam 优化器自动调整学习率，平衡收敛速度与训练稳定性。
- 早停机制：设置 EarlyStopping 监控验证损失，连续 5 轮未改善即终止训练，避免无效计算。
- 批量训练：采用 batch_size=32 进行小批量梯度下降，兼顾内存效率与参数更新稳定性。

4）评估体系构建
- 概率预测：通过 model.predict() 方法输出 0~1 的异常概率，支持灵活的风险阈值调整。
- 决策阈值化：使用 0.5 作为默认分类临界点，将概率值转换为二元标签。
- 多维评估：综合输出准确率、分类报告及混淆矩阵。

示例 12-3 的运行结果如下：

```
Epoch 1/100, Loss: 0.0663
Epoch 2/100, Loss: 0.0447
Epoch 3/100, Loss: 0.0369
Epoch 4/100, Loss: 0.0311
Epoch 5/100, Loss: 0.0329
Epoch 6/100, Loss: 0.0336
Epoch 7/100, Loss: 0.0348
Epoch 8/100, Loss: 0.0333
```

```
Epoch 9/100, Loss: 0.0322
Early stopping at epoch 9
Test Accuracy: 0.7896
```

二分类模型分类报告：

```
              precision    recall  f1-score   support

         0.0       0.93      0.68      0.79     12832
         1.0       0.69      0.93      0.79      9711

    accuracy                           0.79     22543
   macro avg       0.81      0.81      0.79     22543
weighted avg       0.83      0.79      0.79     22543
```

二分类模型混淆矩阵：
```
[[8733 4099]
 [ 643 9068]]
```

网络流量异常检测作为智能运维的重要组成部分，通过机器学习、深度学习等算法，能够有效识别与防范各类网络威胁，保障企业网络环境的安全与稳定。随着 AI 技术的不断创新与成熟，未来的网络流量异常检测系统将更加智能化、精准化，为企业的数字化转型之路提供强有力的技术支撑。然而，数据预处理的质量、模型选择的合理性以及性能评估的全面性，仍是影响网络流量异常检测效果的关键因素，值得我们在实践中不断探索与优化。